ファイテク　How to
みる・きく・はかる

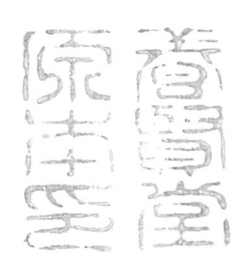

―植物環境計測―

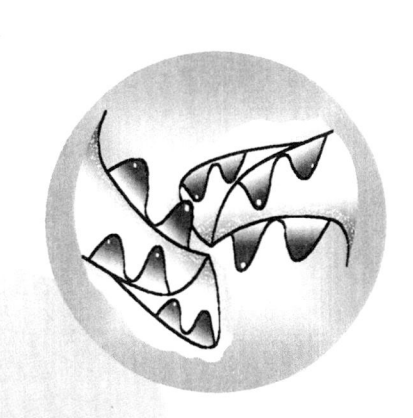

ファイトテクノロジー研究会

養　賢　堂

編集代表

村瀬　治比古　　大阪府立大学大学院農学生命科学研究科

編集総括

難波　和彦　　岡山大学農学部
西浦　芳史　　大阪府立大学大学院農学生命科学研究科

編集委員会

有馬　誠一	愛媛大学農学部	伊藤　博通	神戸大学農学部
近藤　直	(株)石井工業	澁澤　栄	東京農工大学農学部
清水　浩	茨城大学農学部	大門　弘幸	大阪府立大学大学院農学生命科学研究科
成岡　市	岡山大学環境理工学部	野口　伸	北海道大学大学院農学研究科
林　孝洋	京都大学農学部	水野　直美	農業技術研究機構 野菜茶業研究所
森田　茂紀	東京大学大学院農学生命科学研究科	門田　充司	岡山大学農学部

執筆者

秋田　求	近畿大学生物理工学部	阿部　淳	東京大学大学院農学生命科学研究科
荒木　肇	新潟大学農学部	有馬　誠一	愛媛大学農学部
飯田　訓久	京都大学大学院農学研究科	石黒　宗秀	岡山大学環境理工学部
伊藤　博通	神戸大学農学部	稲永　忍	鳥取大学乾燥地研究センター
大江　真道	大阪府立大学大学院農学生命科学研究科	大角　雅晴	石川県農業短期大学
大崎　満	北海道大学大学院農学研究科	大下　誠一	東京大学大学院農学生命科学研究科
尾形　武文	福岡県農業総合試験場農産研究所	桶　敏	石川県農業短期大学
粕渕　辰昭	山形大学農学部	片岡　崇	北海道大学大学院農学研究科
河野　英一	日本大学生物資源科学部	川村　周三	北海道大学大学院農学研究科
川村　恒夫	神戸大学農学部	久保　康隆	岡山大学農学部
近藤　直	(株)石井工業	酒井　憲司	東京農工大学農学部
坂口　栄一郎	東京農業大学地域環境科学部	Ji Beiping	
信濃　卓郎	北海道大学大学院農学研究科	澁澤　栄	東京農工大学農学部
島田　清	東京農工大学農学部	清水　浩	茨城大学農学部
下田代　智英	鹿児島大学農学部	隅田　裕明	日本大学生物資源科学部
関本　均	宇都宮大学農学部	大門　弘幸	大阪府立大学大学院農学生命科学研究科
巽　二郎	名古屋大学大学院生命農学研究科	谷本　英一	名古屋市立大学自然科学研究教育センター
東城　清秀	東京農工大学農学部	東條　元昭	大阪府立大学大学院農学生命科学研究科
徳田　勝	神戸大学農学部	鳥居　徹	東京大学大学院農学生命科学研究科
夏賀　元康	山形大学農学部	成岡　市	岡山大学環境理工学部
難波　和彦	岡山大学農学部	西　卓郎	(株)ディーアドナインス
西浦　芳史	大阪府立大学大学院農学生命科学研究科	西津　貴久	京都大学大学院農学研究科
西村　伸一	岡山大学大学院自然科学研究科	西山　竜朗	岡山大学環境理工学部
野口　伸	北海道大学大学院農学研究科	林　孝洋	京都大学大学院農学研究科

平井　儀彦	岡山大学農学部	平沢　　正	東京農工大学農学部
本間　知夫	東京医科歯科大学難治疾患研究所	松浦　朝奈	九州東海大学総合農学研究所
三浦　健志	岡山大学環境理工学部	水野　直美	農業技術研究機構 野菜茶業研究所
村瀬 治比古	大阪府立大学大学院農学生命科学研究科	森川　利信	大阪府立大学大学院農学生命科学研究科
森田　茂紀	東京大学大学院農学生命科学研究科	諸泉　利嗣	岡山大学環境理工学部
門田　充司	岡山大学農学部	矢野　勝也	名古屋大学大学院生命農学研究科
山内　　章	名古屋大学大学院生命農学研究科	吉川　省子	農業技術研究機構近畿中国四国農業研究センター
吉田　正則	農業技術研究機構近畿中国四国農業研究センター		

表紙デザイン

麻生　麻衣子　　岡山大学農学部

本文デザイン・レイアウト

難波　和彦　　岡山大学農学部

本文写植・構成

難波　和彦　　岡山大学農学部　　　　　　門田　充司　　岡山大学農学部

図表トレース

難波　和彦　　岡山大学農学部　　　　　　門田　充司　　岡山大学農学部
三好　美樹

はしがき

　本書のタイトルにある「ファイテク」というのはファイトテクノロジーの略称である。と言っても「ファイトテクノロジー」ならば，誰もがすぐにうなずけるかというとそうでもないであろう。英語で書けば PHYTOTECHNOLOGY となる。これで少なくとも喧嘩の技術ではないことが分かるであろう。PHYTO つまり植物と TECHNOLOGY が一つになって植物工学といったニュアンスである。しかし，その内容は実に深い物があって，とても一言では表現できない。それがファイテクの大変興味をそそるところでもあり問題点でもある。

　ファイテク研究会が発足して以来 15 年の歳月が流れ，その間にファイテク研究集会が毎年開催されている。その他に文部省の科学研究費が何度も採択された。また，ファイテクをテーマにいくつかの学会でシンポジウムが開催された。国際的には 1998 年にブリュッセルで開催された国際園芸学会の第 25 回記念大会でも園芸におけるコンピュータ利用という観点で，ファイテクが取り上げられて筆者が講演を行った。今回もお世話になった養賢堂のご好意で，「農業および園芸」に 1991 年第 66 巻第 10 号から 1993 年の第 68 巻第 6 号まで 21 回に渡って「ファイトテクノロジーのこころみ」を連載したこともある。その他に学会などを中心に資料や著書の出版を行うなど，ファイトテクノロジー研究会の活動が続いてきた。

　そのような活動をとおして本書にもあるように，ファイトテクノロジーとはという問いかけに応える試みが何度もなされてきた。ファイテクの考え方は広範な研究領域を包含することが可能であり，その理解に対しても多様性が許容される反面，その内容を端的に表すことが難しいとも言える。また，同じようにファイテクの学問的な体系化も望まれているが，それまでにはもうしばらく時間がかかりそうである。本書の編集委員をはじめ執筆者の方々は，これまでファイテク研究に関わってその成果を蓄積する中で，そのあたりの問題に取り組むための一つのアプローチとして教科書を世に出すことができればと考えた。体系化もまだできていないファイテクを教科書になどということは大それた考え方かもしれないが，ファイテクという考えのもとに学生諸氏に役立ちしかもその考え方が伝わる何かを創ることは可能であると考えた。体系立った四角四面の教科書ではなく，ファイテクを肌で感じるなにかそういったものが今は必要ではないかという発想で本書の企画が進められた。

　教科書を読んで方程式や化学式などを通してファイテクの概念を理解し，練習問題を解くという通常のプロセスからはファイテクを肌で感じることはできないであろう。ファイテクの神髄は植物を感覚的あるいは叙情的にではなく，できる限り客観的に見ることである。そして植物が何を訴えようとしているかを客観的に聞くことである。それを工学的に表現すれば植物を計測するということになる。小さな植物もそれは大規模システムであり，それを理解するにはまず計測という手段が必要である。システムがわかり計測ができれば，次に予測や制御へと夢が広がる。そういうロマンがファイテクである。それが生産と結びつけば植物生産工学となる。植物を計測しようと思うことがファイテクの入り口であり，そこで計測を始めればファイテクを肌で感じるチャンスがすぐにやってくる。しかし，植物を計るということはそれほど簡単なことではない。多くの場合経験や知識が必要である。初心者には何か手引き書が必要であろう。そこでファイテク研究で様々な植物に関する計測に携わってきた方々の知識，技術それにノウハウを分かり易くしかも使いやすくまとめたのが本書である。かねてよりファイテクには多大なご理解を示していただいている養賢堂社長の及川　清氏には，幸いにして本企画に対してもご賛同いただき，本書の出版が可能になったことに心

より感謝申し上げる次第である。
　植物を計測したいというモーティベーションからファイテクをかいま見，そこからより多くの人々の手でファイテクが発展していくことを期待する次第である。本書の構成にあたっては，編集委員が中心となりファイテク研究会のメンバーでそれぞれの分野の専門家に執筆をおねがいした。分担執筆にご協力いただいた執筆者の方々にお礼申し上げる。
　2002年4月

　　　　　　　　　　　　　　　　　　　　　　　　　　編集代表　村瀬　治比古

目　次

第1章　本書の目的・構成・使い方（近藤・難波）··1

第2章　ファイトテクノロジーの考え方（澁澤・近藤・林）·······································4
 1. ファイトテクノロジーの特徴（澁澤・近藤）···4
 2. システムズアプローチ（澁澤・近藤）···5
 3. 研究の実際··6
   (1) 根系部との対話（澁澤）···6
   (2) 茎葉部との対話（林）··7
   (3) 農作業機械の開発（近藤）··9

第3章　計測の実際（難波・森田・成岡・西浦・清水・近藤・野口・有馬・伊藤）··········10
 1. 植物地上部編···10
   (1) 茎の長さを測る（清水）···10
   (2) 葉の面積を測る（伊藤）···12
   (3) 葉の形状を測る（西）··14
   (4) 葉の色を測る（大角）··16
   (5) 葉齢を測る（林）···18
   (6) 葉緑素を測る（野口）··20
   (7) 気孔開度を測る（難波）···22
   (8) 葉温を測る（西浦）··24
   (9) クロロフィル蛍光画像で光合成活性を測る（大崎・信濃）····················26
   (10) ガス交換速度を測る（久保）···28
   (11) 植物水ポテンシャルを測る（村瀬）··30
   (12) 蒸散速度を測る（松浦・稲永）···32
   (13) 茎内流速度を測る（松浦・稲永）··34
   (14) 同化産物の転流量を測る（林）···36
   (15) 作物の乾物生産量を測る（林）···38
   (16) 生体電位を測る（本間）··40
   (17) 茎の強さを測る（大江）··42
   (18) 植物のテクスチャを測る（近藤）··44
   (19) 植物の分光反射特性を測る（近藤）···46
   (20) 植物までの距離を測る（門田）···48
   (21) 果実までの距離を測る（近藤）···50
   (22) 果実の体積を測る（西津）··52
   (23) 果実の粘弾性を測る（門田）···54
   (24) 果実の糖度を測る（難波）··56
   (25) 果実・食品の匂いを測る（大下）··58
   (26) 果実の鮮度を測る（川村周）···60

- (27) 米の食味を測る（夏賀）・・ 62
- (28) 穀物の水分を測る（夏賀）・・・ 64
- (29) 穀物の内部摩擦係数を測る（坂口）・・ 66
- (30) 穀物の圧縮特性を測る（坂口）・・ 68
- (31) 穀物の収量・流量を測る（飯田・坂口）・・・・・・・・・・・・・・・・・・・・・・・・・・・・・・・・・・・・・・ 70
- (32) 穀物の壁面摩擦係数を測る（坂口）・・・ 72

2. 植物地下部編・・ 74
- (33) 根量を測る（森田・阿部）・・ 74
- (34) 根系の分布を測る－フィールドでの測定－（阿部・森田）・・・・・・・・・・・・・・・・・・・ 76
- (35) 根系の分布を測る－容器での測定－（山内）・・・・・・・・・・・・・・・・・・・・・・・・・・・・・・・・ 78
- (36) 根の伸長方向を測る（森田・阿部）・・ 80
- (37) 根の成長を測る（下田代・稲永）・・ 82
- (38) 根の分枝を測る（巽）・・・ 84
- (39) 根の吸水速度を測る（松浦・稲永）・・ 86
- (40) 根の出液速度を測る（森田・阿部）・・ 87
- (41) 根の呼吸活性を測る（本間）・・・ 88
- (42) 根の微生物をみる－携帯用顕微鏡－（東條）・・・・・・・・・・・・・・・・・・・・・・・・・・・・・・・ 90
- (43) 根の微生物をみる－VA菌根菌とリン酸吸収－（矢野）・・・・・・・・・・・・・・・・・・・ 91
- (44) 根の微生物をみる－根粒の窒素固定活性を測る－（大門）・・・・・・・・・・・・・・・・ 92
- (45) 根の支持機能を測る（尾形）・・・ 93

3. 土壌編（ほ場）・・ 94
- (46) 土壌の基本的物理性を測る（諸泉・三浦）・・・・・・・・・・・・・・・・・・・・・・・・・・・・・・・・・ 94
- (47) 土壌水分ポテンシャルを測る（石黒）・・・・・・・・・・・・・・・・・・・・・・・・・・・・・・・・・・・・・・ 96
- (48) 土壌の水分量を測る（Ji Beiping）・・・ 98
- (49) 土壌の透過性を測る（吉川・吉田）・・ 100
- (50) 土壌の粒度組成を測る（島田・西村・西山）・・・・・・・・・・・・・・・・・・・・・・・・・・・・・ 104
- (51) 土壌の内部構造を測る－軟X線映像法－（成岡）・・・・・・・・・・・・・・・・・・・・・・・ 106
- (52) 土壌の内部構造を測る－X線CT法－（東城）・・・・・・・・・・・・・・・・・・・・・・・・・・ 109
- (53) 土壌の硬さと強さを測る（島田・西村・西山）・・・・・・・・・・・・・・・・・・・・・・・・・・ 112
- (54) 土壌の熱伝導率を測る（粕渕）・・ 114
- (55) 土壌の有機質含有量を測る（河野・隅田）・・・・・・・・・・・・・・・・・・・・・・・・・・・・・・・ 116
- (56) 土壌微生物の密度を測る（河野・隅田）・・・・・・・・・・・・・・・・・・・・・・・・・・・・・・・・・・ 118
- (57) 土壌のpH・ECを測る（大門）・・ 119
- (58) 土壌の養分を測る（大門）・・・ 120
- (59) 土壌の線虫密度を測る（大門）・・ 121

4. 環境編（施設部）・・・ 122
- (60) 温度・水蒸気圧・湿度・飽差を測る（清水）・・・・・・・・・・・・・・・・・・・・・・・・・・・・・ 122
- (61) 湿度を測る（水野）・・・ 124
- (62) 風速を測る（水野）・・・ 125
- (63) 放射エネルギ・PPFを測る（清水）・・・・・・・・・・・・・・・・・・・・・・・・・・・・・・・・・・・・・・・ 126
- (64) 培養液の組成を測る（秋田）・・・ 128

(65) ガス濃度を測る (久保) ································· 130
　　参考文献 ··· 131

第4章　センサ・計測器 (門田・有馬・林・水野) ······ 138
1. 画像・光のセンシング ··· 138
　　(1) 色彩色差計 (大角) ··· 138
　　(2) 光量子センサ (清水) ·· 139
　　(3) TVカメラ (桶) ··· 140
　　(4) マイクロスコープ (林) ······································ 141
　　(5) 分光光度計 (夏賀) ·· 142
　　(6) 走査型電子顕微鏡 (荒木) ··································· 144
2. 変位・位置のセンシング ··· 147
　　(1) ミニリゾトロン (平沢) ······································ 147
　　(2) 水耕式リゾメータ (谷本) ··································· 148
　　(3) ポテンショメータ (徳田) ··································· 149
　　(4) エンコーダ (徳田) ·· 150
　　(5) GPS (鳥居) ··· 151
3. 距離のセンシング ·· 153
　　(1) 超音波センサ (門田) ··· 153
　　(2) 光電センサ (有馬) ·· 154
4. 温度・湿度のセンシング ··· 155
　　(1) 熱電対 (西浦) ·· 155
　　(2) サーモカメラ (西浦) ··· 156
　　(3) 湿度センサ (村瀬) ·· 157
5. 力のセンシング ··· 159
　　(1) ひずみゲージ式荷重変換器 (酒井・門田) ················ 159
　　(2) 倒伏試験器 (尾形) ·· 161
6. 圧力のセンシング ·· 162
　　(1) 圧力センサ (片岡) ·· 162
　　(2) マノメータ (大門) ·· 163
7. 化学成分のセンシング ·· 164
　　(1) ECメータ (大門) ·· 164
　　(2) pHメータ (大門) ·· 164
　　(3) イオン電極 (関本) ·· 165
　　(4) 酸素電極 (関本) ··· 166
　　(5) ガスクロマトグラフィ (GC) (久保) ······················ 167
　　(6) 高速液体クロマトグラフィ (HPLC) (久保) ············· 168
　　(7) 赤外線ガス分析装置 (平井) ································· 169
8. 土壌の水分と水分ポテンシャルのセンシング ··············· 171
　　(1) サイクロメータ (Ji) ·· 171
　　(2) 現場土壌水分計 (TDR・FDR) (Ji) ························· 172

(3) テンシオメータ (三浦) ··· 174
9. 土壌の構造と透過性のセンシング ··· 176
　　　(1) 試料円筒 (100 ml) (諸泉) ··· 176
　　　(2) 土壌三相計 (諸泉) ··· 177
　　　(3) 軟 X 線撮影装置 (成岡) ·· 178
10. その他センシング ··· 181
　　　参考文献 ··· 182

第5章　計測の基本 (清水・野口・大門) ······································ 183
1. 実験の準備 ··· 183
　　　(1) 供試植物の準備 (大門) ··· 183
　　　(2) 実験計画法 (森川) ··· 185
　　　(3) 測定法の基礎 (清水) ·· 187
2. センサ・信号処理 ·· 188
　　　(4) センサ・測定器の取り扱い (川村恒) ····························· 188
　　　(5) 信号の前処理と後処理 (川村恒) ··································· 189
3. データの取込み ··· 192
　　　(6) アナログとデジタル (野口) ·· 192
　　　(7) A/D 変換 (野口) ··· 193
　　　(8) 表示・記録機器 (野口) ··· 194
　　　(9) 誤差と有効数字 (野口) ··· 196
4. 画像による計測 ··· 197
　　　(10) 画像の取り込み (清水) ·· 197
　　　(11) 照明・光学フィルタ (清水) ······································· 198
　　　(12) 画像の前処理 (清水) ··· 199
　　　(13) 簡単な画像処理 (清水) ·· 201
参考文献 ··· 202

第6章　SI 単位系 (西浦) ··· 203
1. SI 単位の構成 (西浦) ·· 203
2. SI 単位と併用される単位 (西浦) ·· 204
3. 表記の仕方および注意点 (西浦) ··· 204
4. 単位換算表 (西浦・難波) ··· 205

索引・用語解説 (西浦・伊藤・清水・樋・林・難波・森田) ················ 209

　　　　　　　　　　　　　　　　　　＊ かっこ内は執筆担当者，章のかっこ内は編集担当者

第1章　本書の目的・構成・使い方

1. 本書の目的

　理工系の実験を行うときには，正確に計測する（測る）ことが基本となる。現在我々が利用できる多くの計測機器は工学に基礎をおいたものであるため，計測する対象物が規格化されたものであれば，それらの機器を用いて比較的容易かつ正確に計測できるが，対象物が複雑で多様な形態および特性をもつもの（生物や土壌など）となると，一般の工学書を読むだけでは不十分である。実際に読者の中にも，それらの対象物を計測する際，簡単な手法およびアイデアが思い浮かばなかったり，計測した結果，得られたデータが大きな誤差を含んでいたり，無意味なばらつきに悩まされ，計測に関するノウハウを身に付けることに苦労した方も数多くおられることであろう。本書はそのような計測を行おうとする読者に具体的な手助けをし，必要なときに必要なページを開けば必要な情報を取り出せ，正しい計測データを得られるように導くことを目的としたものである。

　どの学問分野においても，とかく専門書というものは取っつきにくく，最初の数章は何度も読み返すものの，実際に本論に入る前に読破することをあきらめた経験をお持ちの方も少なくないであろう。本書では，最初から順を追って読むことを必要とせず，読者それぞれが何かを測らなければならないという状況下にあるとき，3章で計測対象としてあげた植物（地上部および地下部），土壌，およびその環境のどこからでも直ちにひもとける本を目指した。

　したがって，高校生（特に農業高校，工業高校等の専門高校），農・工・理学部等の大学生および大学院生など，実際の研究活動に携わったことが無く，特定分野の専門知識のない読者が，教科書，副読本として，あるいは実験のための携帯書として，計測の必要性に駆られたときに，この本と計測機器の取扱説明書を読むことによって，自分で正確な計測を行えるようになれば，著者一同のよろこびである。しかし，紙面の都合上および時間的な制約の関係上，本書にすべての計測対象，項目，手法が盛り込まれている訳ではない。読者からのご批判，ご意見を期待したい。

2. 本書の構成

　本書は，主として以下の4つの章から成る。
第2章　ファイトテクノロジーの考え方
第3章　計測の実際
第4章　計測機器およびセンサ
第5章　計測の基本

　第2章ではファイトテクノロジーの概念とそれに基づく実験の進め方が，システムズアプローチの手法と共に解説されている。これによって，読者が必要とする計測項目および対象の幅を広げる手助けとなることを狙っている。第3章はこの本の心臓部であり，種々の計測項目，対象，手法が数多くの事例と共に具体的に解説されている。具体的に何をどう使い，操作すれば何の計測が出来るのかを，図入りで手順を追って説明してある。同様の方法で計測できる対象および項目も可能な限り紹介してある。第4章では第3章で用いた計測機器およびそれ以外の重要なセンサ等の原理，基本的構成，仕組み等がわかりやすく解説してある。5章はすべての計測において必要となる基本的共通項目が，実験の準備，センサの取り扱い方法，信号の処理方法，データの取り方および処理方法の順に記されている。またこの章の最後では，近年急速に種々の用途に使用され始めた画像計測の基本について説明されている。これらの章はお互いにリンクしており，それぞれのページの欄外に参考となる他の項目，他の章のページが記されている。

　最後に第6章として，国際単位系であるSI単位について，計測された量と使用する単位について表にまとめてある。また，その表には従来の単位系のSI単位系への換算式も組み込んである。さらに，重要な単語を索引にまとめ，その英訳および数行の解説を付してある。

3. 本書の使い方

　まず，計測したい対象物および項目が決まったら，第3章の中でそれにいちばん関連のあるページを見つけて欲しい。たいていの場合，そこには複数の手法が書かれてあるので，その中で自分の実験室で可能な計測機器を用いた方法を選ぶ。その計測機器に関することは，欄外に書かれてあるページ（第4章）を参照して，あらかじめ計測機器の原理，構成等を知っておくことが望ましい。実際の計測に当たっては，第5章の準備，処理方法等を見て欲しい。計測データの処理に際しては第6章のSI単位で整理することを忘れずに。

もし，自分の計測対象あるいは計測項目にぴったりとあうものがなくてもあきらめず，第3章のなかでそれに近いものを探し出し，類似の手法でトライすることをお勧めする。

　ある計測機器が実験室にあって，何を測ろうか，何が測れるかということを考えている人（たとえば卒業実験のテーマを決めようとしている段階）は，第4章のセンサの章でそれを見つけ，その欄外に書かれてあるページを参照して欲しい。そこから自分の興味のわく計測対象および項目が生まれることを期待する。

　計測が一通り終わり，自分の実験，研究を大きな視野から位置づけたいとき，あるいは見直してみたいときには第2章をながめてみて欲しい。おそらく，自分の計測あるいは実験は，あるシステムの一部分を担っていることに気づくのではないだろうか。自分の実験を別な側面から見ることができれば，積極的にその見方での実験および計測を行って欲しい。元々植物の地上部，地下部，土壌，環境はそれぞれ相互に影響しあっているため，一つの対象あるいは一つの項目を計測すればそれで終了するものではない。多くの計測を行うことによって「植物との対話」を進めて欲しい。

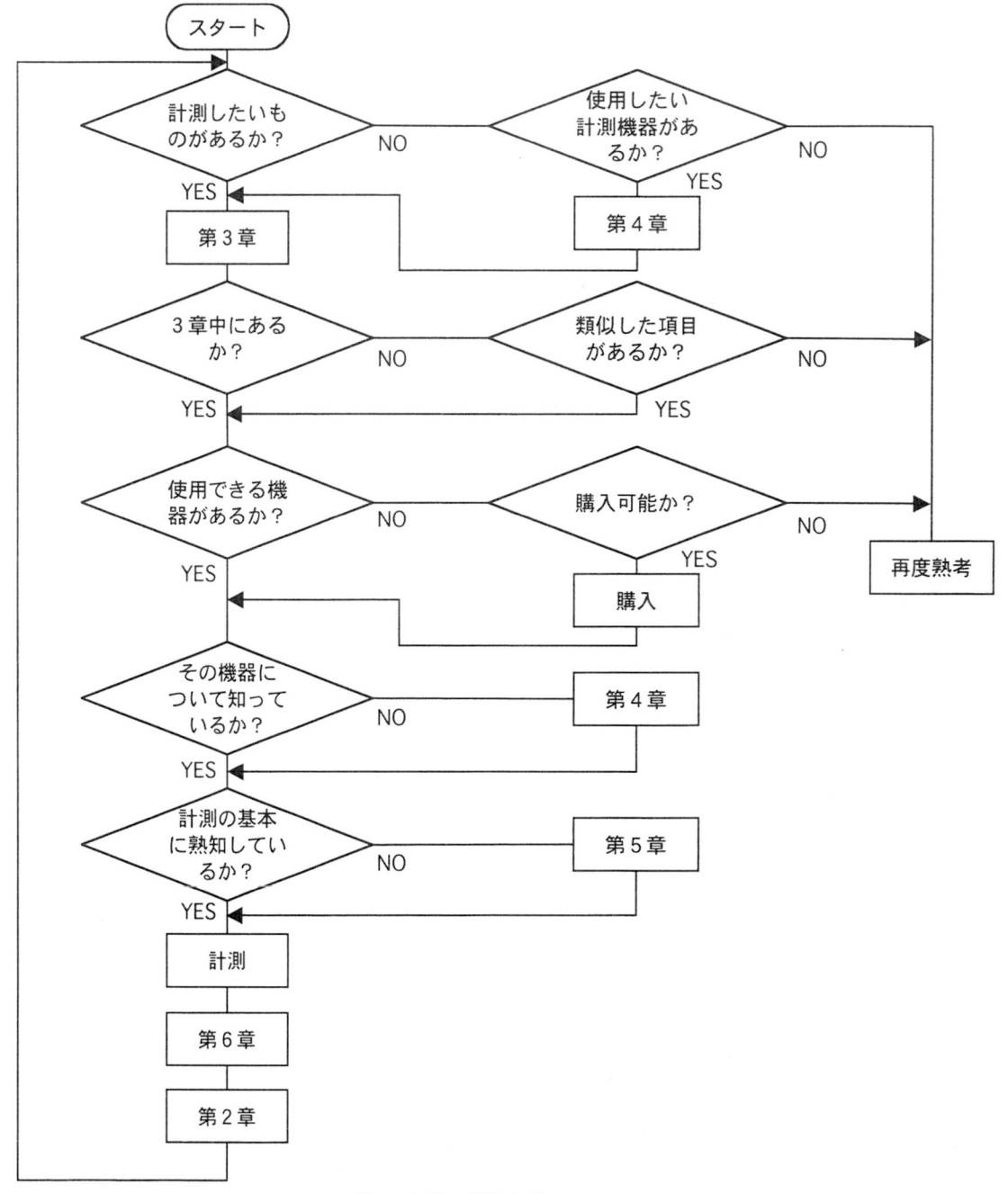

図1　本書の活用方法

4. 本書のレイアウト

　図2に本書第3～5章のレイアウトサンプルを示す。何処からでも読み始められる本書の特徴であるページ余白の関連事項リンク，こつやノウハウをちりばめたONE POINT，難解な語句には**ゴシック体**で索引に用語解説があることを明示，などなどの機能を十分に活用してこの本を使いこなしてもらいたい。

項目番号　　　　　　　タイトル　　　　　　本文　　　　　概要　　　　　図表

実際 43　根の微生物をみる -VA菌根菌とリン酸吸収-

VA菌根（*vesicular-arbuscular mycorrhiza*）は植物と糸状菌との共生体でありこの菌根を形成する糸状菌をVA菌根菌と称している。VA菌根菌は宿主特異性をほとんど持たず，アブラナ科やアカザ科などの一部の植物種を除いて陸上植物種の80%がVA菌根を形成すると考えられている[1]。

STEP1　根の透明化

用語解説付きインデックス
難解な言葉には巻末索引に簡単な用語解説を付けた

　VA菌根菌は植物根の皮層部分に，特徴的な菌糸構造物である**樹枝状体**やのう状体を形成する（図）。菌自体はトリパンブルーや酸性フクシンでよく染まるが，根の細胞質や核が観察の邪魔になるので，染色前に水酸化カリウム溶液でこれらを溶解除去する[2]。木化の進んでいない若い根のサンプルを，10mm程度の長さにきざむ。10%水酸化カリウム溶液を50～100mlビーカに取り，きざんだ根のサンプルを浸積する。ホットプレートを用いて，90℃で10～30分程度加熱する。加熱時間は，材料によって調整する必要がある。この操作を行ってもまだサンプルが着色している場合は，水酸化カリウム溶液を捨てて数回水洗した後，10倍に希釈した過酸化水素水で漂白しても良い。

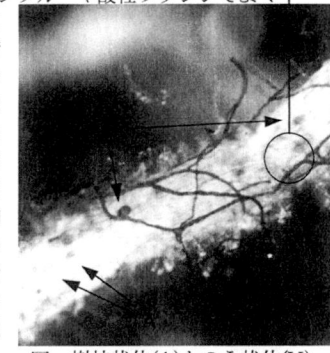

図　樹枝状体(A)とのう状体(V)

STEP2　菌根菌の染色

　透明化した根サンプルを，ラクトグリセロール（容量比で水1，乳酸1，グリセリン1）にトリパンブルー（0.05%）を溶解させた染色液に浸積し，90℃で5～15分程度加熱する。続いて，トリパンブルーを含まないラクトグリセロールに移し，90℃で10～30分程度加熱して余分な染色液を取り除く。染色したサンプルをシャーレにとり，実体顕微鏡下で根内部の菌糸や樹枝状体，のう状体を観察する。なお，樹枝状体は根の皮層細胞内で細かく枝分かれした菌糸構造物であるが，実体顕微鏡では詳しい構造はよく見えない。より詳細な構造の観察には，光学顕微鏡を用いる。

関連項目のリンク先とそのページ

実際42　根の微生物を見る p123

ONE POINT　VA菌根と養分吸収

　植物の根にVA菌根が形成されると，根から土壌中に伸びた外生菌糸が種々の無機養分を土壌から吸収して宿主植物に供給し，代わりにVA菌根菌は宿主植物から炭水化物を得ている。この働きは，リン酸のような土壌中で移動速度の小さい養分において顕著である。また，VA菌根形成は不耕起土壌において旺盛となり，硬い土壌でも根の伸長を助けてリン酸吸収を促進する[3]。

ONE POINT
+αの知識，こつ，ノウハウなどを詰め込んだ知識の箱

STEP3　菌根形成程度の評価

　菌根形成程度は，全根長に対する菌根部位の長さの割合（**感染率**または**菌根形成率**）で評価する場合が多い。通常，根内部に菌糸構造物が認められる根の部位を菌根部位とする。格子を描いたOHPシートをシャーレの底に貼り付け，染色した根のサンプルをランダムに広げて，実体顕微鏡下で格子と根および菌根部位との交点の数を数える。全ての根の交点数に対する菌根部位の交点数の百分率［%］で感染率を表示する。

123　計測の実際

参考文献　文献は各章ごとにまとめて章末に列記

図2　本書のレイアウト

第2章 ファイトテクノロジーの考え方

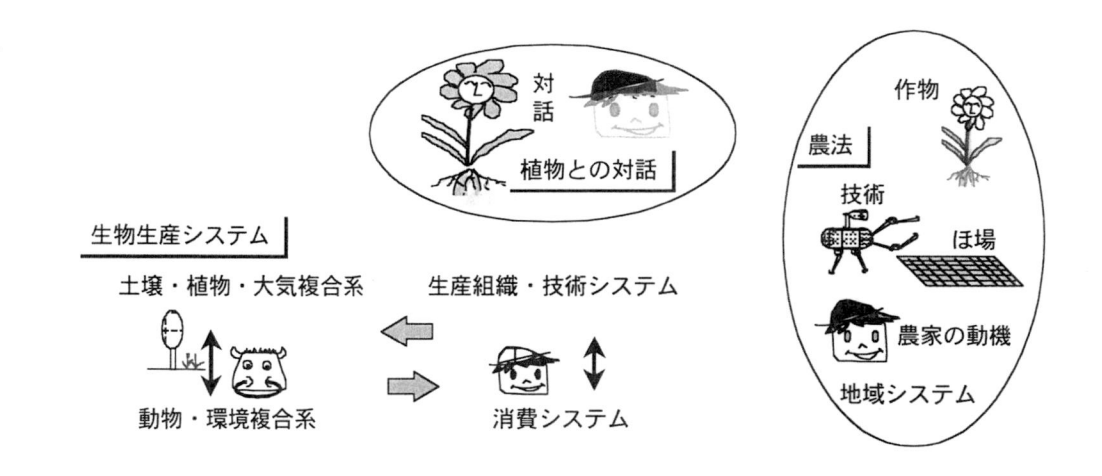

1. ファイトテクノロジーの特徴

ファイトテクノロジーとは、植物生産工学ともいわれている日本で発達した研究分野のひとつで、植物個体レベルの特性を工学的に理解して生物生産に応用しようという技術研究分野である。「植物との対話（Speaking Plant Approach）」と「篤農技術を科学する（Excellent-farmers' approach）」をキャッチフレーズにしている。

ファイトテクノロジーの特徴は、図1に示す通り、次の三つの課題を統一的に追求しようという研究姿勢に特徴づけられている[1]。

(1) 「植物との対話」に代表される、生きている植物個体を理解すること。
(2) 生物生産システムにおける環境保全と生産性を同時に追求すること。
(3) ほ場で展開する技術体系としての農法を理解し、発展させること。

これらをとらえて、植物に関わる生産の技術学、すなわちファイトテクノロジーという。

「植物との対話」は篤農技術を理解しようという討論の中から発案された[1]。篤農家は「植物の顔色」を見ながら適切な時期に最適な処方を実施する。その際に「この野菜はみずみずしい」とか「疲れている」などの擬人化した表現を用いる。それを研究者の目で分析的に理解しようということである。実際に篤農家のレベルに達するような研究例は少ないが、ここではいくつかのアプローチを紹介しておく。

地下部の水ポテンシャル（水分圧力）を変化させたときのトマト果実の水ポテンシャル変化を計測し、裂果などの原因を探る方法とか、パルス状磁場を種子に与えて出芽速度の促進効果を確認するなどの植物理解のアプローチが典型的である。また作物と雑草の成育競争を観測して農薬を使わない非化学的雑草抑制法を予測するなどの植物モデリングアプローチがある。色彩画像によるイネの成育診断、ファジィやニューラルネットワークを利用した花卉類の品質評価など、植物の計測・理解を人間の判断に接近させようという知識模倣アプローチもある。更に、植物維管束の機能と形状の理解に基づく新しいプラグイン接ぎ木ロボットの開発など、栽培技術革新のアプローチがある。

第2の課題の紹介[2]はここでは割愛する。第3の課題である農法理解については、次の5大要素とその相互関係に着目しながら研究を進めている[2]。

①作物品種：栽培品種の耐寒性とか耐病性あるいは多肥多収性、市場性などの特性は、農法を構築する際の基礎となる要素である。
②ほ場：場所（気象条件など）、土壌の性質、ほ場の形やサイズ、分散状態や利用形態など、作物品種や選択される技術に制約を与える要素である。
③技術：栽培方法などといわれるソフト技術及び農業機械や施設構造物に代表されるハード技術がある。ハード技術は簡単に変更できないので、農法変革に対する障害となる場合もあれば、逆に農法革新を決定づける。

図1　ファイトテクノロジーの特徴

④農家の動機：気分や感情，嗜好，家系，経営戦略などの農家個人の特性であり，技術ばかりに着目すると無視されがちだが，実は農法を決定する主体である。
⑤地域システム：農業政策，農協などの団体，市場へのアクセス方法，技術普及システムなど，農法を維持・普及するための地域集団システムで産地間競争を左右する要素でもある。　以上の5大要素が農家のレベルで実体として統合され，それが刻々と変化する自然・社会状況に対応して展開されている様子が，ここでいう農法である。ある要素が変化すると（栽培品種とか農業機械の変更など），他の要素との関係がすべて変化するので，改めて農法を修正・再構成しなければならない。

　このように，ファイトテクノロジーでは，全体のシステムを常に意識しながら具体的な問題を研究しており，必然的にシステムズアプローチが要求される。

2. システムズアプローチ

　ファイトテクノロジーの対象は，植物だけ取り上げても複雑な活動体であり，さらに植物成育は土壌や大気などの成育環境や人間の管理作業とも密接に関連しており，非常に複雑なシステムとなっている。それに対応して，ファイトテクノロジーが目指すものは，必然的に植物成育に関するシステム技術を構築するアプローチの発展ということになる。

　一般にシステムとは，多数の要素が有機的に結びつけられ，いくつかの機能を発揮する活動体である。システムを理解するとは，要素間の関係の全体を理解することであり，個々の要素の特徴が理解されてもシステムを理解したことにはならない。またシステムの内部には，空間的時間的スケールによって異なる機能を発揮する階層構造が存在する。システムのある部分に注目して特徴を抽出しようとすれば，それより大きなスケールの変化は環境条件として現れ，小さなスケールの変化は，たとえそれが規則的な変化であっても，注目するスケールではノイズとして観測される場合が多い。例えば，植物の葉面温度を精密に計ろうとしてより微細なセンサを用いると，器官としての葉面温度ではなく組織ないしは細胞の温度を測定することになってしまう。注目するスケールの特徴を理解するには，それぞれ適切な観測スケール（時間間隔，空間サイズ）が存在するのである。

　ここでシステムズアプローチとは，図2に示されるように，システム全体を対象にした問題解決の手法をいう。社会的要請や法的規制の枠内で，あるシステム（製品）を開発する場合を考える。まずシステム開発の目的（例えば環境保全と生産性向上を同時に実現できる生産システム）を分析し，社会的ニーズや実現可能性あるいは普及の可能性を検討する。続いて，開発すべきシステムのコンセプトや必要な要素の数と特性及び要素間の相互関係などの全体構想を計画する。ある要素が新技術（新製品）で置き換えられた場合におけるシステム全体の発展シナリオを構想する。続いて詳細設計の段階に入り，個々の要素に関するモデリングとシミュレーション及び要素間の相互作用のシミュレーションが求められる。次の段階がシステム分析と再構成の段階であり，システムの評価まで進んで，システム設計のループは閉じる。システムの実行段階では，評価基準を満たしているかどうか，製品としての価値を満たしているかなどの検討が必要になり，ここ

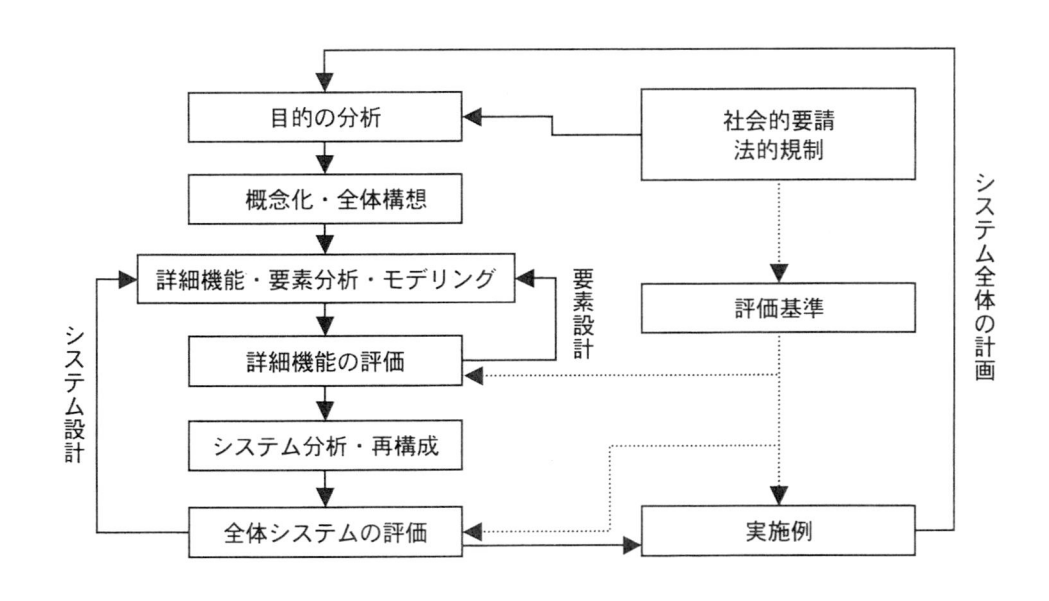

図2　システムズアプローチの概略

で改めて目的分析及び概念化と全体構想までフィードバックをかけてシステム計画のループが閉じる。このようにして，発展しつつあるシステム全体を常に念頭に置きながら，個々の要素の詳細設計を進めていく手法をシステムズアプローチと呼んでいる。　ファイトテクノロジーの場合は，「植物との対話」が中心課題でありまた目的でもある。植物のどの部分とどのような対話をするのか，何を期待して対話するのか，などの目的分析からはじまる。社会的要請を意識しながら，実在する問題を解くという目的設定が特に重要である。続いて研究テーマの全体構想の設定やアプローチの選択が次の課題になる。全体構想を意識しながら，個々の要素の分析に入り，計測・モデリング・評価の要素研究にはいる。個々の要素の特徴が記述されはじめたら，要素間の関係に注意しながら全体システムの再構成と評価の段階に入る。全体システムが再構成されたら，具体的な栽培現場に応用して問題解決の可能性を検討する。これは実学的な研究では当然のアプローチでもあるが，システム工学の手法で体系化されているところに意味がある。

3. 研究の実際

(1) 根系部との対話

　根系成長モデルの研究[3]を例に取りながら，前項のシステムズアプローチの実際例を考えてみよう。

　まず，社会的ニーズとしての「土づくり」や「深耕」の課題と同時に，化学肥料過多による環境汚染問題に着目する。すなわち，生産性の向上と環境保全を同時に追求しようとするならば，地下部で成長する根系の状態をつぶさに理解することにより，必要にして十分な肥培管理を実行する必要がある。すなわち「根系との対話」が研究目的として設定されることになる。

　しかし実際に根系成長を生きたままの状態で見ることは困難なので，「根系と対話」する一手法として，間接的アプローチの「根系成長モデルの作成」を構想することは意味があることである。特に，土壌環境も考慮した「土壌－根系システム」における根系成長モデルである。これで，新たに構築すべきシステムの概念化と全体構想のステップは完了である。

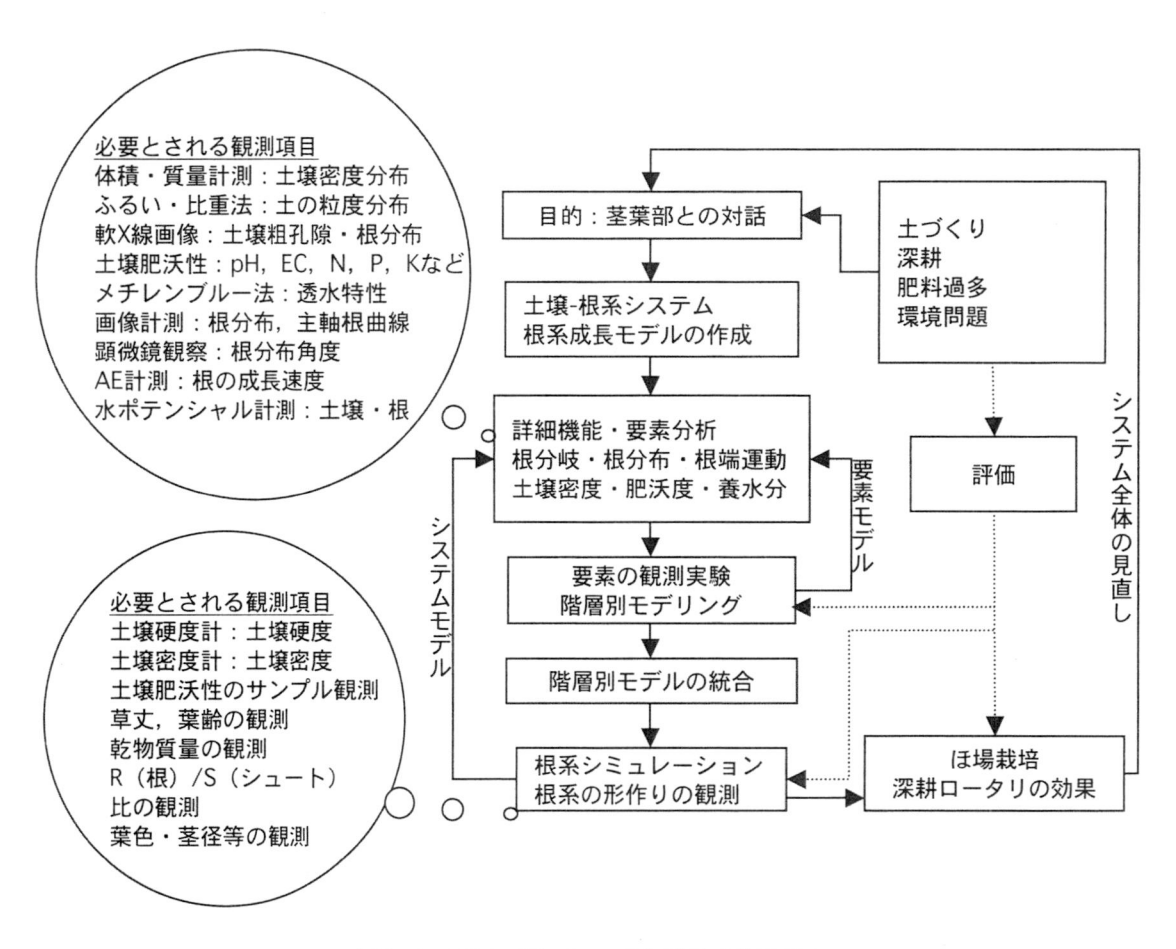

図3　システムズアプローチと根系成長モデル

では土中で成長する根系を記述するのに，どれほどの要素が必要なのであろうか。生物学を学んだ人ならば，この課題は生物の発生あるいは形態形成に属する問題であり，遺伝子のプログラムとその与えられた環境における挙動を理解する必要があると理解するだろう。しかしここでは，別のアプローチを紹介しよう。

まず事実をよく観察することである。たとえばひげ根状の根系をよく観察すると，主軸根が屈曲しながら土中へ進入していき，根が分枝しながら複雑な形態を構成していることがわかる。すなわち，根系形状の理解すべき要素は，根分枝，根分布，それと根端が曲折しながら土中に進入していく運動なのである。土側に着目すれば，土の粒度や孔隙分布，土壌密度や土の硬さの分布，肥沃性，そして養水分の移動が主要な要素である。それぞれの要素をみると，さらにそれぞれ複雑な構造や機能をもっており，次々とミクロ世界が見えてくるはずである。しかし着目するスケールが根系全体の成長にあるので，はじめからミクロな世界の要素をすべてあげる必要はない。これで詳細機能と要素のステップは終わる。

続いて要素の観測とモデリングの段階に入る。図3に示すように，それぞれの要素について観測実験を行い，データ解析とモデルの作成が主な作業になる。全体構想との関係で，すべての観測項目を実験する必要はないが，少なくとも要素の挙動が予測できるようなモデルが求められる。この段階の研究は階層別モデリングとよばれ，各要素についてのモデルと実在観測の比較による評価が繰り返される。

階層別モデリングが完了すれば，次はシステムの再構成とシステム全体の評価の段階に入る。階層別モデルの全体的な統合を実施し，実際の根系全体の観測と比較することになる。この段階である程度の評価が得られれば，実際のほ場実験を行い，根系成長モデルの肥培管理技術への応用を検討することになる。既に深耕ロータリという深耕技術が利用可能であり，ほ場における土壌条件を意図的に変化させる栽培実験が可能になっている。ほ場実験の結果に基づいて，根系成長モデルの有効性や問題点を検討し，最初の目的分析の段階へ戻ることになる。

以上のようなループを繰り返すことにより，「根系との対話」の中身が深まっていくことになる。ある要素のみにいつまでも固執せず，常に全体システムを見ながら「植物との対話」を進めることが，ファイトテクノロジーの特徴である。

（2）茎葉部との対話

前述の根系部と異なり，目に見える茎葉部については，形・大きさ・色や物質動態の時間的・空間的変化を捕らえやすい。その意味で，茎葉部の声は聞きやすく，本書に紹介されている計測技法を用いれば，非破壊で連続的に茎葉部と対話することが可能である。ただし，何の目的で茎葉部の何を測るのかを明確にし，得られた数値や信号が明らかにしたい植物の生理状態を正しく反映しているかどうかということを常に考慮しないと，声を誤って聞いてしまう場合がある。対話の際のポイントを事例に分けて概説する。

対話が要素欠乏の診断の場合は話が比較的簡単で，その初期に現れる徴候をうまくモニタできれば正確な診断が可能である。問題は初期の徴候を見つけられるかどうかにかかっている。たとえばカーネーション栽培で，カルシウム（Ca）の要素欠乏を診断する場合，篤農家は成長点近傍の幼葉の葉先をよく観察する。葉先が少しでも褐変（壊死）していればCa欠乏が起こる予兆であり，篤農家は直ちにCa水溶液（たとえば塩化カルシウム水溶液）を葉面散布する。こうすることで，Caの欠乏障害は未然に防げる。予兆を認知できずに放置すると，その後の伸長成長や分枝が悪くなり，展開した成葉の葉先には障害の証として明らかな葉枯れが残る。生理障害のように，特定の部位に特徴的な徴候が現れる場合はそれを注意深く観察すればよく，植物個体が発する声は聞きやすい。

植物個体の中で動的に変化する要素を測定しようとする場合は慎重なアプローチが必要である。たとえば，光合成速度を個葉で測る場合を想定しよう。イネなどのように栄養成長と生殖成長の相が明確に分かれる植物では，成葉の部分的な光合成速度で個体全体の光合成速度（量）をおおむね推測することができる。しかし，トマトなどの果菜類のように次々と果実を着けながら成長する（栄養成長と生殖成長が並行する）植物では，個葉による光合成速度の評価は難しい。これは，光合成速度が，温度・日射量などの外的要因だけでなく，シンク・ソースのバランスなど内的な要因によっても大きく変動するからである。シンク（同化産物を受け取る組織・器官）が大きい場合，すなわち植物体に腋芽が多く，果実がたくさん着いている状態では，その需要に応じてソース（同化産物を送り出す器官）である葉の光合成活性が個体全体として相対的に高く維持される。さらに器官別にみれば，強力なシンクである発達中の果実が近くにある葉は他の葉に比べて光合成活性が高くなる。一方，個体としてシンクが小さい場合は，同化産物の行きどころがなくなるため，負のフィードバックが働いて，葉の光合成活性が相対的に低くなる。このようにみると，光合成速度は時間的空間的に複雑に変動していることになり，どの値を測定値として評価するかが難しい。大きな同化箱（袋）を用いて個体全体の光合成速を測ることも考えられるが，群落で栽培される，大きな植物に対しては実際的とはいえない。

ここで取り上げた光合成速度の問題は他の計測についてもいえることで，今後，植物体の一部分（組織や器官）の計測データと個体全体の生理状態との間の関係を解明していく必要がある。植物を階層構造からなる1つのシステムとみれば，システム全体とサブシステム，あるいはサブ・サブシステムとの間の関係を理

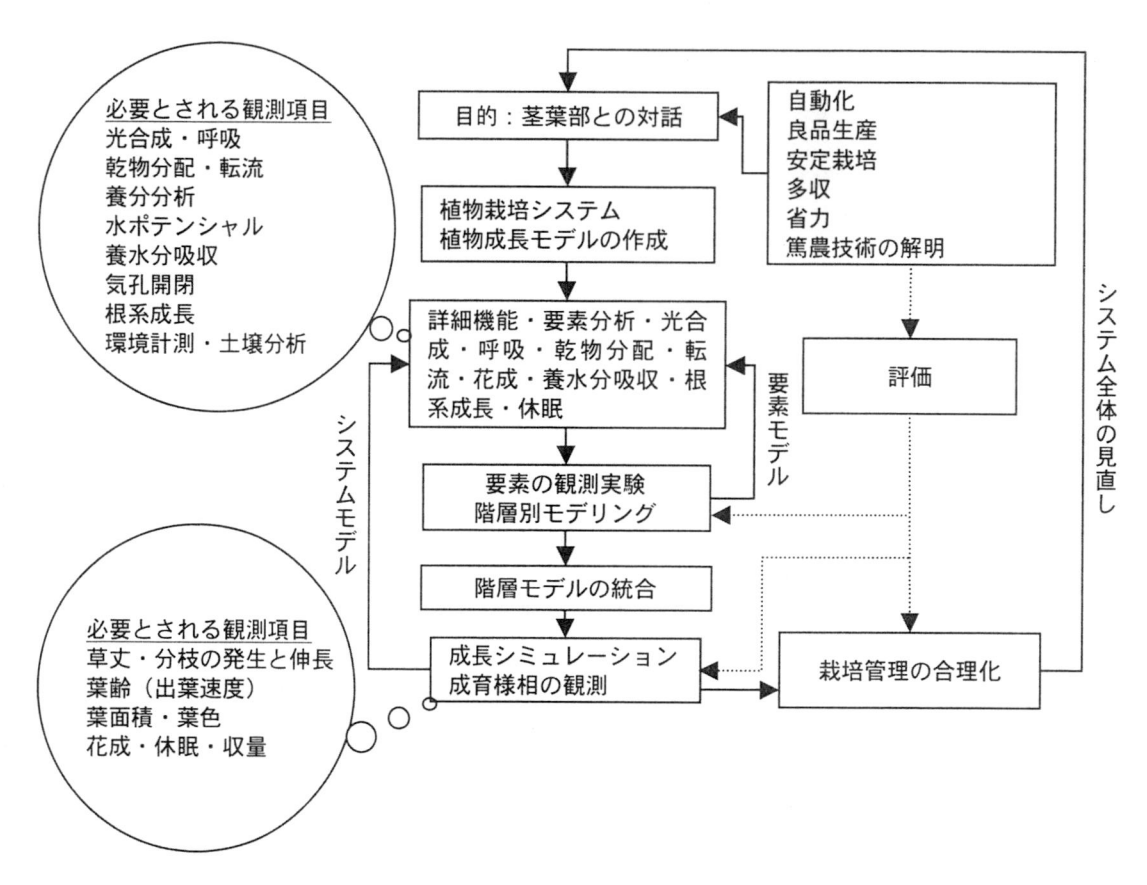

図4 システムズアプローチと植物成長モデル

解し，階層のギャップをいかに埋め合わせるか，という問題に置き換えられる。これまでの研究では，計測とはある時点，ある部分での瞬間値を測定することであり，データ解析とは環境要因との関係からその測定値の生理的意味を一元的に解釈することであった。つまり，時間的，空間的に拡がりをもつ植物の成育を"点"で解析する研究がほとんどであった。これからは，植物がおかれた環境でどのように成長しようとしているのか，すなわち，どんどん上に伸びようとしているのか，側枝を出して横に繁茂しようとしているのか，それとも貯蔵器官に養分を貯め成長を終えようとしているのか，などを予測可能な方法論（モデル）が必要になる。そのためには，植物を理解する新しいパラダイムが必要で，それこそがファイトテクノロジーの目指すものである。

「生体計測で植物の声を聞き，顔色をうかがい，その時点で植物がどのような生理状態にあり，その後どのように成育するかを予測する」という難解な問題を解き明かすには，システムズアプローチが有用である。生理状態の解析とシミュレーションにはダイナミックモデルを用いる。まず，メタ・ルールとして植物体全体の生理状態や成育の動態を記述し，これをメインプログラムとする。つぎに，光合成速度，乾物分配，呼吸，養水分の吸収・移動などのサブモデルを作成し，メインプログラムに組み込む。精度を上げるには，光合成速度のサブモデルをさらに詳しくサブ・サブモデルに分け，プログラムに記述する。呼吸についても，維持呼吸と構成呼吸のサブ・サブモデルができる。ダイナミックモデルは構造化プログラミングに適し，モデルの修正・追加・削除が簡単である。大雑把なモデルができれば，《植物の成育観察→計測→シミュレーション→比較→モデルの評価→モデルの修正》を繰り返し，モデルの精度を上げていく。できあがったモデルは，植物生産施設の計測制御に用いられるだけでなく，システムズシンキングとして，植物の構造や機能の理解を助けることになる。

（3）農作業機械の開発

農作業機械を開発する際にも，システムズアプローチは重要となる。たとえば，果実収穫機（収穫ロボット[4]）を例にあげてみよう。

ここでは，対象作物をイチゴと仮定する．まず，慣行のイチゴの生産システムを把握し，収穫機を含めた生産システムおよびそれによって変化する作業体系を決定する．

　その中では現在行われている外成り栽培，内成り栽培，高設栽培などの栽培様式および栽培方法について収穫機の導入が可能か否か，もし困難であれば，栽培様式および栽培方法を如何に変化させるか等を検討する．さらに決定された栽培様式に基づいて，イチゴの成育範囲，結実位置等をモデリングする．また，収穫機の構成要素（マニピュレータ，エンドエフェクタ，視覚センサ，移動機構等）の機構の決定を行う．このためには，イチゴの種々の基礎的物理特性，力学的特性，光学的特性などを計測する必要がある．さらに決定された栽培様式，各構成要素の実験を行うことによって，各要素を改良した後，それらを統合して収穫システムでの実験を行う．ここでは，イチゴの果実の色，形状，寸法，三次元位置等の計測，収穫機の作業性能，精度，果実の損傷程度，生産量等を計測あるいは観測する必要がある．この実験結果に基づき，各構成要素の決定へのフィードバックループの中で改良を進める．最終的には収穫機の実用化まで行うが，収穫機の導入は収穫作業だけでなく，その前後の作業（栽培管理，選果，包装，流通に関わる作業）にまで影響を及ぼすため，イチゴ生産システム全体の見直しが必要になることも多い（図5）．

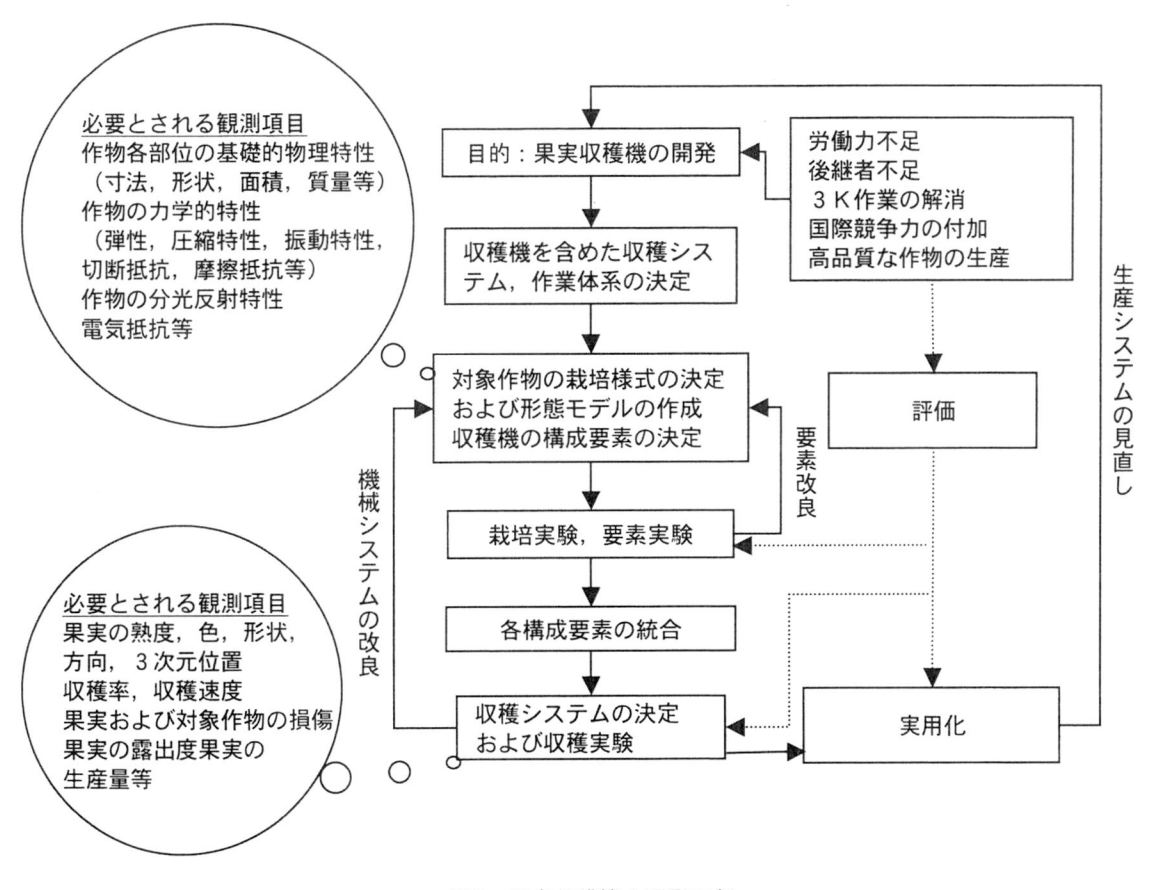

図5　果実収穫機の開発工程

参考文献

1) 澁澤　栄：ファイトテクノロジーによる植物の育成，「地域生態システム学」，朝倉書店，69-72 (1998).
2) 澁澤　栄：環境保全と農業生産システム，「地域生態システム学」，朝倉書店，10-13 (1998).
3) 澁澤　栄：確率モデル，「ファイトテクノロジー」，朝倉書店，91-96 (1994).
4) N. Kondo, and T. Fujiura, K. C. Ting, T. Okamoto, and M. Monta: Robots in Bioproduction within Controlled Environments. Robotics for Bioproduction Systems, edited by N. Kondo and K. C. Ting, ASAE, 173-229 (1998).

実際 1 茎の長さを測る

草丈や節間長など長さに関する特徴量は，植物の形態的特徴を定量的に表す重要な項目のうちの一つである。測定精度が必要ない場合には定規やそれを改良した測定器具で十分な場合も多いが，ここでは比較的簡単に測定できる接触法と画像を用いた非接触法について述べる。

STEP1　差動変圧器による測定

　差動変圧器を用いた植物の草丈の連続的な測定は古くから行われている。差動変圧器とは**コイル**の中心に可動鉄心があり，この鉄心の移動距離に応じた信号が出力されるものである。測定したい植物の部位と可動鉄心を細いワイヤで結び，さらに可動鉄心の反対側には植物に若干の**張力**がかかるようにカウンタウェイトを取り付ける（図1）。この方法は簡単に連続測定できるという利点があるが，植物に張力をかけることや姿勢を変えることによるストレス，ワイヤの温度による伸縮など考慮しなければならない点も多い。

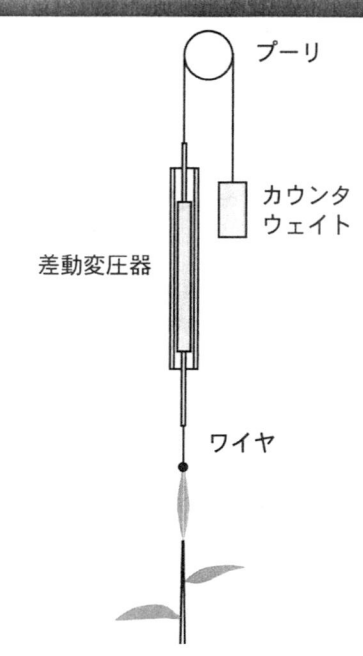

図1　差動変圧器による測定

STEP2　画像による長さの測定

基本10　画像の取り込みp197

実際2　葉の面積を測るp12

　画像計測と言うとたいへん大掛かりな測定というイメージがあるが，簡単にできるものもある。例えば**デジタルカメラ**で対象物（植物全体や節間など）を取込む。この際，長さが既知である規準物（定規など）も同じ画面上に取込むようにする。取込んだ画像をパーソナルコンピュータへ転送し，市販の一般的なグラフィックソフトで開き，規準物の画素座標から1画素当たりの長さ［mm］を計算（**校正**）する。次に画像上の植物の節の画素座標を求め，節と節との距離（画素数）を計算してさきほどの校正値から長さを求める（図2）。
　図2を用いて具体的に例を示す。A，B，C，Dの画像上での座標がそれぞれ(100,10)，(100,390)，(325,91)，(334,233)とすると，1画素の長さはAB間の長さとの関係から，(60-0)［mm］/(390-10)［画素］=0.154［mm/画素］となる。したがって，CD間の長さは

$$0.154 \times \sqrt{(334-325)^2 + (233-91)^2} = 0.154 \times 142.3 = 21.9 \quad [\text{mm}]$$

と計算される。

このような測定を1日に1回行えば節間の成長曲線が得られるし，また，日の出と日の入に測定すれば昼間と夜間それぞれの成長が調べられる。

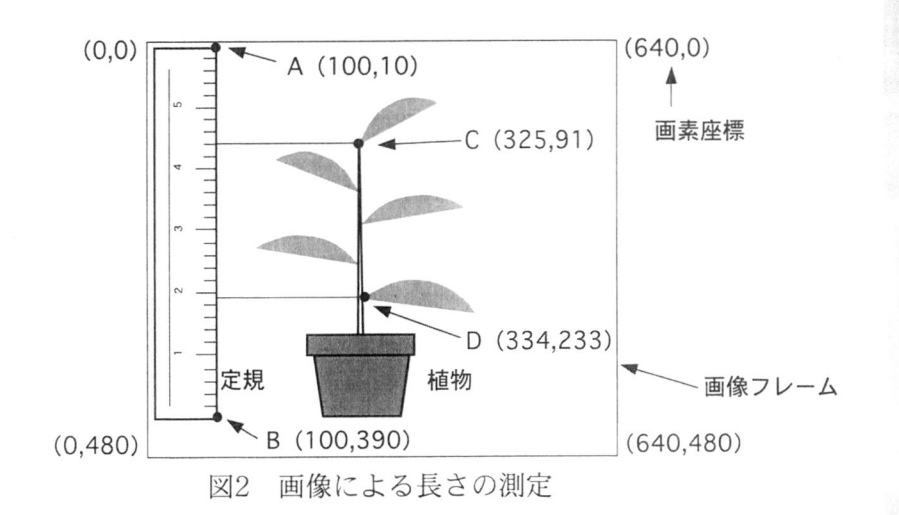

図2　画像による長さの測定

STEP3　自動計測システム

実験の都合上，1日当たりの撮影回数や夜間での撮影が必要な場合には，上記のようにいちいちデジタルカメラのシャッタを押して画像を取込んでいては面倒である。そこでそのような場合には自動的に画像を取り込めるような工夫をする。この場合にはデジタルカメラではなく，TVカメラ，**ビデオキャプチャボード**，コンピュータを用い，さらにプログラムを作る必要がある。また，画像の枚数が増えて画像上の座標を手で求めるのが面倒な場合には，植物の節を自動的に認識するようなプログラムを作らなければならない。自動計測システムを**構築**する際，節などの認識をどのようなアイデアで行うかというプログラム開発がメインになる。

センサ　TVカメラ
計測器　p140
1

図3　自動計測システムの一例

実際2

葉の面積を測る

葉は光合成を行う器官として植物成長のために重要である。葉の大きさは視覚的に認識できるため成長解析や予測によい指標となる。この大きさを2次元の物理量として扱い，LEDやCCDなどの光電素子を使用して葉面積として計測することができる。

STEP1 葉面積計測の目的

| 実際10 | ガス交換速度を測る p28 |
| 実際12 | 蒸散速度を測る p32 |

植物の効率的な生産のためには，成育段階別に茎葉の成長促進や抑制を行うなどの栽培管理を行うために，葉数，葉面積，葉形などから成育診断を行う必要がある[1]。特に葉面積は果菜類，葉菜類，根菜類の成育診断に有効な指標である。また，**光合成速度**や**蒸散速度**など成長解析によく使用される計測項目は単位葉面積当たりの値で示される[2]。このように葉面積は栽培管理や成長評価・解析のために重要な指標であり，計測による定量化が必要である。

STEP2 葉面積計による計測

| センサ計測器1 | TVカメラ p140 |

葉面積計は**イメージスキャナ**のようにLEDやCCD[3]などを装着したセンサヘッドで葉全体を走査して葉面積，葉長，葉幅を計測する装置である。逆にセンサ部を固定し，ベルトコンベアで葉を搬送して複数の葉の面積を連続的に計測できるタイプもある。さらに茎から切断することなく計測することができる携帯型がある。これらはインターネット上で紹介されている（http://www.meiwanet.co.jp/, http://www.eko.co.jp/など）。この計測器のみで葉面積を簡単に計測できる。この計測法は接触計測であり，葉を手動で計測器に設置しなくてはならない。

STEP3 画像処理装置による計測

| 基本10 | 画像の取り込み p197 |
| 基本13 | 簡単な画像処理 p201 |

画像入力装置で撮影された画像をデジタル信号に変換し，これをコンピュータで処理することにより葉面積を計測することができる。画像処理システムの概要を図1に示す。入力装置1のようにCCDからの信号をデジタル信号に変換する機能や大容量のメモリを持たない場合は**ビデオキャプチャボード**を用意する必要がある[4-10]。ビデオキャプチャボードには大容量のフレームメモリが装着されており**デジタル画像**は最初にこのメモリに記憶される。**デジタルカメラ**は単体で上記の信号変換機能を持ち，デジタル画像の記憶装置も内蔵している。デジタル画像をコンピュータに直接送信することができる場合が多い。

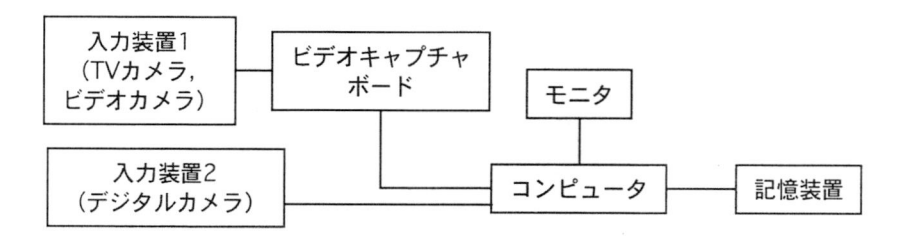

図1　画像処理システムの概要

ONE POINT
照明条件に注意

被写体が同じでも照明の光源が異なると得られる画像が異なる。照明には太陽光は含めない方がよい。天候や時刻により照明条件が変化するからである。

コンピュータに送信された画像は不連続な画素によって構成されている。図2にレタスの水平投影画像とその16倍拡大図を示す。拡大すると画像が画素で構成されていることがわかる。各画素の濃度は2のn乗段階の階調で表されている。図2の画像では各画素濃度は2の8乗階調すなわち256階調で表されている。

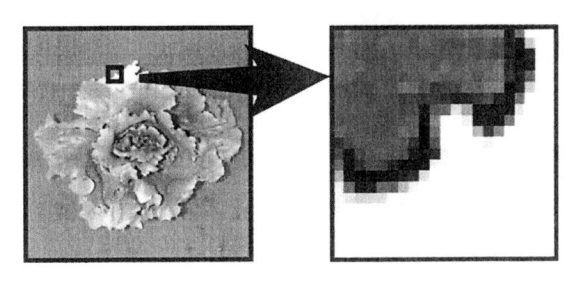

図2　レタスの水平投影画像と拡大図

カラー画像撮影のための画像入力装置ではレンズを透過する光を光学フィルタに通してR(赤)，G(緑)，B(青)の3色に分解する(図3)。これらは色(光)の3原色と呼ばれており，3原色光それぞれが個別のCCD上に結像される。従って撮影画像は3色に分解されてデジタル画像に変換され，記憶される。これら3色の画像を重ね合わせることによりカラーデジタル画像が得られる。カラー画像の画素色はR，G，Bの各画像の画素濃度が重ねられて表現されている。各色の画素濃度が2の8乗階調の濃度を持てばカラー画像の画素は2の24乗種類の色を表現できることになる。

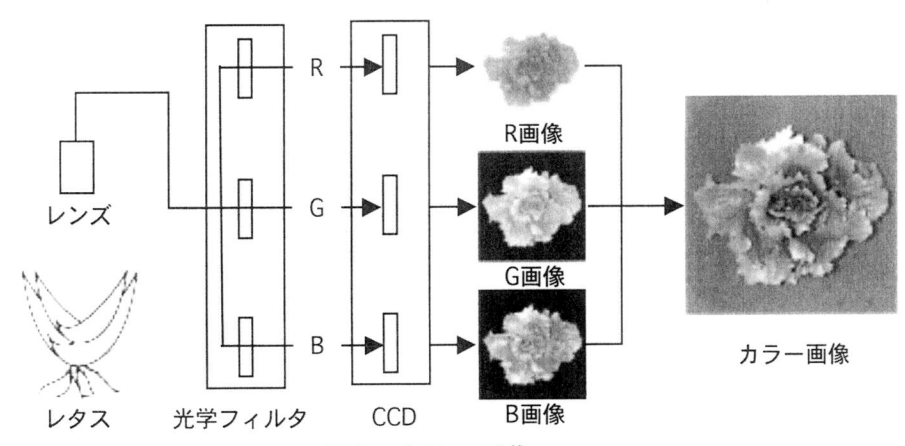

基本11　照明・光学フィルタ p198

図3　カラー画像

このようにデジタル画像は各画素の2次元座標と濃度値の2つの情報からなる。これらの情報をコンピュータで処理し，原画像から葉の部分に含まれる画素を抽出してその画素数を調べる(図4)。1画素あたりの面積が既知であれば葉面積(水平投影面積)を計測することができる。この計測法により非接触かつ自動計測が可能となる。

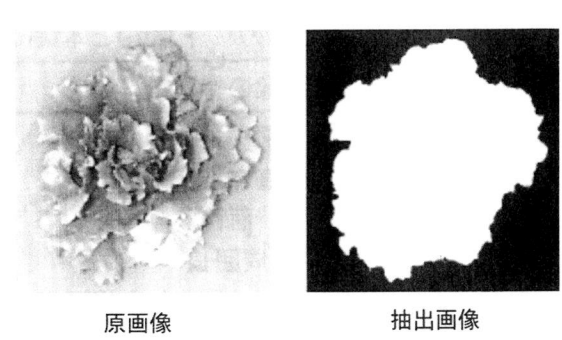

図4　レタスにおける葉の原画像からの画素の抽出

実際 3

葉の形状を測る

画像を用いた形状計測の一例として，画像の細長さ，複雑さを計測してみる。葉の形状を測ることで，ここであげた例のように子葉か本葉かを判断したり，葉の向きを推測したり，あるいは茶葉の等級選別への応用などが可能となる。

STEP1　葉の細長さを測る

基本10　画像の取り込み　p197

図1にキュウリの子葉(a)と本葉(b)の画像を示す。
まず，この2枚の画像の細長さを測定してみる。
画像の細長さは，**フェレ長比**と呼ばれる特徴量を求めることによって測定できる。フェレ長比は，画像を水平に走査して得られる画像の最大の幅（水平フェレ長）と垂直に走査して得られる画像の最大の長さ（垂直フェレ長）の比として定義される。そこでそれぞれの画像の水平フェレ長，垂直フェレ長を測ってみると，画像(a)では61ピクセル，106ピクセル，画像(b)では169ピクセル，165ピクセルとなり，画像(a)のフェレ長比は0.58，画像(b)のフェレ長比は1.02となる。
このように，フェレ長比が小さくなるほど対象の画像は細長いということができる。ただし，フェレ長比は画像の方向に依存する特徴量のため，実際に使用する際には画像の方向をそろえる前処理が必要になることに気をつけてほしい。

子葉(a)　　　　　　本葉(b)

図1　キュウリの子葉(a)と本葉(b)の画像

表　キュウリの子葉(a)と本葉(b)の画像の特徴量

画像の特徴量	子葉(a)	本葉(b)
水平フェレ長	61	169
垂直フェレ長	106	165
面積	4361	17444
周囲長	316	759
基準長を用いて測定した周囲長	269	432
フェレ長比	0.58	1.02
複雑度	18.1	26.0
線図形の複雑性	0.85	0.57

ONE POINT ノイズ

画像の面積や輪郭線長などは，通常のカラー画像や濃淡画像を用いると，ノイズと対象画像とが混じってしまい，測定が困難になることがある。このような場合には，背景の消去処理や二値化処理などを前処理として行うと良い。また，画像の取り込み条件を自分で設定できるのであれば，測定対象外のものが極力画像に入り込まないように工夫することも重要である。

STEP2　画像の複雑さを測る

次にこの二つの画像の複雑さを測ってみることにしよう。が，その前に画像(a)，(b)を今一度見比べ，どちらがより複雑な画像であるといえるか考えてみて欲しい。何を持って複雑であるというかは難しい問題であるが，ここでは輪郭線の形状に着目することにしよう。

輪郭線の複雑さは，(輪郭線長^2/面積)×(1/4π)で求める複雑度と呼ばれる特徴量を用いて測定する。画像(a)の輪郭線長，面積はそれぞれ316ピクセル，4361ピクセルである。この値を上の式に当てはめると，

$$\frac{316^2}{4361} \times \frac{1}{4}\pi = 18.1$$

となる。同様に，画像(b)の複雑度も計算してみると26.0となる。

このように輪郭線の形状がより複雑な画像ほど，複雑度はより大きな値を持つようになる。どのような形状の場合に複雑度が最小となるかは各自で考察してほしい。

基本13　簡単な画像処理p201

STEP3　線図形の複雑さを測る

一般的に，輪郭線の複雑さを測定するためには前述の複雑度を利用する。しかし，この方法は閉じた図形の輪郭線の複雑さを測定するための指標であり，輪郭線の一部分の複雑さを調べるためには使用することができない。このような場合は，一定の長さを基準にして測定した線の長さと本来の長さを比較することで，複雑さを表現するとよい。

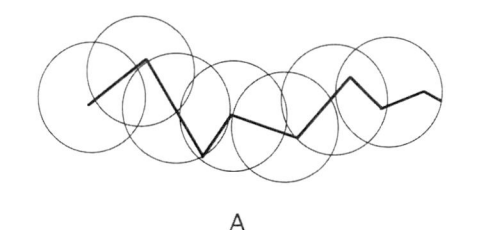

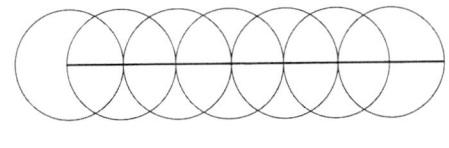

A　　　　　　　　　　B

図2　線図形の複雑さの測定方法

図2の2本の線の長さをコンパスで測ることを想像してみて欲しい。それぞれの線のコンパスで測った長さ（＝図中の円の数）は，A，Bともに7となっているのに対し，実際の長さはAが9.1，Bが7.0となっており，実際の周囲長と基準長を元にして測定した周囲長の比はそれぞれ，Aが0.77，Bが1.00となる。このようにコンパスの幅（＝基準長）を等しくして線の長さを測定した場合，より複雑な形状を持つ線ほど測定した長さと実際の長さの比は小さくなる性質がある。

この方法を基準長をそれぞれの周囲長の1/10として図1の画像に対して適用すると，(a)の画像では0.85，(b)の画像では0.57となり，より複雑な構造を持つ(b)の画像の方が明らかに小さな値，すなわち複雑な形状をしていると言うことができる。

実際 4　葉の色を測る

植物の葉の色は植物の健康状態のバロメータである。病害虫に犯されたときはもちろん，通常の状態でも葉の緑色の濃淡で植物の栄養状態を知ることができる。ここでは，葉の色を測定するための二通りの方法を紹介する。

STEP1　色彩色差計

センサ計測器1　色彩色差計 p138

工業製品の色彩を測定する機器として，光学機器メーカから**色彩色差計**が市販されている。乾電池で駆動できる携帯型のものがあるので，植物にも適用が容易である。測定を行う際には測定器を対象物に密着させる必要がある。測定時には測定器内部のランプが発光し，対象物から反射した光を測定器内のセンサで計測する。測定した結果は様々な**表色系**で表示することができる。使用する場合には下記の点に注意する必要がある。

1) 測定範囲は通常円形で，直径8〜50mm程度の測定器が市販されている。測定目的に合わせて測定器を選定する必要がある。
2) 測定器を葉に密着させるためには，葉を台の上に置く必要がある。植物の葉は薄いため透過する光もある。この透過光が台の表面で反射して再度葉を透過してセンサに届くこともある。したがって，測定する場合は台の条件を同じにしておく必要がある。

STEP2　デジタル画像を利用する

基本10　画像の取り込み p197

基本13　簡単な画像処理 p201

コンピュータに取り込んだ葉の**デジタル画像**を市販のソフトウェアを利用して画像処理を行う方法を紹介する。ここでは，アドビ社のPhotoshop（Windows用のバージョン5.0.2J）を使用した例を紹介する。

デジタル化した画像ファイルを読み込むためには［ファイル］メニューの中の［開く］を選ぶ。画像ファイルを読み込むと画面にいくつかのパレットが表示される。表示されていない場合は［ウィンドウ］メニューの中の［パレット］を選択して，さらに表示させたいパレットを選択する。例えば図1に示す［情報］パレットには，画像中のマウスカーソルがある位置の画素のデータや座標が表示される。表示する表色系や座標の単位はマウスクリックで選択できる。

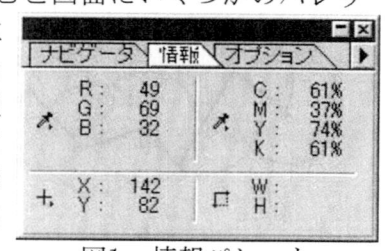

図1　情報パレット

STEP3　葉の範囲選択

画像全体から葉だけを取り出す方法は二通りの方法がある。一つは人間がディスプレイに表示された画像を目視で判断して選択する方法である。もう一つはコンピュータに自動選択させる方法である。ここでは自動選択ツールで選択後，不要な部分を長方形状選択ツールで削除した例を示す。

操作手順は次のとおりである。この画像は取込みの際に葉の両端を指で把持したので，指が不必要な部分として写り込んでいる。

1) ツールボックスで［自動選択ツール］をクリックする。これにより隣接する画素の色が選択した色の範囲内のものかどうかで選択範囲が決まる。
2) 画像内で選択したい色の画素をクリックする。図2に示す範囲が自動的に

選択された。葉身の部分はほぼ正確に選択されているが，葉身以外の指の部分も選択されている。

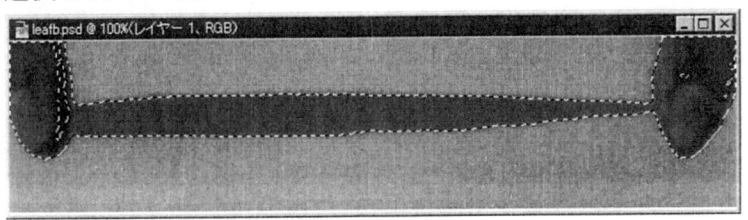

図2　自動選択

3) もし自動的に選択される範囲を変更したい場合は，自動選択ツールオプションパレットで，選択する色の範囲ボックスの値を変更する。なお，値は0から255までで，選択した画素の色に近いものだけを選択したければ小さい値を，範囲を広くしたい場合は大きい値を入力する。
4) 葉身以外の選択範囲を削除する。ツールボックスで「長方形状選択ツール」をクリックする。［Alt］キーを押しながら削除したい範囲をドラッグする。図3のように選択範囲を変更できた。なお，選択範囲を追加したい場合は［Shift］キーを押しながら追加したい範囲をドラッグすればよい。

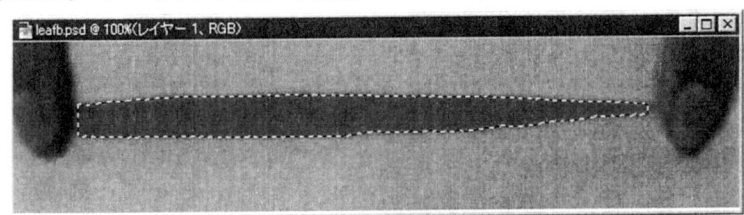

図3　葉身の選択

STEP4　濃度値を求める

選択範囲の画素の濃度値分布をヒストグラムで表示させる。［イメージ］メニューの［**ヒストグラム**］を選択する。図4の「ヒストグラム」ダイアログの中の［チャンネル］の中からR，G，Bを選択すると，それぞれの濃度値ヒストグラムと平均濃度値，**標準偏差**などが表示される。

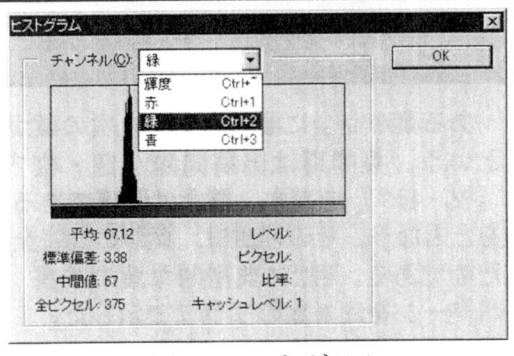

図4　ヒストグラム

STEP5　濃度値の分布を図示する

［イメージ］メニューの［色調補正］の中の［ポスタリゼーション］を使用して，色の分布を大まかに図示することができる。図5に4段階で表示した例を示す。

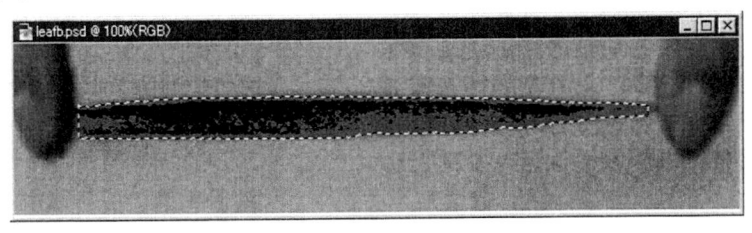

図5　濃淡値分布

実際 5 葉齢を測る

葉齢は，狭義には，種子から発芽した植物（実生）の主茎の葉の枚数を意味する。発芽後2週間の苗というような時間単位の表し方では再現性がない場合があり，植物の成育程度を客観的に表す指標として，葉齢は実際栽培や研究によく用いられる。

STEP1　目視による葉齢の判定

葉齢は，主茎において展開した葉の数と展開中の幼葉の発達程度によって，小数第1位までの値で判定する。図1の例では，第4葉までが展開した成葉で，第5葉が展開中の幼葉である。第4葉の葉身長から第5葉の最終的な葉身長を予測し，目分量でその時点での第5葉の発達程度を判定する。図では約0.4であり，この苗の葉齢は4.4となる。目視でも，慣れてくるとかなり正確な判定ができるようになる。イネでは葉齢と分げつの発生との間に密接な関係がある。果菜類では葉齢は接ぎ木適期や移植時期の指標になる。葉齢は，時間軸によらない，植物体の齢の表し方であり，再現性さえあれば，観察者独自の定義で植物体の齢を測ることも可能であろう。

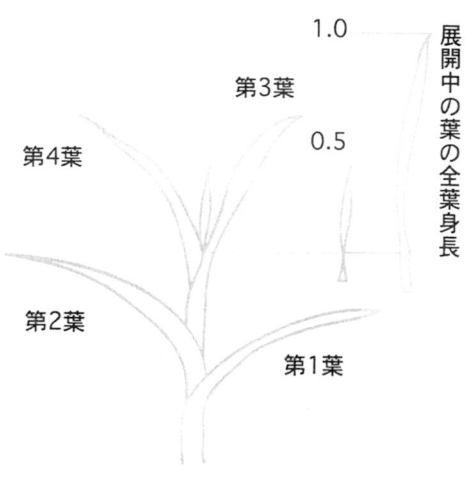

図1　イネ科作物の葉齢の求め方

STEP2　葉間期

ある葉が完全に展開してから次の葉が完全に展開するまでの期間を**葉間期**という。葉間期は出葉間隔［日・枚$^{-1}$］を意味し，その逆数は出葉速度［枚・日$^{-1}$］を表す。概念は明確であるが，葉間期の測定にはかなりの誤差をともなう。その理由は，葉がいつ完全に展開したかを判断するのが難しいためである。図2に典型的な葉の成長パターンを片対数のグラフで示した。葉は最初指数関数的に（対数のグラフでは直線になる）勢いよく成長し，そのあと徐々に成長が遅くなる。終わりの方では成長がにぶく，いつが展開日なのかが分かりにくい。

この問題を解消するため，ErricksonとMicheliniは葉の発達パターンを詳しく調べ[1]，対数グラフで直線的に成長する幼葉の時期に着目すれば，相似の計算により葉間期を連続変数化できることを示した。その指数をプラストクロン・インデックスという。

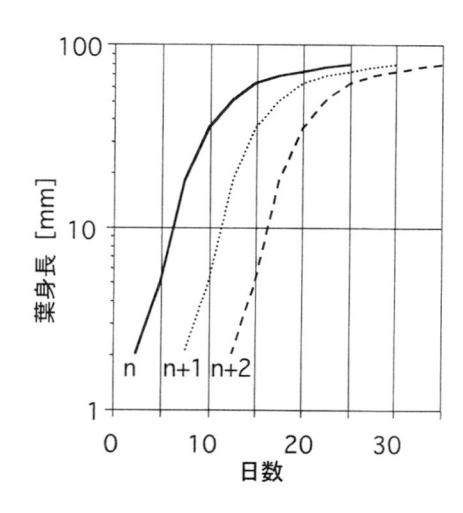

図2　葉の成長パターン

STEP3　プラストクロン・インデックス

プラストクロン・インデックス（PI）は，植物の齢や発育段階あるいは出葉速度を測る指標として多くの研究に用いられている[2]。PIは物差を用いて次式で簡単に求められる。

$$PI = n + \frac{\ln L_n - \ln L_s}{\ln L_n - \ln L_{n+1}}$$

L_sは基準葉身長で図3の左のグラフのように，連続する葉の葉身長を片対数のグラフにとり，葉が指数関数的に成長しているところから長さを選ぶ。図では20mmを基準葉身長としている。この長さが短すぎると，測定の際に植物を傷つけてしまう恐れがあり，長すぎるとPI測定の精度が落ちる。基準葉身長は絶対的なものではないので，植物の葉の大きさが栽培環境により大きく変動する場合はPIの測定に注意を要する。

nは基準葉身長以上の長さの葉につける番号で，調査時に適当に選ぶ。nは，実生苗なら本葉の枚数，挿し木発根苗やシュートなら最上位の葉を0とすればよい。葉が次々と発生して基準葉身長より大きな葉が増えれば，nが1つずつ増えていくことになる（どの葉からスタートしたかがわかるようにマーカを付ける）。L_n，L_{n+1}はそれぞれn，$n+1$番目の葉の葉身長でL_{n+1}＜基準葉身長$\leq L_n$の関係にある。

数日間隔で基準葉身長（ここでは20mm）より長い葉（L_n）と短い葉（L_{n+1}）の長さを物差で測り，nの値をカウントすればPIが求められる。

測定日ごとのPIの差を測定間隔の日数で割れば，その期間の平均出葉速度が計算できる。栽培環境や実験の処理の影響が植物の成長速度に与える影響を調べる際に，PIから求められる出葉速度はよい指標になる。

また，PIはかなりレスポンスのよい指標なので，測定間隔を短くすると急激な出葉速度の変化をとらえることができる。例えば，花芽分化による出葉速度の変化を非破壊で検出することも可能である。ただし，物差で葉に触れる際のストレスを極力軽減する配慮がいる。

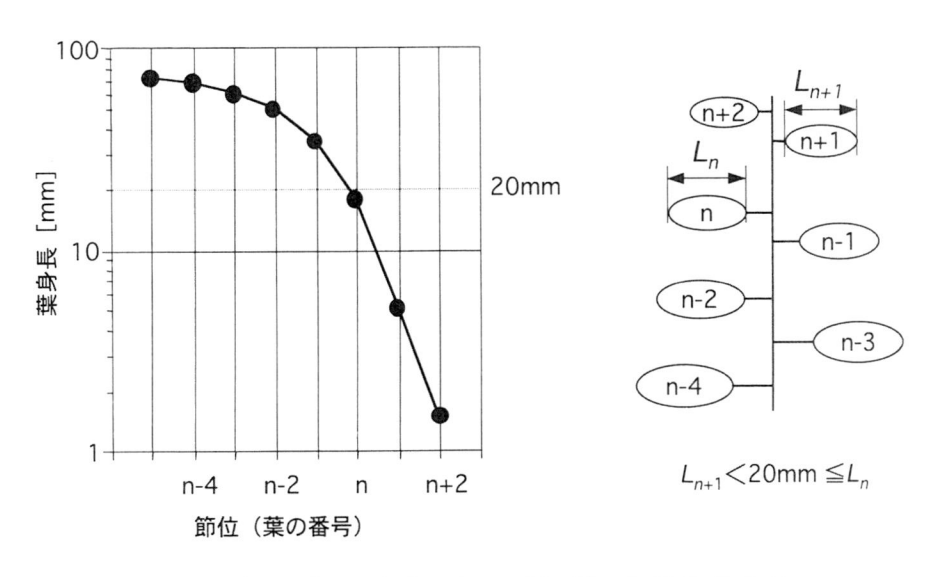

図3　プラストクロン・インデックスの求め方

実際 6

葉緑素を測る

精密ほ場管理技術を用いて適切な窒素施肥をすることが，収量増加，環境保全やコスト削減の面から期待されている。一般に作物体の窒素含量が多くなると葉緑素も増加するという性質を利用して，葉身の葉緑素濃度を測定することで適切な肥培管理が行われる。

STEP1　葉緑素濃度の非破壊計測

センサ計測器1　分光光度計 p142

作物体の窒素含量が多くなると葉緑素含量が多くなり，葉の緑色が濃くなる。一般に葉緑素濃度の測定は，葉に対する透過光を用いるタイプと反射光を用いるタイプに分類できる。透過光を用いて測定するタイプは葉緑素の吸収ピーク波長673nmである赤色域を利用する。一方，後者は**リモートセンシング**と呼ばれる手法で，**マシンビジョン**を使用して**スペクトルイメージ**を取得して計測する方式である。一般に反射光を使用する場合，緑色域の550nmの反射率が葉緑素推定に有効な波長とされているが，センサとしてはいまだ実用化されていない。これは，反射率測定の光源である太陽光がセンサの安定光にならないからである。

STEP2　デジタル式葉緑素計

実用化されている**葉緑素計**として，透過光を使用するデジタル式葉緑素計（SPADメータ）がある。屋外で使用する上で問題となる光環境変化を除去するために，測定部に閉鎖空間を作って人工光を照射して測定することが特徴である。SPADメータは測定器内部に発光部と受光部があり，発光部にはピーク波長650nm付近の赤色領域の**LED（発光ダイオード）** とピーク波長940nm付近の赤外領域LEDの2光源が内蔵されている。測定する試料を発光部と受光部で挟むと，2つのLEDが交互に点灯し，その光が試料を透過して受光素子に導かれて光電変換される。葉緑素は一般に400〜500nmの青色域と600〜700nmの赤色域に吸光帯を有しているが，青色域ではカ

実際 19　植物の分光反射特性を測る p46

図1　SPADメータ
（ミノルタ(株)，SPAD502）

ロチノイド類など他の色素の吸収波長と重複するため，葉緑素のみが吸収する赤色域と，どの色素にもほとんど吸収されない赤外領域の光学濃度差をもとにSPAD値を求める。このSPAD値は葉身葉緑素濃度と線形の関係にあることが確認されているので，SPAD値は葉緑素濃度を表す指標となる。しかし，SPADメータは葉を一枚ずつ測定するために多くの測定時間を要する。したがって，ほ場の一部のデータを代表値として利用することで**肥培管理**を行なっている。

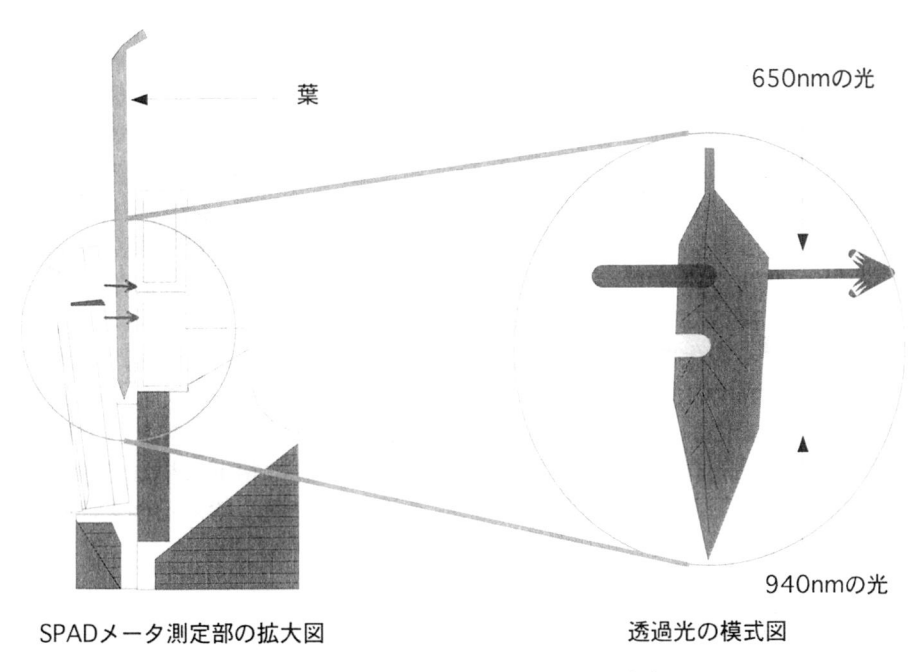

図2　SPADメータの測定部

STEP3　SPAD値の算出方法

SPADは農水省の土壌作物診断機器実用化事業（Soil and Plant Analyzer Development）においてミノルタ（株）が開発した計測器である。SPADメータ以外のデジタル葉緑素計も波長領域に若干の違いはあるが，前述した**赤色**と**近赤外**の2波長吸光度差測定法（dual wavelength difference photometry）を用いている。SPAD値の算出方法は以下の通りである。

$$SPAD = k \log_{10} \left(\frac{IR_t / IR_0}{R_t / R_0} \right)$$

ここで，
$SPAD$：SPAD値
k：定数
IR_t：赤外領域（940nm）の透過エネルギ
IR_o：赤外領域（940nm）の照射エネルギ
R_t：赤領域（650nm）の透過エネルギ
R_o：赤領域（650nm）の照射エネルギ
である。

実際 7

気孔開度を測る

植物は体内の水分状態や外部の環境などに応じて気孔開度を細かく調節しているので、気孔の観察を行うことで現在の植物の状態や外部環境に対する植物の応答を端的に知ることができる。ここでは、いくつかの気孔観察方法を紹介する。

STEP1　様々な計測方法

実際10　ガス交換速度を測る p28

実際12　蒸散速度を測る p32

気孔の開度を測るにはその目的によって様々な方法がある。大別すると顕微鏡等により直接観察する方法と、間接的な測定値から開き具合を推測する方法である。前者は一つ一つの気孔をとらえることが出来るので詳細なデータが得られるが、葉全体について調べるのは大変である。一方後者は大きなまとまりでとらえることができ、連続的な計測に適したものも多いが、測定行為自体が植物に影響を与えてしまうことに注意を払う必要がある。

間接法の代表的なものに**ポロメータ法**がある。これは葉に空気を流して気孔開度に応じて変化する空気抵抗（気孔コンダクタンス）を計測するものである。LI-COR社の**スーパポロメータ**は葉を小さなチャンバで覆い、乾燥空気を送り込んで出口の相対湿度から蒸散量を計測し、気孔開度としている。

屋外での簡易的な方法として潤滑法がある。これは粘度の異なる液を順に葉表面にたらし、どの粘度の液から気孔を通して浸潤し始めるかをみることによって、気孔の開度を相対的にとらえる方法である。

STEP2　顕微鏡を利用した計測1

センサ計測器1　マイクロスコープ p141

実際42　根の微生物をみる-携帯顕微鏡- p90

光学顕微鏡による測定ではスライドグラスとカバーグラスの間に対象物を挟んで観察を行うのがおなじみである。資料を固定するのは、一般的に用いられる顕微鏡のレンズは焦点深度が比較的浅いため、ピントの合う距離が限られてしまうからである。また視野内を明るく照らすためにステージ下から鏡で補光するので透明なスライドガラスが用いられる。この場合、測定対象物を薄くする必要があり、処理には以下のようにいくつか方法がある。

一番オーソドックスな方法である皮剥ぎ取り法は、カミソリやピンセットなどを使用して表皮をはぎ取る方法である。ただし、うまくはがすには多少の熟練を要し、はぎ取り易い植物体も限定される。

スンプ法は、鈴木式万能顕微鏡印画法（Suzuki's Universal Micro-Printing method）の頭文字を取ったものである。透明セルロイド板に酢酸ビニルを適量滴下して、セルロイド板の表面を軟化させた後、葉の表面に密着させる。セルロイドが再硬化後うまくはぎ取れば、セルロイド上に葉の状態がコピーされる。これはセメダインやマニキュア液、水糊などでも代用できる。

センサ計測器1　走査型電子顕微鏡 p144

光学顕微鏡で識別可能な大きさは0.2μm程度までで、それ以上に拡大する必要があるときは電子顕微鏡を使う。走査型電子顕微鏡（SEM）は、前処理されたサンプルに**電子線**を当て、拡大された出力画像をTV画面に映し出すものである。前処理として、葉から切り出した小片を薬剤により固定し、乾燥し、金や白金の薄い膜を蒸着させる。電子顕微鏡では立体的な画像を得ることが出来る（図1）。

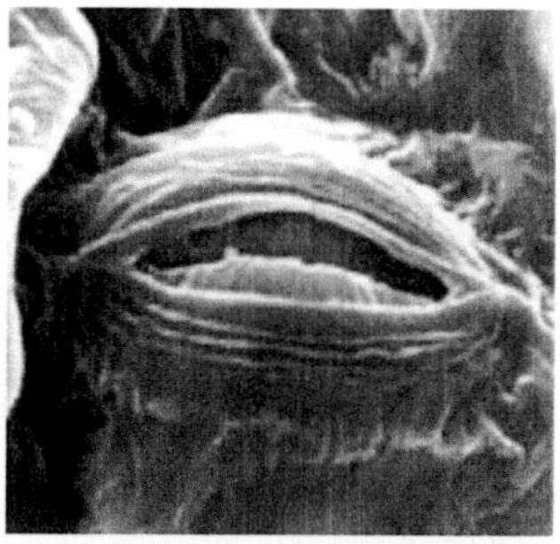

図1　電子顕微鏡画像

> **ONE POINT**
> 可動ステージ
>
> 気孔は植物内外の環境条件に合わせて常に開閉して，植物自身の状態を最適に保っているが，全ての気孔が動いているわけではない。実際に働いている気孔を探したり，複数の気孔を同時に観察するためには葉を固定しているステージを可動にすればよい。モータ，減速ギア，ボールねじ，LMガイドを使えば簡単に自作できる。ただし，観察中は似た景色が続くし目印も付けられないので迷子には注意。

STEP3　顕微鏡を利用した計測2

前述の方法では植物体を傷つけたり，測定自体が影響を及ぼしたりしてしまう。そこで**被写界深度**の深い光学顕微鏡を利用して，植物の生きた状態での気孔を観察する方法を紹介する。顕微鏡にはオリンパス社製小型金属顕微鏡BX30Mを用いた。この顕微鏡は落斜投光管（U-RLA）を併用することで，レンズを通して測定物を照らすことが出来るので資料を切片にする必要がない。またTVカメラ（IKEGAMI，ICD-740）によって画像の取り込みを行った。カメラからの画像はTV画面で直接観察できると共にVTRへの録画，パソコンでの画像処理も行うことができる。

センサ計測器1　TVカメラ p140

図2は顕微鏡の操作を外部からリモートコントロールすることで環境室内の植物をリアルタイムかつ継続的に観察することが可能なシステムである。このシステムでは葉の裏にある気孔を見る為に顕微鏡を上下逆に設置している。葉の固定は，測定の影響を最小限に押さえるために周辺4点を軽く支持した。

成育状態の気孔の連続観察により，ポロメータなどによる**気孔拡散抵抗**の計測では得られない個々の気孔の複雑な動きに関する情報が得られる。図3に得られた気孔の画像，図4に気孔開度の経時変化を示す。

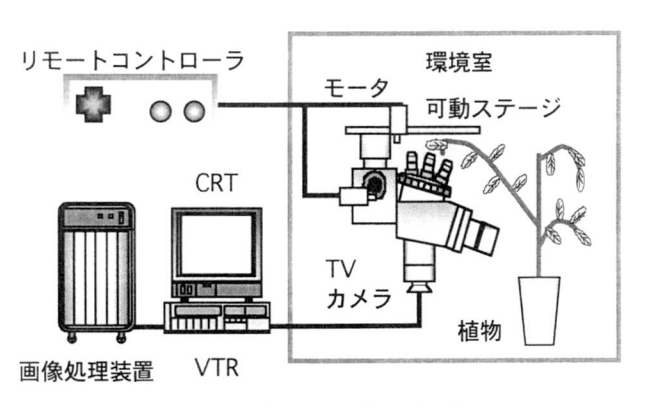

図2　光学顕微鏡による気孔観察システム

図4　気孔開度の経時変化

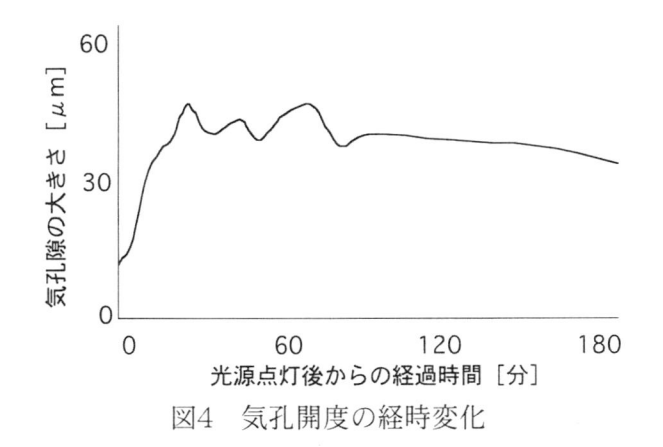

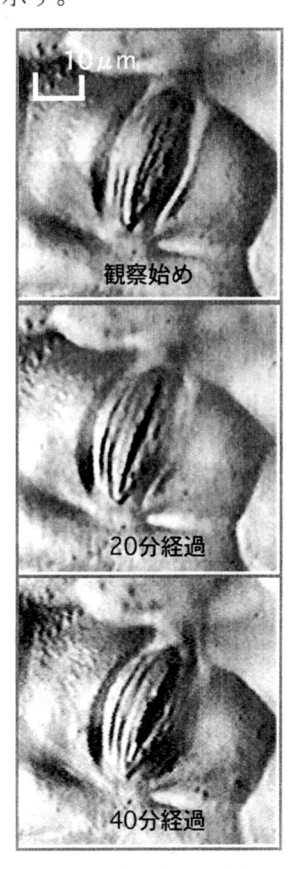

図3　気孔の画像

計測の実際　23

実際 8 葉温を測る

植物の生体温度は，生体内の生化学反応やそれに関与する酵素活性に大きく影響し，成長や分化などに関わる非常に重要な要因の一つとなっている。特に，葉には光合成やガス交換器官があり，葉温の計測は成育状況を理解する手段の一つとして重要である。

STEP1　葉温と植物生理

実際10　ガス交換速度を測る p28

実際12　蒸散速度を測る p32

実際60　温度・水蒸気圧・湿度・飽差を測る p122

　温度は，発芽・成長・開花・結実・休眠などの植物生理と大きく関わるが，葉には多くの**気孔**や葉緑体があり，光合成・蒸散・呼吸などの生理機能の制御に葉温が及ぼす影響は大きい。

　光合成速度には植物種由来の最大値を示す温度域があり，**蒸散速度**には**飽差**における温度依存性が大きく影響する。**暗呼吸速度**は温度に対して指数的に増加する。また，生理障害や病害を受けた葉は，正常のものと異なった温度を示す。葉を構成する諸成分のうちでもっとも多量を占めるものが水で，葉身含水量は生体重の70〜80％であり，水は**比熱**や**蒸発潜熱**が大きいため，植物体の昇温防止と適温維持に役立っている。

STEP2　熱電対による計測法

センサ計測器4　熱電対 p155

　葉温は，熱電対を接触させてピンポイントで計測することができる。熱電対の感温部を葉の裏面の計測したい部位に接触させ，絶縁性の接着剤を溶剤で希釈したものを微量塗布して固定する。植物に傷が付かないように注意する。

STEP3　放射温度計・サーモカメラ

センサ計測器4　サーモカメラ p156

　非接触で温度を計測する場合，測定物体からの熱赤外放射量を計測する方法がある。この方法は，物質依存の**放射率**（植物の場合0.98）を設定する必要があるが，移動中の物体や接触すると熱平衡状態が崩れるような熱容量の小さなものなどに対して比較的速い応答で計測できる。**放射温度計**は2次元面に対する平均値で，サーモカメラは2次元面に対する分布値で計測することができる。センサの種類により異なるが，計測波長が6〜14μm程度であるので，光学系レンズを用いて計測範囲を決めることができる。

図1　システム図

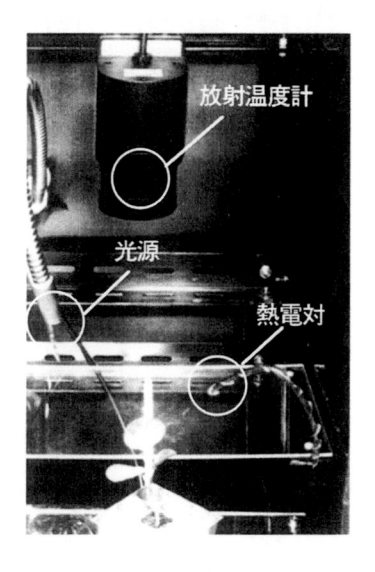

> **ONE POINT**
> 計測のこつ
>
> 計測におけるこつは次の点である。
> 1) 計測に至るまでの植物の環境を含めた計測系の状態を把握し，安定させておくこと。
> 2) **計測温度帯域**に対する**分解能**を十分にとること。
>   （計測機器の選定にも関わる）
> 3) 赤外線等の外乱がないかを確認しておくこと。

また，野外で計測する場合には，**可視光域**の影響を受けやすいので長波長域のものを使用するとノイズが少ない。最近，センサの冷却が必要でないものもある。計測方法は放射温度計およびサーモカメラともにファインダや微弱な可視光により計測対象の視野範囲を決め，計測するのみである。注意点は機器安定のため暖気期間を十分にとることと**赤外線**に影響する熱源がないことを確認する。スキャンタイプのものは動きがない限り低速で走査させ，ノイズを軽減させる。

実際19　植物の分光反射特性を測るp46

図2　サーモカメラ

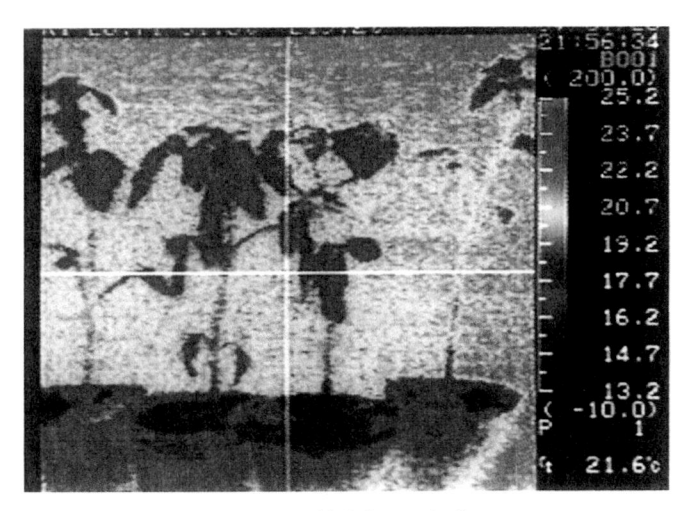

図3　計測中の画面

実際9 クロロフィル蛍光画像で光合成活性を測る

クロロフィル蛍光は光合成活性の指標として利用することができる。これまで植物群落について，分光特性解析によりクロロフィル量などが推定されてきたが，同時にクロロフィル蛍光特性が解析できれば，その活性状態も推定できるようになると期待される。

STEP1 クロロフィル蛍光とは

クロロフィルを含む組織は**光合成有効波長**（400から700nm）もしくは400nmより短い波長光を照射されると，約400から800nmの**クロロフィル蛍光**を発する。このクロロフィル蛍光は主に**光化学系II**と密接な関係があることから，この蛍光特性を解析することにより，光合成器官のin vivoでの生理状態を知ることができる。特に，光合成におよぼす各種ストレスの野外における解析に有効である。なお，**光化学系I**では，通常条件では蛍光を発さない。

STEP2 クロロフィル蛍光の画像解析

| センサ計測器1 | TVカメラ p140 |

クロロフィル蛍光の解析は，これまで主に単葉について研究が進められてきた。これはフィルタを通して特定波長光を照射し，クロロフィルが発する蛍光波長（多くの場合690nm）を経時的に測定することにより，得られるデータから光化学系の生理状態を解明するものである。この場合には，ある一定面積の点情報が得られる。近年，レーザ光の照射とTVカメラの普及により，より大きな面情報が得られるようになってきた。図1に，UV-LIFシステム（high resolutional ultraviolet laser-induced fluorescence imaging system）の概略を示した。これは，Nd:Yagレーザで355nmの**紫外線**を照射し，**励起**される蛍光の中でピーク付近（440, 520, 690, 740nm）の強度を（図2）をTVカメラで計測するシステムである。なお，現在レーザの代りにキセノンランプを光源とした，高性能画像解析装置も開発されている。

| 実際10 | ガス交換速度を測る p28 |

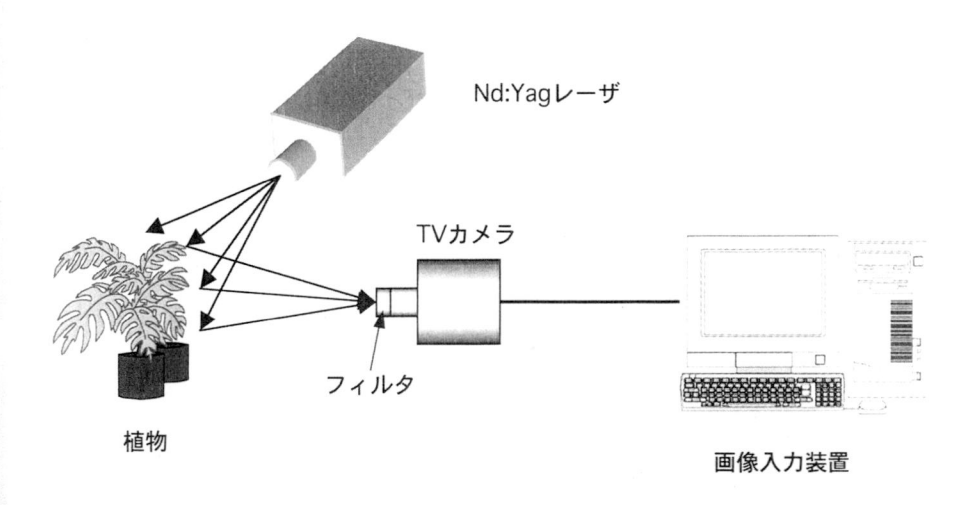

図1 遠紫外線レーザによる高分解能蛍光画像解析装置（UV-LIFシステム）

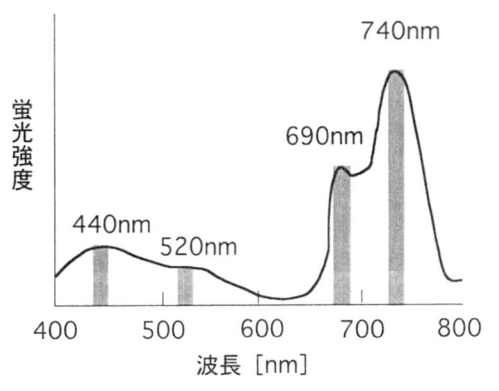

図2　遠紫外線照射で誘導される蛍光スペクトル

UV-LIFシステムでは葉全体もしくは植物全体の蛍光画像，蛍光比（440nmの強度：690nmの強度など）画像が得られる。この他，特定波長のクロロフィル蛍光（多くの場合690nm）の経時的変化より，各種パラメータが計算され，これにより**電子伝達状態**が詳細に解析できる（図3）。例えば，$(F_m-F_0)/F_m$比は光化学系IIの電子収率を示す。

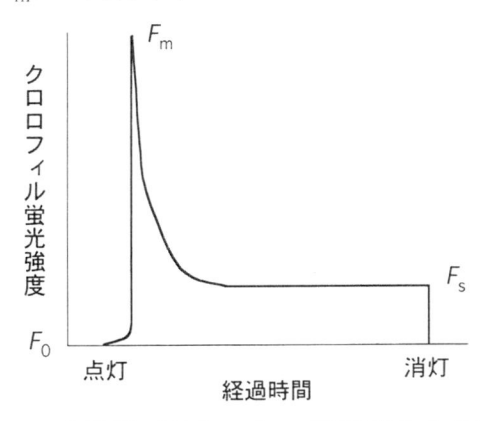

図3　クロロフィル蛍光（690nm）の経時変化と各種パラメータ
F_0：基底状態蛍光，F_m：最大蛍光，F_s：定常状態蛍光

STEP3　画像解析により得られる情報

690，740nmの波長は**クロロフィルa，b**より放射される蛍光で，光化学系IIに関係している。このクロロフィル蛍光はクロロフィル含有率とも密接な関係がある。例えば，クロロフィル含有率が低いと，690nmの強度は740nmの強度より相対的に高くなる。一方，クロロフィル含有率が高まると，740nm波長側にシフトし，740nmの強度が相対的に高まる。また，クロロフィル蛍光の波形解析により電子伝達状態の解析も可能で，これによりストレス程度や電子伝達効率が解明できる。このシステムで強光，熱，乾燥の初期ストレス，Fe，Mg，Zn，N等の養分欠乏などが検出されている。

図3に示したF_m，F_sの画像を取りながら，光化学系IIから光化学系Iへの電子伝達効率を示す$(F_m-F_s)/F_s$比を計算することにより，除草剤を根から吸わせることにより電子伝達系が葉のどの部位から破壊されるかといったことも解析できる。

現在，蛍光画像解析は単葉か小さな植物体に適応されているのみであるが，高出力レーザにより，植物群落の蛍光特性の解析が可能となりつつある。これまで不可能であった群落生理学の解析に威力を発揮すると期待されている。

実際
10

ガス交換速度を測る

植物は，その生存に必要なエネルギを獲得，利用するために常に外界と相互作用し，ガス交換を行っている。主要なガス交換は光合成と呼吸であり，これらの速度は植物の生物資源としての能力や栽培環境の評価，植物の生理的状態を示す基本的指標になる。

STEP1　ガス交換とは（光合成と呼吸とは）

実際	ガス濃度を
65	測るp130

センサ	マノメータ
計測器	p163
6	

　植物の最大の特徴は，光合成によって空気中の二酸化炭素と水から糖やデンプンを合成し，光エネルギを化学エネルギの形に転換，貯蔵できることである。また，植物は必要に応じて糖などの炭水化物に貯蔵された化学エネルギを呼吸によって，より利用しやすいATPの形で取り出している。

　光合成と呼吸は下記に示すようにガス交換としては互いに逆の関係を持っている。

光合成：
　　$6CO_2 + 6H_2O$（＋光エネルギ686kcal）→ $C_6H_{12}O_6$(ブドウ糖) ＋ $6O_2$

呼吸：
　　$C_6H_{12}O_6$(ブドウ糖) ＋ $6O_2$ → $6CO_2 + 6H_2O$（＋化学エネルギ686kcal）

　光合成や**呼吸活性**の測定は，上記の反応による単位時間あたりの二酸化炭素または酸素濃度の変化を捉えることによってなされる。この測定にあたっては，二酸化炭素や酸素濃度を正確に計測する必要があり，その精度と簡便性から**ガスクロマトグラフ**や赤外線ガス分析装置が用いられる。また，呼吸によって発生した二酸化炭素をアルカリで吸収し，結果として酸素減少による体積の減少を測定する**マノメータ法**も使われる。

STEP2　光合成速度の測定

　光合成測定には通気方式，閉鎖方式および半閉鎖方式の3種の測定方式がある。通気方式の場合には図1に示すように，試料室（**同化箱**）を通過した

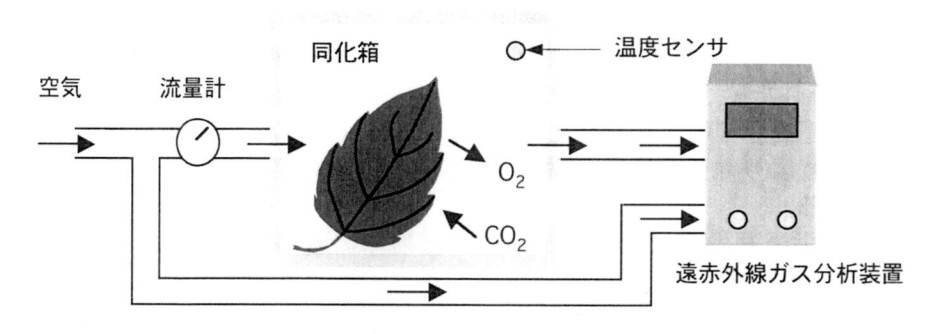

図1　通気式光合成測定装置の模式図

> **ONE POINT**
> 通気式・密閉式
>
> 植物の光合成は測定環境のガス交換，特に二酸化炭素濃度の影響を直接受け変化するので，光合成によるガス濃度の変動を防ぐために通気式で測定しなければならない。一方呼吸活性は，ガス濃度による変動が小さいので密閉式での測定も可能。ただし，長時間密閉するとガス濃度の変化による影響を無視できなくなるので，測定時間は1時間程度を目安とする。

空気と通過しない空気中に含まれる二酸化炭素濃度を赤外線ガス分析装置を用いて測定する。同化箱の中の葉が光合成によって消費した二酸化炭素量を測定することによって「**みかけの光合成速度**」を算出することができる。植物は光合成と呼吸を同時に行っているので全光合成を意味する「**真の光合成速度**」は，そのときの呼吸量を測定し，加えなければならない。ただし，光合成と呼吸の差し引き合算である「みかけの光合成速度」が，植物に実際に蓄積されるエネルギに対応する。光合成は光強度，二酸化炭素濃度および温度の関数であるので，これらの条件を種々に設定して測定し，そのパターンを分析することによって，対象植物の光合成特性を知ることができる。

センサ　赤外線ガス
計測器　分析装置
7　　　p169

STEP3　呼吸活性の測定

植物の呼吸活性の測定には，図2に示したように，試料を密閉容器の中に入れ，一定時間後に呼吸により発生した二酸化炭素の増加をガスクロマトグラフを用いて測定する方法が広く使用されている（密閉式）。試料を上記の光合成速度測定装置の暗黒にした試料室の中に入れ，光合成を阻害して，呼吸による二酸化炭素の増加から測定することも可能である（通気式）。一般には，その簡便さから前者の方法で行われる場合が多い。いずれにしても，呼吸活性は温度の影響を強く受けるので，試料温度が測定温度に達したことを確認して測定し，その温度とともに呼吸値を示す必要がある。また，技術的には工夫が必要であるが，呼吸による酸素濃度の低下をガスクロマトグラフまたはマノメータ法などによって測定することもできる。呼吸活性を二酸化炭素排出と酸素吸収の両面から測定すれば，**呼吸商**を算出することができ，どのような**基質**が呼吸によって消費されたかを推測することも可能になる。

センサ　ガスクロマ
計測器　トグラフ
7　　　p167

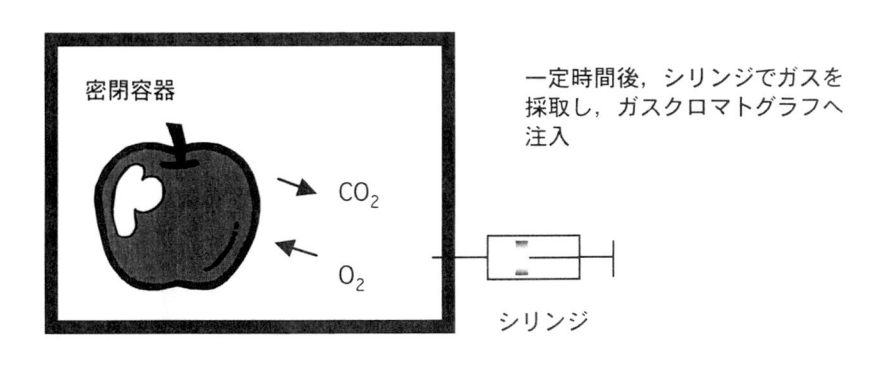

図2　密封方式による呼吸活性の測定

| 実際 11 | 植物水ポテンシャルを測る |

植物は土壌から根を通して水を吸い上げ，気孔から大気中へ放出している。この水分移動を考えるときに使われるのが水ポテンシャルというエネルギ量であり，ある瞬間のある場所のエネルギ量をとらえれば，そのときどこからどこへ水が流れていたのかが推測できる。

STEP1　水ポテンシャル

センサ計測器 8	サイクロメータ p171
実際 47	土壌水分ポテンシャルを測る p96
実際 60	温度・水蒸気圧・湿度・飽差を測る p122

水ポテンシャルは水の化学エネルギであるが，厳密には自由エネルギとして定義される。たとえば，対象とする土壌，植物あるいは大気といったシステムのある基準状態から可逆的かつ等温的に水分を取り除くに必要なエネルギと考えればよい。通常その基準状態としては1気圧でそのシステムの温度と等しい純水が適当とされる。

水は，水ポテンシャルの高い領域から低い領域へと移動する。成育中の植物は植物体内に水を吸収するため，そして植物全体へ水を移送するために必要なエネルギ量にみあったように水に対して反応する。水ポテンシャルは下に示すケルビンの式によって相対湿度との関係においても把握できる。

実用的な計測方法はいくつかあり，測定対象や目的に合わせて選ぶ必要がある。

$$\varphi = \frac{RT}{V_w} \ln\left(\frac{e}{e_0}\right)$$

ψ：水ポテンシャル [Pa]
R：ガス定数（8.31 [J・mol^{-1}・K]）
e/e_0：相対湿度（水蒸気圧）
T：絶対温度 [K]
V_w：水のモル容量（1.8×10^{-5} [m^3・mol^{-1}]）

STEP2　圧力チャンバ法

根から吸収された水は高い樹木の葉まで移送される。水が**張力**（負圧）を保持しうることを示している。この張力は植物体内に存在している連続な水の全ての場所で作用している。したがって，植物から樹液を吸い出すにはこの張力以上の負圧を樹液に与える必要がある。あるいは逆にその張力以上の正圧力を植物体に作用させて，体内の樹液を押し出すこともできる。樹液は植物体内の水ポテンシャル場に存在する自由水であり，その自由水を押し出すに必要なエネルギ（圧力ポテンシャル）は，その水ポテンシャルにほぼ等価であると考えられる。そこでこの樹液を押し出す圧力を以て水ポテンシャル値とする方法が**圧力チャンバ法**である。図に圧力チャンバ法の測定装置を模式的に示す。

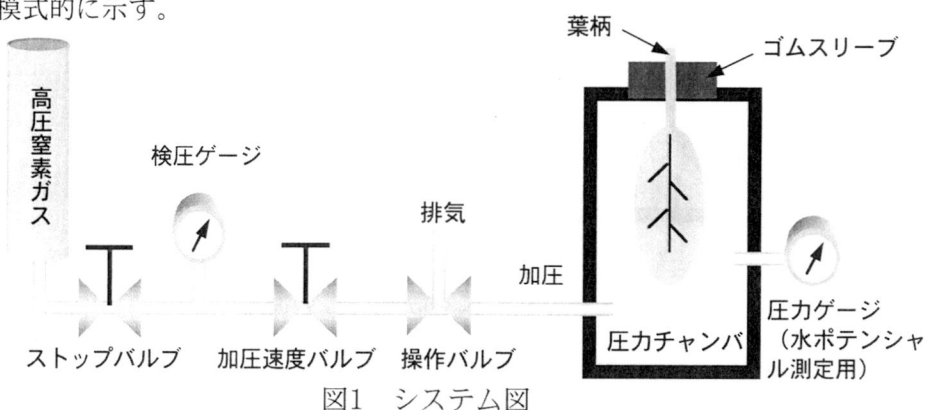

図1　システム図

ONE POINT
非破壊測定

成育過程にある植物の水ポテンシャルの経時変化や環境変化に対する植物応答をその水ポテンシャル変化からとらえる場合など，植物水ポテンシャルの非破壊測定も重要な課題である。このような場合は葉のいくつかの気孔を覆う形でセンサを取り付けるタイプの葉用のサイクロメータが市販されており葉については非破壊測定も可能である。

圧力チャンバ法は，次に示すサイクロメトリック法などの**水蒸気圧測定タイプ**の水ポテンシャル測定法に比べ取り扱いが簡単で短時間に多くのサンプルを処理することが可能である。しかし，装置の構造上，小枝，葉（葉柄を含む）あるいは果実の果梗などの比較的硬い木質サンプルが対象となる。

STEP3　サイクロメトリック法

サイクロメトリック法で植物組織の水ポテンシャルを測定する場合には，組織の小片を切り取りサンプルホルダとよばれる水蒸気圧測定用の金属容器にいれる。サンプルホルダは試料とともに気密チャンバ内に封入されチャンバ内の空気の水ポテンシャルと試料の水ポテンシャルが平衡に達した段階でチャンバ内の空気の相対湿度を測る。基本的には試料を封入する容器，特殊な微小熱電対および**マイクロボルトメータ**があれば測定可能であるが容器と熱電対は市販品を用いる必要がある。

センサ計測器 4　熱電対 p155

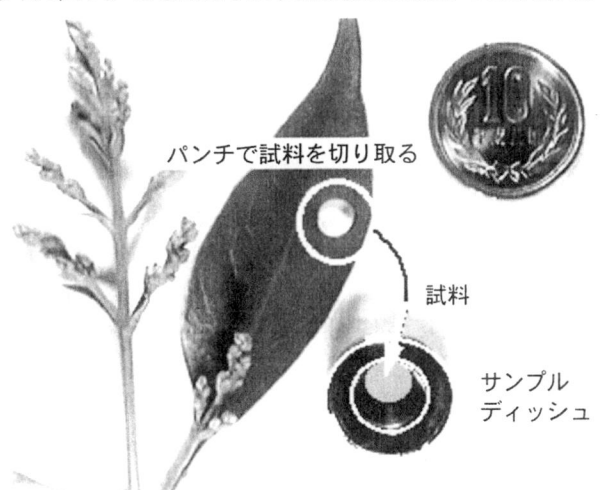

図2　サンプルの切り取り

STEP4　ハイグロメトリック法

サイクロメトリック法では熱電対接合部の水滴が全て蒸発する間に発生するペルチェ効果による過渡的な電位差を測定するのに対して，ハイグロメトリック法は接合部温度を露点温度に保つための特殊な電子制御を行ってその制御電流から水ポテンシャルを測るので測定がより正確で容易である。試料の取り扱いはサイクロメトリック法と全く同様である。ハイグロメトリック法による水ポテンシャルの計測器が市販されている。

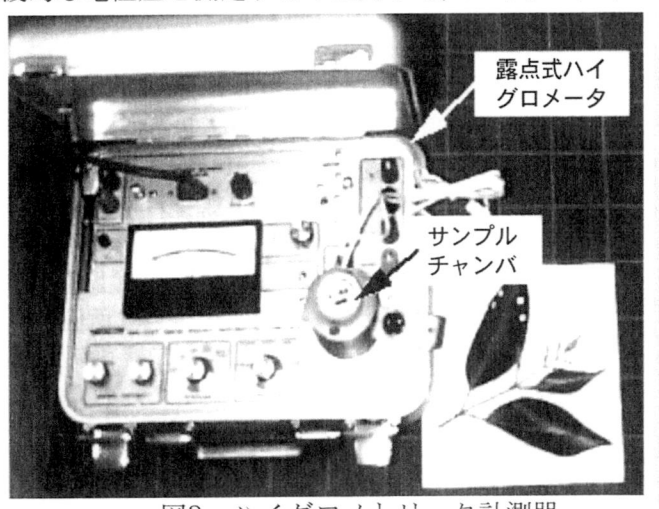

図3　ハイグロメトリック計測器

計測の実際

実際 12

蒸散速度を測る

植物は生命維持や成長のために多量の水を消費する。植物の水消費を把握するためには蒸散速度を測定する必要がある。ここではよく用いられている3つの測定法について概説する。

STEP1　蒸散とは

蒸散は水が気体の形で植物体から失われることである。蒸散は基本的には蒸発面とその周囲の環境との水蒸気濃度の勾配によって支配される物理的現象である。しかしながら、蒸発と異なる点は、蒸発面である葉の構造や気孔反応などの植物側の要因が大きく影響を与えることである。**蒸散速度**は植物と大気の**水蒸気圧**差、日射量、風および気孔の開閉などによって影響を受ける。十分に吸水できる条件下で成育している蒸散の盛んな植物においては蒸散速度と吸水速度および茎内流速度はほぼ等しくなる。

STEP2　重量法

植物を容器内で成育させ、ある期間の容器重の減少量を蒸散量とする。容器の表面は土面蒸発を防ぐために覆いをするか、疑似植物を植えた容器の重量をブランクとして差し引く。植物の蒸散量に比べて容器全体の重量が著しく大きい場合には使用する秤の精度を考慮する必要がある。数kgまでの重量を測定する場合には10mgまで、数kg〜20kgまでの重量を測定する場合には1gの精度が必要となる。容器重を測定後に葉面積を測定すれば、単位時間・単位葉面積当たりの蒸散速度 [g $H_2O \cdot dm^{-2} \cdot h^{-1}$] が算出できる。この方法はある程度長時間の平均的な蒸散速度を測定するのに用いられる。

STEP3　同化箱法

実際10　ガス交換速度を測る p28

個葉または個体を**同化箱**の中に入れ、同化箱内の空気湿度の増加量を測定する。エアーコンプレッサまたは小型ポンプで空気を蒸留水に通して加湿後、一定温度に制御（±0.1℃）した除湿器を通して除湿する。こうして一定湿度となった空気を一定流量で同化箱へ取りこみ、同化箱の出口と入口およびバイパスの空気湿度を湿度計または露点計で測定する。同化箱の出口と入口の湿度を**絶対湿度**に換算すると、蒸散速度（T）は

$$T = F([H_2O]_{out} - [H_2O]_{in}) / A \times 6$$

センサ計測器4　湿度センサ p157

で算出される。ここで$[H_2O]_{out}$, $[H_2O]_{in}$は同化箱の入口と出口の絶対湿度 [$g \cdot m^{-3}$]，Fは流量 [$L \cdot min^{-1}$]，Aは葉面積 [cm^2] である。この方法は個葉から個体群までを対象にでき、二酸化炭素濃度を測定すれば同時に**光合成速度**も測定できる。ただし、同化箱内の環境は自然の圃場条件とは大きく異なる場合がある。

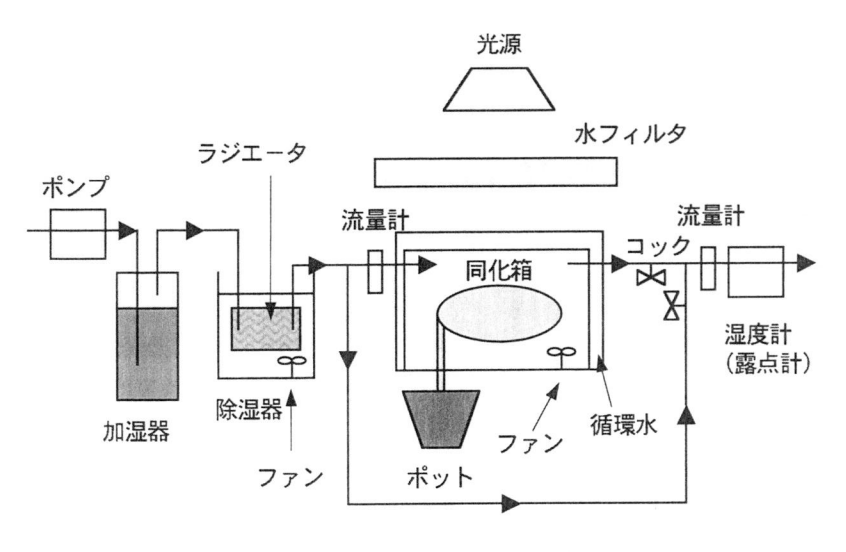

図　同化箱法（個葉の場合）

STEP4　空気力学的方法

　蒸散によって植物群落から水蒸気が放出されると，群落上部の大気中には垂直方向に水蒸気勾配が生じる。この水蒸気の濃度差を測定することによって植物群落の蒸散速度を求めることができる。群落上部の高さの異なる2点の水蒸気濃度を$[H_2O]_1$，$[H_2O]_2$とすると，植物群落の蒸散速度（T）は

$$T = D([H_2O]_1 - [H_2O]_2)$$

となる。Dは交換係数と呼ばれる比例定数で，

$$D = K^2(u_2 - u_1) / \ln((z_2 - d)/(z_1 - d))$$

として求められる。ここで，u_1，u_2は高度z_1，z_2における風速，Kはカルマン係数，dは地表面修正量で草高などによる風速の影響を修正する値で草高が大きければdは大きくなる。この方法は自然のほ場条件下で植物群落の蒸散速度を測定するのに用いられる。ただし，測定に当たっては1ha以上の圃場が必要であり，その周囲100m以内に風の障害がないことが条件とされている。

実際 13

茎内流速度を測る

土壌から根を介して吸収された水は蒸散や根圧によって茎内を上昇する。ここでは熱を利用して茎内流を測定する方法について概説する。

STEP1　茎内流の測定

基本8　表示・記録器機p194

　土壌から根によって吸収された水は茎内を通って地上部へ運ばれる。この茎内流は従来，色素，同位元素あるいは熱を茎に与え，一定時間後の上昇速度を測定することによって評価されてきた。このうち，熱を利用する方法は原理が簡単で絶対量の評価ができ，データロガと組み合わせて多数の非破壊測定が行なえる市販品が販売されているため現在広く利用されている。本法には熱の与え方の違いによってヒートパルス法と茎熱収支法がある。

STEP2　ヒートパルス法

センサ計測器4　熱電対p155

　植物の茎にヒータを挿入してパルス状の熱を発生させ，茎内に挿入した熱電対によってこの熱の移動を温度変化として検出し，以下のように茎内流速度 F [g・s^{-1}] を求める（図1）。

$$F = (V \times A) \times C$$

$$V = \frac{X_1 - X_2}{t_0} \qquad (0 < V < 0.22 \text{ [mm・s}^{-1}\text{]})$$

$$V = \frac{\sqrt{X_1^2 - 4 \times k \times t_m}}{t_m} \qquad (0.17 \text{ [mm・s}^{-1}\text{]} < V)$$

　ここで，V：ヒートパルス速度 [cm・s^{-1}]，A：茎の断面積 [cm^2]，C：植物固有の**校正係数**，X_1，X_2：ヒータからの測定距離 [mm]，t_0：X_1，X_2地点での上昇温度の差が負から正に転じるのに要する時間 [s]，k：茎の熱拡散係数 [mm^2・s^{-1}]，t_m：上昇温度が最大になるまでに要する時間 [s] である。

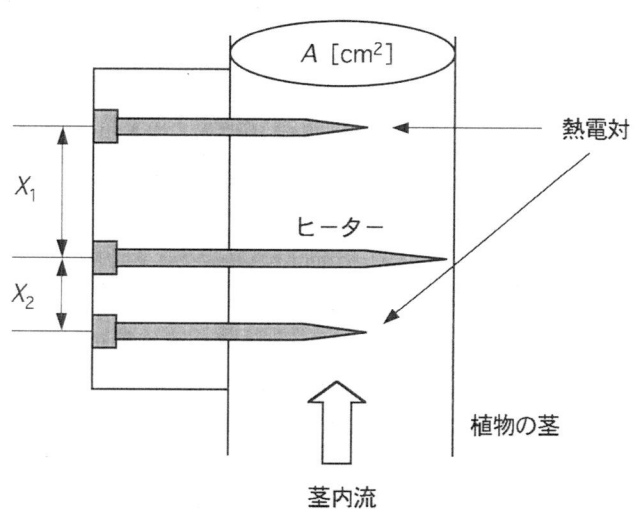

　この方法は取り扱いが簡便で周囲の環境の影響を比較的受けにくく，蒸散流の変化に対する応答が早いが，組織に若干の損傷を与えること，絶対量を求めるためには**校正**が必要なこと，測定が間欠的になること，校正係数はプローブの挿入位置に大きく左右されることなどの欠点がある。

図1　ヒートパルス法

STEP3　茎熱収支（ヒートバランス）法

　茎熱収支法とは，植物の茎の一部に定常的に熱を与え，茎内流によって運ばれる熱の移動速度を測定することによって茎内流速度を推定する方法である（図2）。茎の周囲から与えられた熱は，茎内流による上方への輸送，周囲への空気への伝導，茎を伝わる上下方向への伝導によって失われる。これら3つの熱量を測定し，次式によって茎内流を算出する。

$$F = \frac{P_{in} - Q_u - Q_d - Q_r}{C_p \times (T_u - T_d)}$$

　ここで，P_{in}（ヒータからの熱量 [W]）＝Q_f（茎内流によって上方に輸送される熱量 [W]）＋Q_u（茎の上方に伝導する熱量 [W]）＋Q_d（茎の下方に伝導する熱量 [W]）＋Q_r（茎の周囲に伝導する熱量 [W]），Q_r＝K_{sh}（茎のコンダクタンス [W・V^{-1}]）×E（熱電対からの出力 [V]），$Q_u + Q_d = K_{st}$（茎の熱伝導率；0.52 [W・m^{-1}・K^{-1}]）×A（茎の断面積 [m^2]）×dT/dx，dT [℃]＝$(H_B - H_A) + (H_a - H_b)$，$dx$（上方，下方それぞれの熱電対間の距離 [m]），$T_u$ [℃]＝$(H_B + H_A)/2$，T_d [℃]＝$(H_a + H_b)/2$，C_p（茎内液の熱容量 [J・K^{-1}]）である。

図2　茎熱収支法

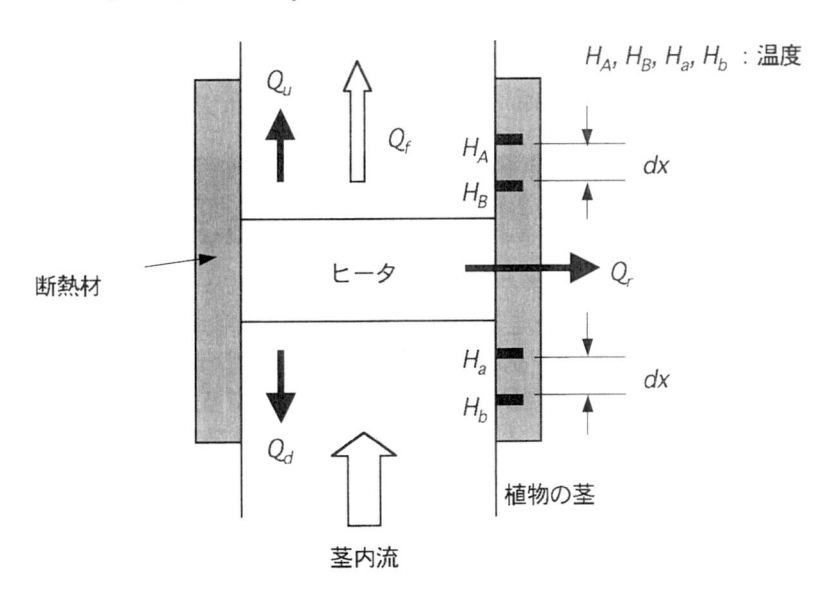

　最も重要なことは茎とプローブ部分を密着させることである。茎の周囲をできるだけ薄く，密着するようにラップで巻き，その上にプローブ部を密着するように取りつける。微量な熱量の変化を測定するため環境制御室内での測定が望ましく，野外での測定を行うときにはプローブ部分が外部の影響を受けないようにアルミホイルや遮光シートで覆う。また，電源とデータロガの間に定電圧装置を設けてプローブに常に一定の電圧を供給できるようにする。
　ヒートパルス法は樹木への適用が多いのに対し，茎熱収支法は数cm以上の長さの茎を持ち，比較的蒸散の盛んな草本植物（キュウリ，サトウキビ，ダイズ，トウモロコシ，トマト，ヒマワリ，メロン，ワタなど）や若木に用いられる。また茎熱収支法はヒートパルス法に比べて環境変化に左右されやすいが校正を行なう必要がないという利点がある。

実際 14

同化産物の転流量を測る

光合成産物は糖（炭水化物）やアミノ酸（窒素化合物）のかたちで植物体内を移動している。血液の流れと同じで，光合成産物の移動が悪くなると，光合成活性が低下し植物の成長が悪くなる。植物の生産性には光合成産物の転流・分配が大きく関わっている。

STEP1　放射性同位体と安定同位体

　原子番号（陽子数）と質量数（陽子数と中性子数の合計）によって規定される原子核の種類を核種という。原子番号が同じで，質量数が異なる核種を同位体という。炭素の同位体には，^{10}C，^{11}C，^{12}C，^{13}C，^{14}C，^{15}Cの6種類がある。同位体のうち放射性壊変がおこるものを放射性同位体といい，放射性壊変がおこらないものを安定同位体という。^{10}C，^{11}C，^{14}C，^{15}Cは放射性同位体で，^{12}Cと^{13}Cは安定同位体である。

　放射性同位体は，人体や環境への悪影響から，わが国では放射線障害防止法によって使用が制限されている。すでに，認可された使用施設があり，放射線取扱主任者の監督があれば，使用者は障害発生防止のための教育と訓練を受けることにより放射性同位体を取り扱うことができる。使用施設がない場合は，障害防止法をよく調べた上で，使用許可の申請をおこなう。安定同位体は，分析感度が鈍く，高価なことが問題であるが，使用に制限はない。

STEP2　標識CO_2の同化法

　図1に個葉への$^{14}CO_2$同化法を示した。$^{14}CO_2$を同化させる葉にビニール袋をかぶせ，葉柄の付け根のところで袋の口を輪ゴムでしっかり固定する（ガムや入れ歯安定剤をシーリングに用いると，葉柄を痛めることなく気密性を高められる）。葉の角度の調節や葉への負荷を軽減するために，ビニール袋をスタンドと支柱で支える。ビニールチューブを用いて$^{14}CO_2$発生器とエアーポンプを接続し，さらに余りの$^{14}CO_2$を回収するためのKOH溶液をバイ

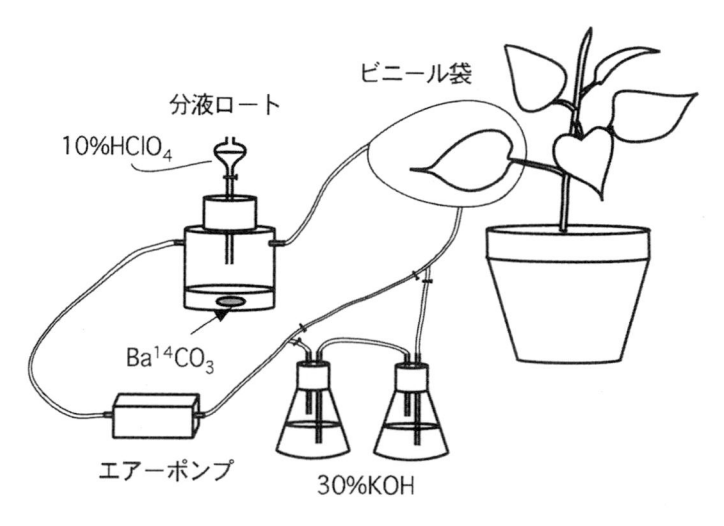

図1　個葉への$^{14}CO_2$施与法

パスで接続する。$^{14}CO_2$発生器には，$Ba^{14}CO_3$（10〜100μCi）と$BaCO_3$を入れ，10%の$HClO_4$を分液ロートから加えて，$^{14}CO_2$を発生させる。生じた$^{14}CO_2$をエアーポンプで循環し，適当な光源の下で同化させる。$^{14}CO_2$の発生量や流量および同化の時間は，植物の種類や大きさによって異なる。$^{14}CO_2$を加えないでいろいろ予備的に実験をし，発生量・流量・時間の適当な組み合わせを計算で求めておく。葉へのフィードがすめば，残った$^{14}CO_2$を30%のKOH溶液に吸収させて回収する。安定同位体の場合も同じように行えばよい。安定同位体は取り扱いに問題はないので，実験後回収する必要はない。

STEP3　^{14}C標識光合成産物の測定

図2に^{14}C標識試料を定量するための簡易なシステムを示した。シンチレータとは放射線があたると**蛍光**を発する物質で，液状のものとして，2,5-diphenyl oxazole (PPO) や1,4-bis-[2-(5-phenyl oxazolyl)] benzene (POPOP) のトルエン溶液などがよく用いられる。蛍光の発光量は入射放射線のエネルギに比例する。光電子増倍管は蛍光を強度に応じて電圧に変えるものである。**増幅器**は電圧を計測器で測定可能な値にまで**増幅**するものである。計測器でアナログ信号をデジタルに変換すれば（A/D変換），放射線の強さを相対値として数値で読みとれる。さらに，デジタル信号をパソコンに記録すれば，表計算ソフトを使ってデータの整理と解析ができる。なお，背景の放射線や宇宙線を遮へいして**自然計数**を低減するため，試料と光電子増倍管を遮へいする。

基本7　A/D変換　p193

基本5　信号の前処理と後処理　p189

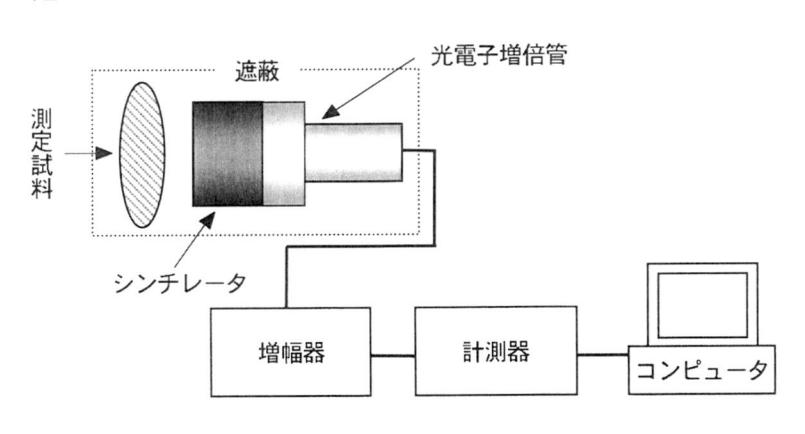

図2　液体シンチレーションカウンタの構成

STEP4　^{13}C標識光合成産物の測定

試料の燃焼装置と赤外線$^{13}CO_2$分析計を用いることにより，比較的簡単に^{13}C濃度を測定できる。赤外線$^{13}CO_2$分析計は，$^{12}CO_2$と$^{13}CO_2$の**吸収スペクトル**の違い（同位体シフト）を利用して$^{12}CO_2$と$^{13}CO_2$の濃度を測定する装置である。燃焼装置は，石英製のセル（入れ物）に植物体の乾燥粉末試料を入れ，酸素気流中900℃強の温度で燃焼させる装置である。^{13}C濃度は，検量線を作成して求める。すなわち，既知の濃度の$^{12}CO_2$と$^{13}CO_2$を燃焼させ，得られた値から**検量線**を作る。^{13}C濃度は，測定試料のピーク値の高さを測定して，図にプロットすれば求められる。

実際 15

作物の乾物生産量を測る

植物の成長を複利的な拡大再生産とみなす成長解析法は，やや古典的であるが，植物の乾物生産構造を理解する上で重要である。短期間の乾物増体量を解析することにより，その作物の乾物生産特性や栽培環境に対する成育反応を明らかにできる。

STEP1　成長解析の重要性

作物生産では収量や収穫物の品質が問題になるが，これらを決定づける多くの要素が**栄養成長**期にある。経時的な成長解析により，収量に影響するのが光合成能力なのか，**葉面積**なのか，あるいは収穫物への乾物の分配率なのかが明らかになる。このような乾物生産の構造と機能に関する知見は，適切な品種の選択や合理的な**肥培管理**，**育種**に応用される。イネでは成長解析の多くの知見が増収技術に役立っている。

STEP2　植物の成長関数

植物の成長は複利的な拡大再生産とみなせる。すなわち，葉での光合成産物により葉面積が増え，増えた葉によりその分だけ光合成量が増えると仮定できる。この成長様式は複利貯金に例えられ，個体の乾物重は以下の式で表される。

$$w = w_0 e^{rt} \quad \cdots (1)$$

(1)式において，t は日数，w は t 日後の**乾物重**，w_0 は最初（$t=0$）の乾物重，r は1日の成長率を表す。e は自然対数の底である。

(1)式を t で微分すると，

$$\frac{dw}{dt} = wr \quad \cdots (2)$$

よって，

$$r = \frac{1}{w} \times \frac{dw}{dt} \quad \cdots (3)$$

となる。r は利率に相当するもので，**相対成長率**（Relative Growth Rate：RGR）と呼ばれる。

STEP3　相対成長率の求め方

図に示したように，相対成長率は成育期間を通して一定ではなく，成長にともなってかなり変動する。しかし，1週間から10日程度の短い期間であれば，(3)式の関係は成り立っていると考えられる。そこで，次式により短期間の相対成長率が計算できる。

$$\mathrm{RGR} = \frac{\ln w_2 - \ln w_1}{t_2 - t_1} \quad \cdots (4)$$

(4)式において，w_2，w_1 は，それぞれ t_2，t_1 における乾物重を示す。サンプルは紙袋に入れ，通風乾燥機で最初1時間は100℃で，その後は80℃で一定重量になるまで乾燥する。乾燥した試料は**デシケータ**に入れ，室温まで温度を下げてから重量を測る。相対成長率は $[\mathrm{g \cdot g^{-1} \cdot d^{-1}}]$ または $[\mathrm{d^{-1}}]$ で表される。

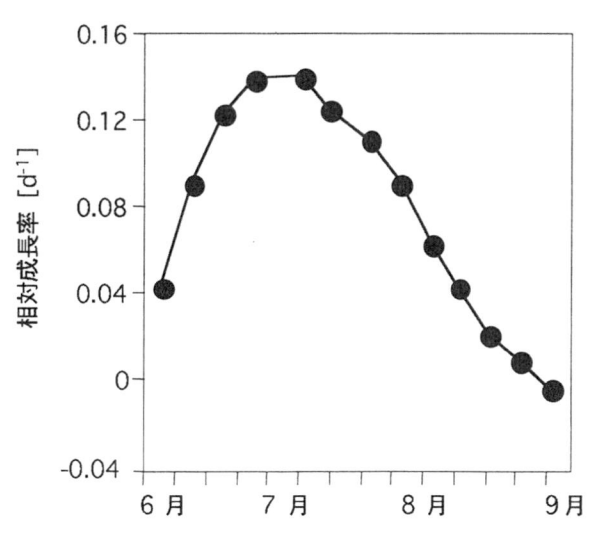

図　相対成長率の計測例（Kreuslerのトウモロコシのデータより作成）

STEP4　純同化率と葉面積比

乾物の生産過程をより詳しく解析するため，相対成長率の式(3)に光合成器官である葉の面積を要素として加え，式を変形すると以下のようになる。

$$r = \frac{1}{w} \times \frac{dw}{dt} = \frac{L}{w} \times \frac{1}{L} \times \frac{dw}{dt} \qquad \cdots (5)$$

実際2　葉の面積を測るp12

ここで，$(1/L)(dw/dt)$は単位葉面積当たりの乾物の増加量を表し，純同化率（Net Assimilation Rate：NAR）と呼ばれる。L/wは単位重量当たりの葉面積を表し，**葉面積比**（Leaf Area Ratio：LAR）と呼ばれる。したがって，

$$\text{RGR} = \text{NAR} \times \text{LAR} \qquad \cdots (6)$$

となる。t_1，t_2のときの乾物重，葉面積をそれぞれw_1，w_2，L_1，L_2とすると

$$\text{NAR} = \frac{w_2 - w_1}{t_2 - t_1} \times \frac{\ln L_2 - \ln L_1}{L_2 - L_1} \quad [\text{g} \cdot \text{cm}^{-2} \cdot \text{d}^{-1}] \qquad \cdots (7)$$

$$\text{LAR} = \frac{\ln w_2 - \ln w_1}{w_2 - w_1} \times \frac{L_2 - L_1}{\ln L_2 - \ln L_1} \quad [\text{cm}^2 \cdot \text{g}^{-1}] \qquad \cdots (8)$$

で計算できる。

STEP5　個体群成長速度

作物はふつう群落で栽培される。ここで示した個体の成長解析の考え方を群落で栽培される作物まで拡張してみよう。個体群成長速度（Crop Growth Rate：CGR）は，単位面積（1m²）当たりの乾物重Wと葉面積Fを用いて

$$\text{CGR} = \frac{dW}{dt} = \frac{1}{F} \times \frac{dW}{dt} \times F = \text{NAR} \times \text{LAI} \qquad \cdots (9)$$

で表される。Fは葉面積指数（Leaf Area Index：LAI）と呼ばれる。

実際 16

生体電位を測る

植物の生体電位を測定する上で問題となる点や必要な準備を説明すると共に，実際の測定例として茶樹における茎内部の電位計測方法について紹介する。

STEP1　なぜ生体電位を測るのか？

動物では脳波や心電図を測ることによって，脳や心臓の状態を非破壊的に，リアルタイムにモニタすることが可能で，実際の診断に利用されている。植物においても生体電位計測によって，非破壊的，リアルタイム，定量的に，様々な生体情報が植物体から誘導できることが期待される。しかしオジギソウなど一部を除いて，植物では動物のような活動電位の発生が見られないか，電位変化の伝播速度が遅いことから，計測された電位変化の原因を特定することが難しい。電位変化と密接な関係を示すような植物の機能を解析していくことが，生体電位計測による植物の生理診断の実現につながっていくと考えられる。ここでは実際の計測例として，著者が行っている茶樹の生体電位計測を紹介するが，個々の測定に際しては，そのままあるいは材料にあわせた簡単な工夫を施せば充分である。

STEP2　生体電位を測定するための準備

基本5　信号の前処理と後処理 p189

生体電位を測定するためには，一般的に電極，**増幅器**，レコーダが必要となる（図1～3）。電極は植物体から電位を誘導するために用いるが，どのような電位を誘導するかにより，電極の形状，材質などが異なる。植物体より誘導される電位の大きさは100mV前後であるため，電極によって得られる信号を増幅器で**増幅**し，その出力をレコーダに記録させる。一度に複数の地点あるいは個体より電位を誘導する場合は，電極や増幅器をそれぞれ必要数用意しなければならないが，レコーダには多チャンネルタイプのものもある。またレコーダの代わりに増幅器からの出力信号を

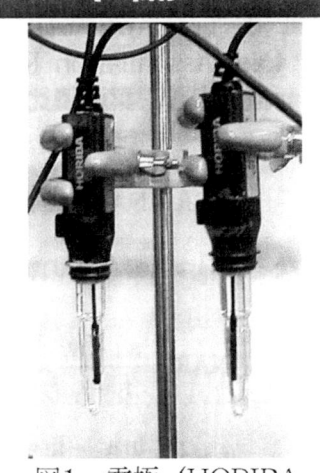

図1　電極（HORIBA，比較電極2060A-10T）

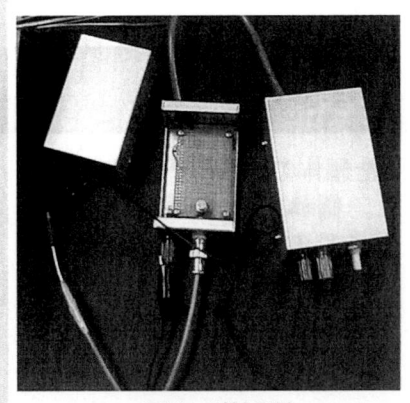

図2　増幅器　　　図3　レコーダ（YOKOGAWA，LR4110）

ONE POINT 電極	生体電位を誘導する際に，白金，銀，銅などの金属電極を利用するのが容易であり，これまでにも多くの実験例が報告されている。しかし金属電極を利用したときの一番の問題は，金属と電解質溶液（植物組織）が接触する界面で起こる分極で，電位値にも大きな影響を与え，時には電位値が数百mVを示す時もある。すなわち定量的な議論をするのは難しいが，定性的な議論，例えば環境変化に対する電位変化のパターンを大まかに調べようとする場合には，金属電極の使用でも差し支えない。

パソコンに取り入れれば，後の解析もしやすく有効である。いずれも様々な市販品があり，各々の使用にあったものを準備すればよいが，時には目的に叶うよう自作する必要も出てくる。

STEP3　生体電位を測定する（チャの場合）

鉢植え苗あるいは圃場の成木で生体電位を計測する場合，土に素焼き筒を植え，中に10mMKClを満たし，銀・塩化銀電極を浸して基準側とする。水耕栽培苗で測定する場合は，水耕液に電極を直接浸してもよい。一方，10mMKClを満たしたタンクにもう一方の電極を浸し，このタンクからチューブを介してつながった注射針（茎の太さに応じて針の太さを決める）を茎内に刺入し，結果として液絡を介してこの電極で茎内部の電位を測定する（図4）。この方法で測定する生体電位は，測定系を単純化して考えると，根の状態を反映した電位を測定していると考えられ（図5），施肥時の電位変化や過剰な施肥に対する応答を検出することも可能である。

センサ
計測器
7
pHメータ
p164

図4　茶樹の生体電位計測

図5　生体電位計測のシステム図

実際 17

茎の強さを測る

茎の強さは植物体の支持能力に密接に関連する。支持能力の低下によって曲がりや折れが生じると、収穫量の減少や品質の低下など栽培上大きな問題となる。ここではデジタル（ストレイン）ゲージを用いて茎の強さの測定方法と茎の力学的特性の評価方法について述べる。

STEP1　茎の強さ

一般に茎の強さは**挫折強度**、**挫折抵抗**、**破壊強さ**などで表現され、茎が挫折した時や組織が崩壊した時の荷重値の大きさで表される。茎の強度は、曲げ、圧縮、引っ張り、せん断、ねじり荷重のそれぞれを与えて評価することが理想であるが、作物生産において問題となる倒伏や茎の挫折の多くは曲げ荷重と密接な関連を持つことから、ここでの強度の評価は**曲げ荷重**を与えて計測するものとした。

STEP2　デジタルゲージによる測定方法

センサ計測器5　倒伏試験器 p161

茎の強度の測定方法にはピーク値保持型の**デジタルゲージ**を用いると良い（図1）。採取茎を一本ずつ測定する場合には固定台を用意するが、固定台を用いた測定方法には大きくわけて片支持ばりによるものと両端支持ばりによる2つがある（図2）。茎の固定が容易な両端支持ばりの方法を例にとると、茎を固定台に置き、支点間の中央部にデジタルゲージのフックを架けて引き、茎が挫折したときの最大荷重値 W を測定し茎の強度とする。支点間の

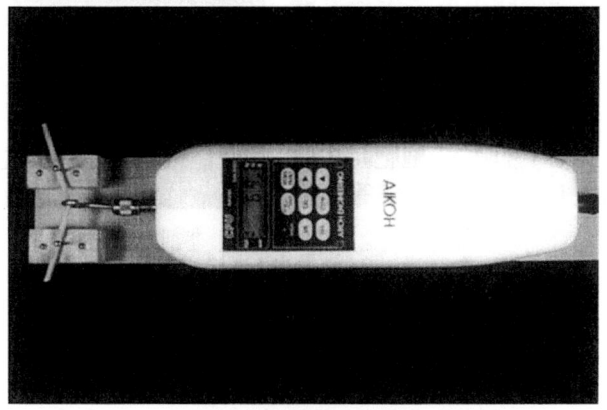

図1　デジタルゲージと自作の両端支持ばり固定台
（アイコーエンジニアリング㈱、デジタルプッシュゲージ9520A）

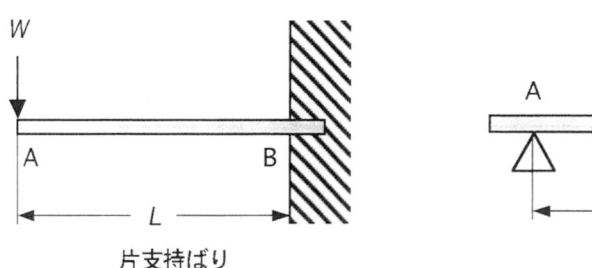

片支持ばり　　　　　両端支持ばり

A：自由端、B：固定端、W：荷重

図2　固定台による茎の測定方法

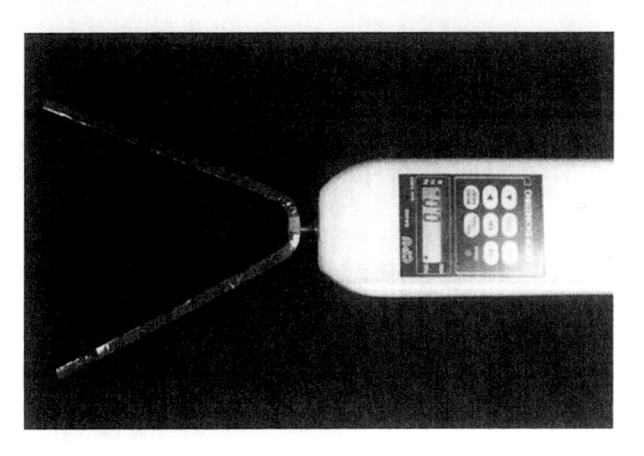

図3　先端に取り付けるアタッチメントの例
（水稲株用に塩化ビニル板で作製したもの）

距離Lは4〜10cmとする例が多い。つぎに，立毛状態の茎や株の強度を測定する場合にはそれぞれの形状に合わせたアタッチメントを用意すると良い（図3）。アタッチメントを先端に取り付けたデジタルゲージを地面から一定の高さの部位に直角に押し当て，挫折もしくは45°の角度に傾くのに要した最大荷重値Wを測定し，強度とする。地面からデジタルゲージまでの高さは，10cmあるいは20cmとする例が多い。なお，わが国では力の単位として質量1kgに対する重量キログラム［kgf］が広く用いられているが，近年重力単位系から国際単位系（SI）による［N］への移行が進んでいる。現在市販のデジタルゲージの多くは表示単位の切り替えができるが，［kgf］で表示される機器は，1［kgf］＝9.81［N］としてSIへ換算するとよい。

STEP3　茎の力学的特性の評価

　植物の茎は工業製品とは異なり材質が均質とはいえないが，茎をパイプと仮定して材料力学で用いるはりの強さの計算と同一の方法にて力学的特性を評価することができる。挫折時の荷重値Wの挫折部に加わる最大の力，すなわち最大曲げモーメントMは，支点間距離lの両端支持はりの方法で中央部に集中荷重を加える場合には$Wl/4$で表すことができ，長さLの茎に片支持はりの方法で自由端に集中荷重を加えた場合には固定端で最大となり，WLで表すことができる。次に外力に対する茎の抵抗力，すなわち曲げ応力（曲げ強さ）σは，最大曲げモーメントをM，断面係数をZとして，$\sigma = M/Z$で求めることができる。なお，断面係数Zは茎の断面が中空の場合には

$$Z = \frac{\pi}{32} \times \frac{(d_2^4 - d_1^4)}{d_2}$$

充実している場合には

$$Z = \frac{\pi}{32} \times d^3$$

で求める（図4）。

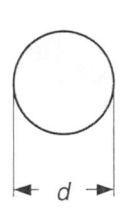

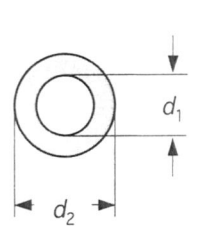

図4　断面の形状

実際 18

植物のテクスチャを測る

植物の各部位（果実，葉等）は，色，形，寸法が様々に異なるだけでなく，種々のテクスチャを示す。このテクスチャを画像によってとらえることにより，植物の水分状態，栄養状態，果実の品質等を知るための一助になる。

STEP1 テクスチャとは？

テクスチャとは，辞書[1])によると，織り方，織地，生地，また岩石，皮膚，木材などのキメ，てざわり等とある。これらは細かいキメや組織から構成されているが全体として一様なパターンとして見られている。このような**視覚**パターンを画像においてはテクスチャと呼ぶ。

人間は色，明るさ等が同じでもそのテクスチャを利用して，認識をしていることも多い。たとえば，図1に示すように芝地の中に雑草がある場合，雑草の形を丁寧に見ることなく，簡単に雑草を検出できるのは芝の模様のパターンと雑草のパターンとが異なることを利用しているからである。もちろん，芝の長さ，幅が異なればそのテクスチャも異なる。

図1 芝生中の雑草

ミカンの果実の皮等にもそのテクスチャの違いは見られる（図2）。なめらかな果皮ほど糖度が高いと言われていることより，テクスチャは**品質評価**の一つの指標にもなる可能性がある。

図2 イヨカンの果皮のテクスチャ

| ONE POINT 濃度値画像 | 一般に，濃度値画像は256階調であることが多いが，同時生起行列を作成する際には，階調を16まで落とすことがよく行われる。角度は0，45，90，135°などがよく用いられる。 |

STEP2　同時生起行列

　画像でテクスチャを扱うには，まず同時生起行列[2]を作るのが一般的である。これは濃度値画像において明るさiの画素からある方向に一定距離離れたところに明るさjの画素がある確率$p(i, j)$を，すべての明るさの組み合わせに対して行列で表したものである。たとえば，図3のような4階調の濃度値画像に対して，角度0°（注目画素に対して左右方向），距離1画素で同時生起行列を作成すると図4のようになる。

0	0	1	1
0	0	1	1
0	2	2	2
2	2	3	3

	0	1	2	3
0	4	2	1	0
1	2	4	0	0
2	1	0	6	1
3	0	0	1	2

$d=1, \theta=0°$

図3　濃度値画像　　　　　　　図4　同時生起行列

STEP3　テクスチャ特徴量

　同時生起行列を基に，14種類の**テクスチャ特徴量**[2]が求められている。そのうち，(1)〜(3)式には一様性（ASM），コントラスト（CON），局所一様性（IDM）を示す。

$$ASM = \sum_i \sum_j \{p(i,j)\}^2 \qquad \cdots (1)$$

$$CON = \sum_i \sum_j (i-j)^2 p(i,j) \qquad \cdots (2)$$

$$IDM = \sum_i \sum_j \frac{1}{1+(i-j)^2} p(i,j) \qquad \cdots (3)$$

　ここで，$p(i, j)$は同時生起行列中の(i, j)番目の確率である。

実際 19

植物の分光反射特性を測る

植物の各部位（果実，葉，茎，花弁等）は，可視領域から近赤外領域にかけて独特の反射率を示す。それらを計測することによって熟度，糖度，水分含量など種々の情報が得られる。同時に画像上で各部位を識別するための光学的基礎データとなる。

STEP1　分光反射特性

センサ計測器1	分光光度計 p142
実際24	果実の糖度を測るp56
実際27	米の食味を測るp62
実際6	葉緑素を測るp20

果実，葉，茎，花弁などの植物の各部位は，**分光光度計**によってその反射率を計測することができる。その例を図1に示す[1]。

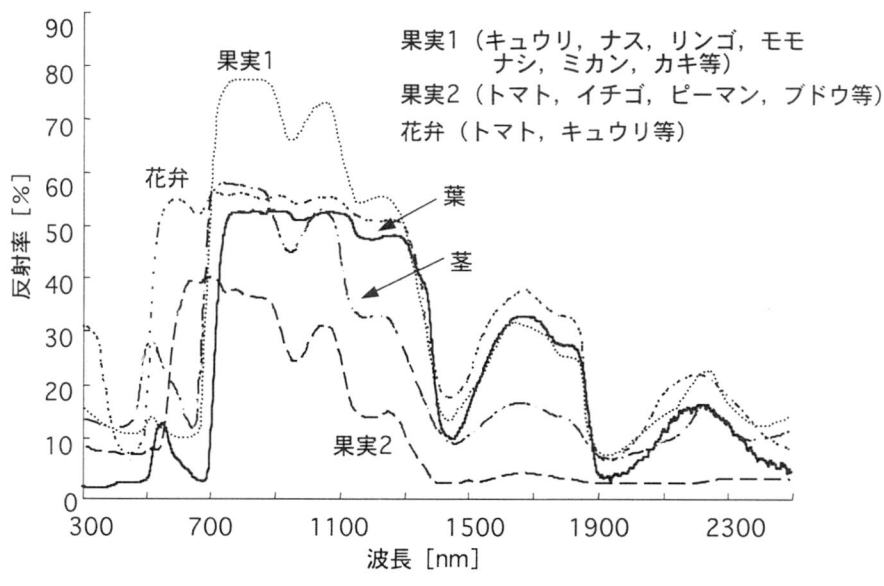

図1　各部位の分光反射特性

凡例：
- 果実1（キュウリ，ナス，リンゴ，モモ，ナシ，ミカン，カキ等）
- 果実2（トマト，イチゴ，ピーマン，ブドウ等）
- 花弁（トマト，キュウリ等）
- 葉
- 茎

可視領域（約400～800nm）においては，各部位の反射率がその色に対応している。例えば成熟したトマトの果実（図中，果実2）は，600nm付近から反射率が上昇し，赤色を示すことを表し，キュウリの花弁（図中，花弁）は500nmから上昇することによって黄色を示すことを表している。一方，葉，茎，キュウリの未熟な果実（図中，果実1）等は500～600nmの反射率が高く，緑色を示すことがわかり，670nm付近には**クロロフィル**吸収帯が見られる。

近赤外領域（約800～2500nm）においては，各部位の特徴が顕著に現れる。800～1300nmでは，ほとんどすべての葉の反射率は約50％となり，果実は葉よりも高い反射率のものと低い反射率のものに分類される。この波長帯域においては，970nmと1170nm付近に，果実と茎にのみ水分の吸収帯が見られる。さらに長波長側では1450nm，1950nm付近にすべての部位は水分の吸収帯をもっている。

STEP2　近赤外分析法

特に近赤外領域の**スペクトル**（**吸光度**）に基き，多変量解析等を利用することによって，果実の糖度計測，穀物の成分分析等が行われている。

> **ONE POINT**
>
> 光の作用スペクトル
>
> 光合成に必要な光の作用スペクトルは440nmの青色光と665nmの赤色光に2つのピークをもつことが知られており[2]、葉はそれらの光を吸収するため、人間の目には葉が白色光から青色と赤色を除いた緑色に映ることも理解できる。また、**紫外**領域（400nm以下）においては、花弁のみが高い反射率を示す。このことは花粉や蜜を採取する昆虫の目が紫外領域において感度をもつことと関係があると言われている。

STEP3 画像を用いた各部位の識別方法

赤いトマトの果実と茎葉のように、色の異なる対象物を画像上で識別するには、カラーTVカメラからのR（赤）、G（緑）、B（青）信号を比較することによって、果実のみ、あるいは茎葉のみの画像を得ることができる。図2に、成育中のミニトマトに対して、R-Gの演算を行った画像を示す。緑色を示す未熟な果実と茎葉に対しては、近赤外領域に透過率および感度をもつ光学フィルタをTVカメラに用いることで識別が容易

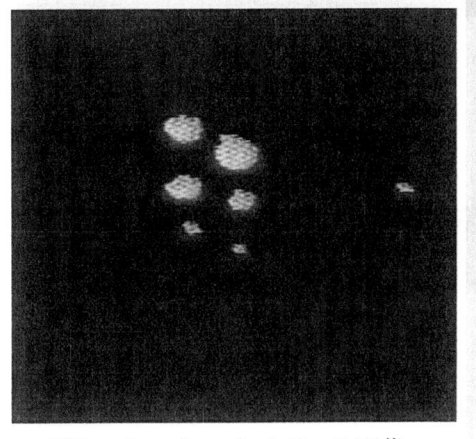

図2 ミニトマトのR-G画像

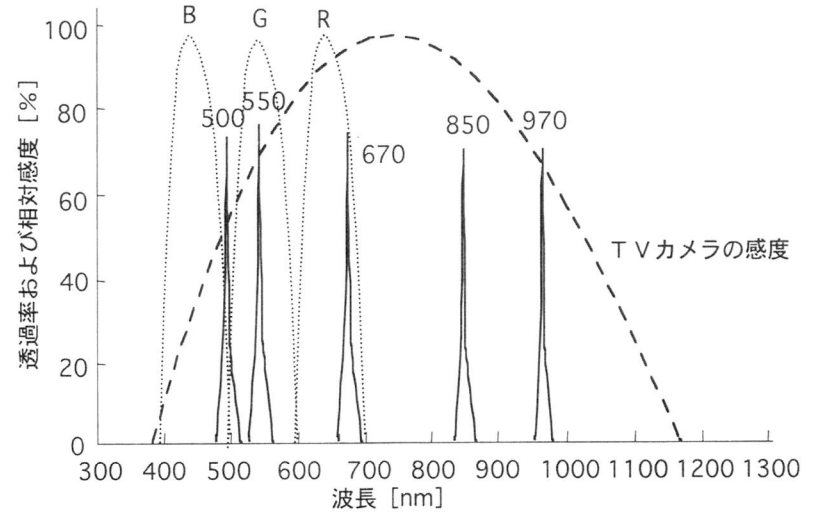

図3 光学フィルタの透過率およびTVカメラの相対感度

になる。そのために、よく用いられる**光学フィルタ**の**透過率**、TVカメラの感度を図3に示す。たとえば、850nmの光学フィルタを通して図3中の感度をもつ白黒TVカメラでキュウリを画像入力すると、図4のような画像が得られる[3]。

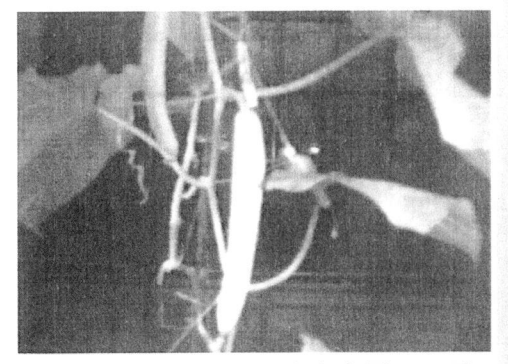

図4 850nmのフィルタを用いて画像入力したキュウリ

実際 20 植物までの距離を測る

自動制御された機械やロボットが安全に作業を行うには，周囲に存在する障害物の位置を検出し，接触を回避しなければならない。ここでは，安価で取り扱いが比較的簡単な超音波センサを用いた距離計測を紹介する。

STEP1　超音波について

超音波とは20kHz以上の周波数を持ち，人間の耳には聞こえない音波である。人間の耳で聞こえる音の周波数は20Hz〜20kHz程度である。コウモリは自ら超音波を発生し，障害物を避けながら暗闇の中でも飛ぶことができる。

STEP2　距離計測システム

超音波センサ素子は安価で制御も比較的簡単であるため，周辺回路を自作することも可能である。図1に計測システムの一例と信号のタイミングチャートを示す。まず，送信素子から数ms間，超音波を発生させると同時に比較波の発生とカウンタ回路による基準パルス（既知の周波数）のカウントを開始する。物体に反射して受信素子に戻ってきた超音波が，比較波を越えると基準パルスのカウントを停止する。総パルス数から超音波の伝搬時間 T [s] が得られ，対象までの距離 L [m] が(1)式によって求められる。送受信一体型のセンサを用いる場合や，送受信素子間の距離が L に比べて十分小さい場合には，距離 L は(2)式で近似できる。ただし，C は超音波の音速 [m・s^{-1}] であり，(3)式で表されるように周囲温度 t [℃] によって変化するので温度補償が必要である。ちなみに，気温20℃のときの音速は約344m/sである。比較波は送信素子から受信素子への直接波による回り込み信号などを除去するために設定する。

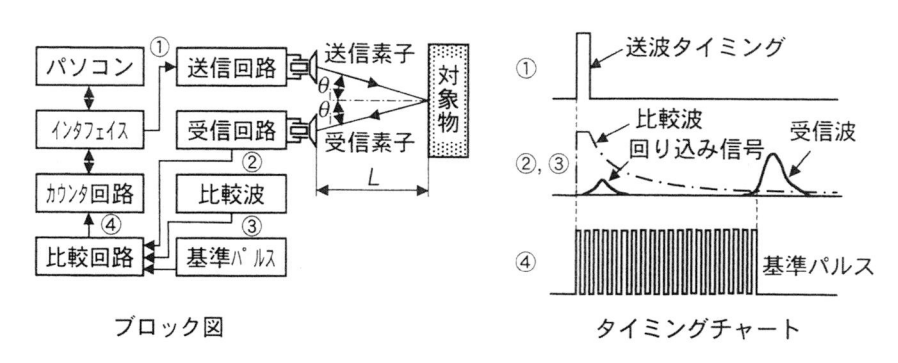

図1　距離計測システム

$$L = \frac{CT\cos\theta_i}{2} \quad \cdots (1)$$

$$L = \frac{CT}{2} \quad \cdots (2)$$

$$C = 331.5 + 0.607t \quad \cdots (3)$$

ONE POINT 検出しにくい物体	超音波は平坦な板や壁などには良く反射するが，円筒や凹凸のある物体では乱反射が生じ，長距離の検出が困難な場合がある。また，スポンジや綿などは超音波が吸収されるので検出しにくい。

　計測システムを自作することもできるが，簡単な計測ならば市販の携帯用超音波計測器も利用できる。計測した距離（最小単位：10mm）がディスプレイに表示され，部屋などの面積や容積を求めるための掛け算機能なども装備している。手帳ほどのサイズで，電源には乾電池を用いているので手軽に距離計測が行える。

図2　超音波距離計測器
（フジコロナ精器株式会社，ピッキョリ13）

STEP3　超音波センサを用いた位置検出

　超音波センサを固定すると，素子前方の物体までの距離しか測れないが，モータなどで旋回させれば広範囲の計測が行え，物体までの距離だけでなく位置も知ることができる。図3はモータに装着した超音波センサ[1]である。センサは地面と平行に180°往復旋回し，5°旋回するごとに1回の距離計測を行う。180°旋回する間に合計37個の距離データが得られる。図4はセンサから1m離れたブドウの木（直径約90mm）を検出した結果である。実際の木の寸法よりも大きく検出されているが，これはセンサの**指向性**（音波の広がり）によるものである。センサの先にラッパ状のホーンを取り付けると指向角を狭くできるが，レーザ光線のように鋭くすることはできない。5°間隔で距離検出を行っているので複数の検出点が得られている。これらの検出点の平均値をとって代表点を求めれば対象物の位置が特定できる。

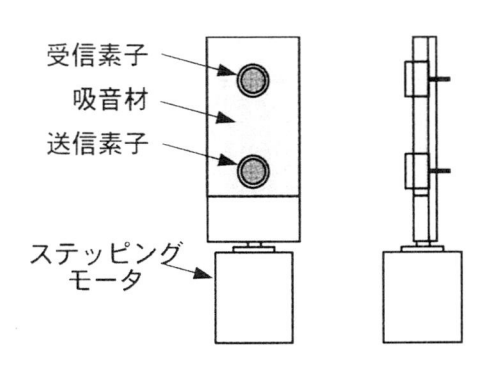

図3　モータに装着した超音波センサ　　図4　検出結果

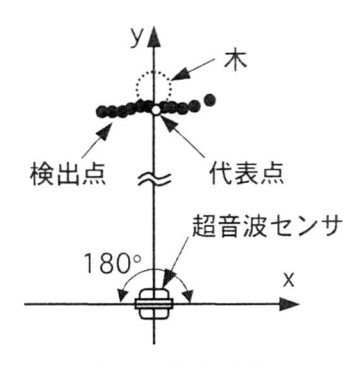

　超音波は光の伝搬速度に比べ，90万分の1程度（光の伝搬速度は約3×10^8 $[m\cdot s^{-1}]$）と非常に遅いため，制御も比較的簡単である。しかし，1秒間に数百回のサンプリングといった高速のセンシングには不向きである。また，空中での超音波エネルギの減衰が生じるため，最大検出距離は20〜30m程度が限界である。数十〜数千mの長距離の計測を短時間に行いたいならば，指向性の鋭いレーザレーダなどを用いる方法もある。

実際
21

果実までの距離を測る

ある地点から果実までの距離または果実の三次元位置を人の手によってメジャー等で正確に計測することは困難である。TVカメラを用い，異なる2地点から得られる画像情報により，三角測量の原理で対象物（果実，葉，茎等）の位置情報が求まる。

STEP1　ステレオ画像法（両眼立体視）

基本10　画像の取り込みp197

センサ計測器1　TVカメラp140

　人間は2つの目でものを見ることによって対象物までの距離をおおまかに知ることができる。それと同様に，TVカメラを用いて異なる2地点から対象物を画像入力することにより，**三角測量**の原理を用いて(1)式で距離Yを測ることができる[1]（図1）。同じTVカメラが2台ない場合は，1台のTVカメラを一定距離移動させる前後に画像入力すれば，同じ結果が得られる。このとき，P_1，P_2は画像上において距離を計測しようとする対象物の同じ点のx座標である。また，TVカメラの中心線からx方向への距離Xおよびz方向への距離Z（紙面に対して垂直方向，画像上においてはy方向）は(2)，(3)式で求まることより，対象物の三次元座標が算出される。

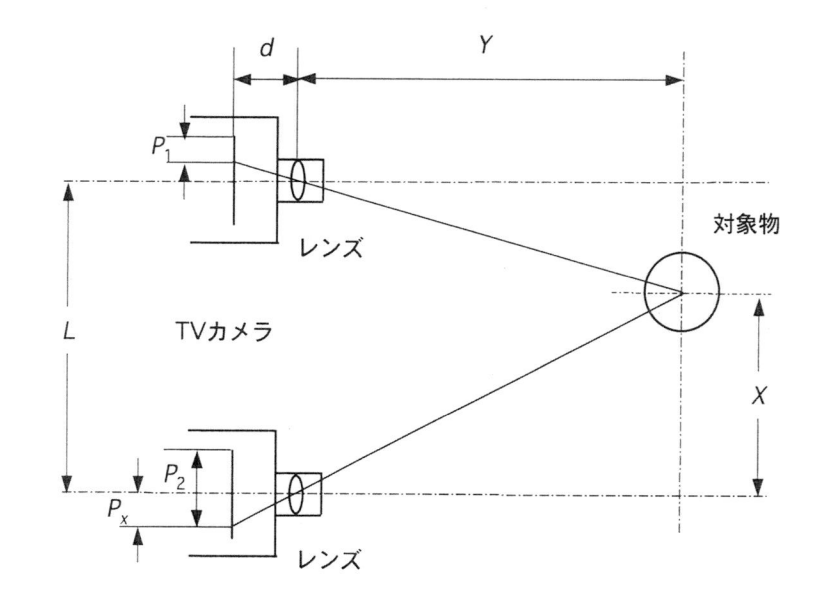

図1　両眼立体視

$$Y = \frac{dL}{P_2 - P_1} \quad \cdots (1)$$

$$X = \frac{P_x Y}{d} \quad \cdots (2)$$

$$Z = \frac{P_y Y}{d} \quad \cdots (3)$$

　ここで，dは像点距離，Lはカメラ同士の距離，P_1, P_2は対象物の画像上でのx座標，P_x, P_yは画像中心から対象物中心までの画像上での距離とする。

ONE POINT
三角形の相似

(1)〜(3)式はいずれも，三角形の相似から求められる。自分で導き出してみよう。たくさんの同じような対象物が同時に2つの画像中にある場合は，どれとどれが対応する対象物かを間違えないように注意。

STEP2 視点の移動による方法

ステレオ画像法のように，TVカメラを左右あるいは上下に配置できない場合，前後に移動させることによっても距離Yを測ることができる[2]（図2）。X，Z座標も同様に計算できる。

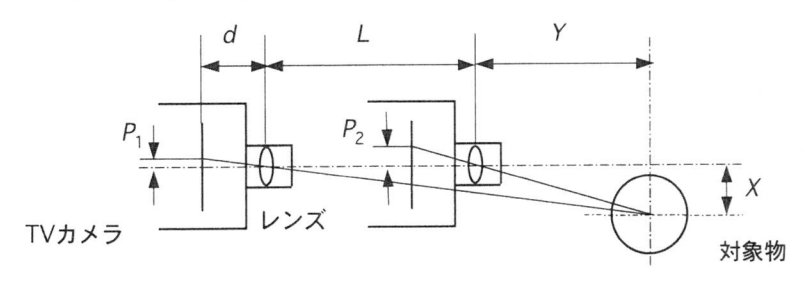

図2 視点の移動による方法（1）

$$Y = \frac{P_1 L}{P_2 - P_1} \quad \cdots (4) \qquad X = \frac{P_2 Y}{d} \quad \cdots (5)$$

この方法では，対象物がTVカメラの光軸近辺にあるときには誤差が大きくなるので注意しなくてはいけない。対象物がTVカメラの光軸近辺にあるときには，対象物の画像上での寸法の差を利用して以下の方法で，距離Yを導くことができる[1-3]（図3）。

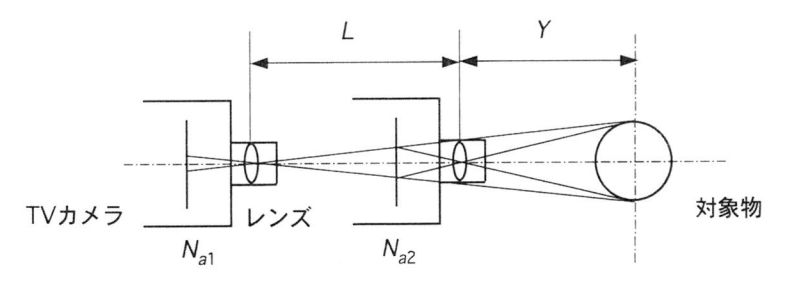

図3 視点の移動による方法（2）

$$Y = \frac{L\sqrt{N_{a1}}}{\sqrt{N_{a2}} - \sqrt{N_{a1}}} \quad \cdots (6)$$

ここでN_{a1}, N_{a2}はTVカメラ移動前後に入力された対象物の認識画素数である。このとき，距離を計測する対象物が画面からはみ出さないように留意することが必要である。茎のように細長い対象物の場合，画面に入りきらないこともある。そのような場合には，TVカメラ移動前後の茎の同じ位置で径を認識した画素数N_{l1}, N_{l2}を用いて(7)式によってその距離を測ることもできる。

$$Y = \frac{L N_{l1}}{N_{l2} - N_{l1}} \quad \cdots (7)$$

実際 22

果実の体積を測る

果実の肥大とはその体積が増加することである。従って体積は成長計測の一つの指標となる。また浮皮やすなど空洞のある果実を，その密度（重さ/体積）から切断せずに発見できる。ここではヘルムホルツ共鳴と呼ばれる音響共鳴を利用した体積測定法を紹介する。

STEP1　ヘルムホルツ共鳴とは

　ビール瓶の口を吹くと「ボーッ」と音が出る。これをヘルムホルツ共鳴という。この瓶に水を入れると，その音が少し高くなる。さらに水を入れると，さらに音が高くなる。逆にこの音の高さを知ることができれば，その水の体積を推定できる。ここでいう音の高さとは，厳密には周波数（単位は［Hz］）という物理量のことをさす。「ボーッ」という音を周波数成分に分解するといくつかのピークが現れる。この中で一番大きいピーク（卓越周波数）成分を共鳴周波数と呼ぶ

STEP2　周波数の決定

　絶対音感の持ち主であれば，少し練習すれば，共鳴周波数を正確に言い当てることができるかもしれないが，ここでは誰でもできる方法を紹介する。

1）マイク出力電圧をよむ

　ヘルムホルツ共鳴を起こす瓶（ヘルムホルツ共鳴器）として，入手しやすい丸底フラスコを利用する。オーディオ用スピーカ，マイクロフォン（タイピン型が扱いやすい），ファンクションジェネレータ（正弦波発信用），DMM（**デジタルマルチメータ**。デジタルボルトメータやオシロスコープでもよい。）を図のように配置する。スピーカから純音（単一の周波数からなる音）を出し，その時のマイクの出力電圧（ACV）をDMMで読み取る。そして順次周波数を上げ（下げ）ながら，電圧値を読み取り，横軸に周波数，縦軸に電圧値をプロットすると**スペクトル**が得られる。このスペクトルピークが共鳴周波数となる。

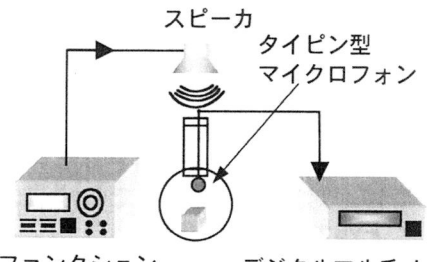

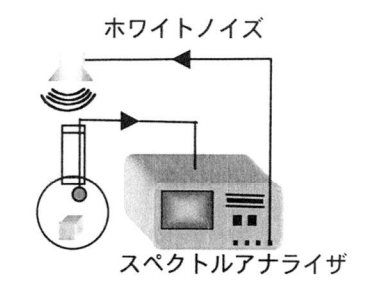

図1　システム図

2）周波数解析法

　スピーカから**ホワイトノイズ**（すべての周波数成分を均分に持った音）を出し，マイクで拾った信号をFFTなどの周波数解析法を利用してパワースペクトルを求め，ピーク周波数を決定する。これは前項の方法よりも高速に共鳴周波数を見つけることができる。

ONE POINT

開口端補正とは

共鳴器に向けてスピーカから音を出すと、円管部分の空気柱がひとかたまりとなって振動し、丸底フラスコの球体部分の空気を圧縮したり膨張させたりするわけだが、このときこの空気柱は共鳴器の円管の両端からはみ出してしまうことになる。音響学の理論式ではこのはみ出し分を開口端補正として実際の管の長さに付け加えることでつじつまを合わせている。

体積計測を行う場合、ピストンのはみ出し領域にものを置くと、体積は正確には計測できないので、測定時には管の下から管の直径くらい離して果実をおく必要がある。

STEP3　体積の推定方法

まず、共鳴器を空にしたときの共鳴周波数f_0を計測する。次に、測定したい果実を共鳴器に入れてその共鳴周波数fを計測する。共鳴器内部の空容積をWとすると、果実体積Vは

$$V = W(1 - f_0^2/f^2)$$

で計算できる。

この際、Wをあらかじめ測っておく必要がある。共鳴器中に電子天秤やメスシリンダーで正確に計りとった水を入れて共鳴周波数を計測し、水の体積と$1 - f_0^2/f^2$の関係をプロットすると、それらは直線的な関係を示す。

STEP4　さらにステップアップ

1) 開閉式共鳴器

丸底フラスコの利用は簡便でよいが、果実がフラスコの球体部分に収まるような大きさでも、管口よりも大きければ中に入れることができない。そこで図2のように開閉式にすればこの問題は解決する。また底板を図3のように工夫することで成長中の果実体積も測定できる。

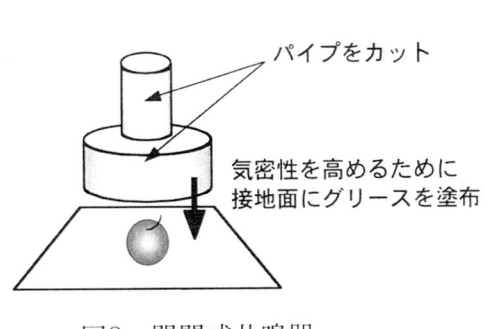

図2　開閉式共鳴器 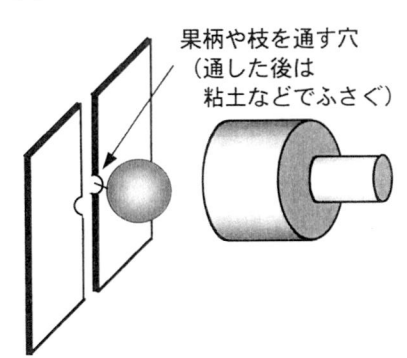　　　　図3　成長中果実の計測

2) パソコンの利用

パソコン1台で簡単に計測する方法もある。必要なものは共鳴器、サウンドカード（全二重対応のもの）内臓のパソコン、スピーカ、マイク、FMラジオ。まず録音・再生できるプログラムを立ち上げる。ラジオを放送局間の適当な周波数にチューニングする。このとき聞こえる「ザーッ」という音（ホワイトノイズに相当）を5秒ほどパソコンへ録音する。スピーカ、マイク、共鳴器を前述のように配置し、録音したホワイトノイズを再生すると同時にマイクから共鳴器内部の音を録音する。この録音データをFFTしてスペクトルを計算すれば、共鳴周波数を求めることができる。

実際 23

果実の粘弾性を測る

収穫された果実を貯蔵，輸送あるいは選別する場合，果実に様々な外力が加わる。果実の品質を維持するためにも，外力に対する果実の挙動を把握することは重要である。粘弾性は果実の力学的挙動を表す重要な評価方法の一つである。

STEP1　粘弾性

実際29　穀物の内部摩擦係数を測るp66

実際30　穀物の圧縮特性を測るp68

バネに外力を加えると瞬時に変形し，外力を取り除くと再び元に戻る。この性質を**弾性**という。ダッシュポットに外力を加えると，時間をかけて徐々に変形する。この性質を**粘性**という。**粘弾性**はこれら両者の性質を持ったもので，外力に対して複雑な挙動を示す農産物などの力学的モデルに用いられる。Hookeの法則に従う完全弾性体，Newton則に従う完全流体は(1)式，(2)式でそれぞれ表現され，その力学的モデルは図1のバネとダッシュポットの基本要素で表される。このとき，xは変形量，Fは外力，kは**バネ定数**，cは**粘性係数**でtは時間である。

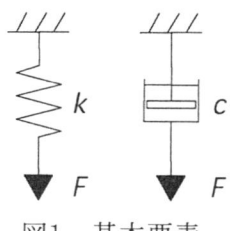

図1　基本要素

$$x = \frac{1}{k}F \quad \cdots (1)$$

$$\frac{dx}{dt} = \frac{1}{c}F \quad \cdots (2)$$

STEP2　クリープと応力緩和

2つの基本要素を図2のように直列につなぎ（Maxwellモデル），外力を加えると，バネは瞬時に伸びるがダッシュポットの部分はdx/dtの割合で徐々に変形する。外力を取り除くとバネは元に戻るが，ダッシュポットは復元せず永久に変形が残る。このモデルを指で少し引っ張り，その位置を変えずに保持した場合にモデルから受ける力がどうなるか想像してみよう。引っ張った瞬間にバネが伸び，伸ばした距離に比例する力が指に加わる。時間が経つにつれ，ダッシュポットがバネの力で徐々に変形し，最終的にはモデルから受ける力は0になる。つまり，モデルに外力を加えてその変形量のまま保っていると，時間とともにモデルから受ける力がなくなっていく。この現象を**応力緩和**という。

次に，図3のように2つの要素を並列につないだ場合を考える(Voigtモデル)。このモデルに錘をぶら下げた場合，指数曲線を描きながら徐々に変形していく。錘を取り除くと，同様に指数関数的な曲線で，永久変形することなく元に戻る。このように，一定の外力によって変形量が時間とともに増加していく現象を**クリープ**という。

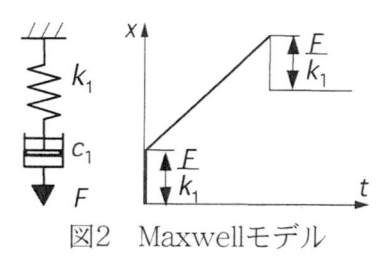

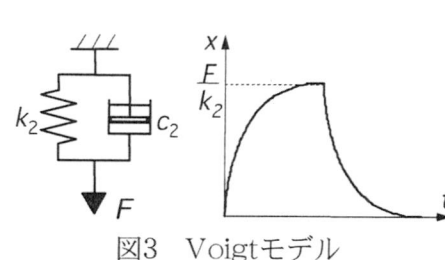

図2　Maxwellモデル

図3　Voigtモデル

ONE POINT	果実の粘弾性を測るとき，水平なテーブルの上に置くと果実の自重で変
果実の置き方	形するので，紐などでぶら下げればその影響を防ぐことができる。

STEP3　4要素モデル

MaxwellモデルとVoigtモデルを直列につなぎ，農産物の挙動に近づけたものが図4に示す4要素モデルである。このモデルに外力を加えた場合の変形量は(3)式で表され，$t=t_1$の時に外力を取り除いてからの回復過程における変形量は(4)式で表される。

$$x = \frac{F}{k_1} + \frac{F}{k_2}\left(1 - e^{\frac{-k_2}{c_2}t}\right) + \frac{F}{c_1}t \quad \cdots (3)$$

$$x = \frac{F}{k_2}\left(1 - e^{\frac{-k_2}{c_2}t}\right)e^{\frac{(t-t_1)k_2}{c_2}} + \frac{F}{c_1}t_1 \quad \cdots (4)$$

図4　4要素モデル

STEP4　測定とパラメータの推定

計測システムの一例を図5に示す。まず，サンプルを一定荷重で圧縮し，応力緩和が生じるとさらに圧縮して荷重を一定に保つ。回復過程では，荷重を極めて小さな値になるまで荷重を減少させ，微小荷重を一定に保つ。この間の，変形量の時間的変化を記録しておく。得られたデータから，4要素モデルのパラメータ（バネ定数，粘性係数）を最小2乗線形Taylor微分補正法[1]などで推定する。

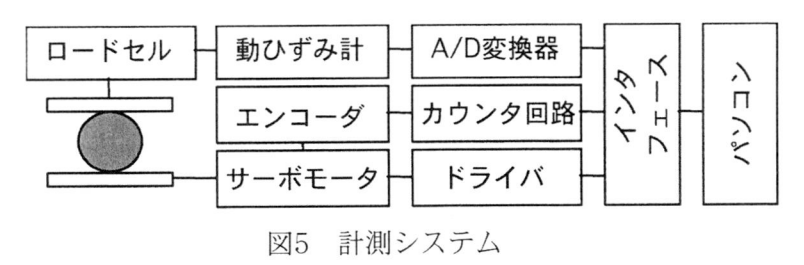

図5　計測システム

図6はトマトを約3Nで圧縮した場合の実測値と4要素モデルから求めたパラメータを用いた近似曲線である。このように果実の粘弾性は4要素モデルによって近似でき，パラメータ観察することで果実の挙動の変化を知ることができる。図中には各パラメータの値を示してある。

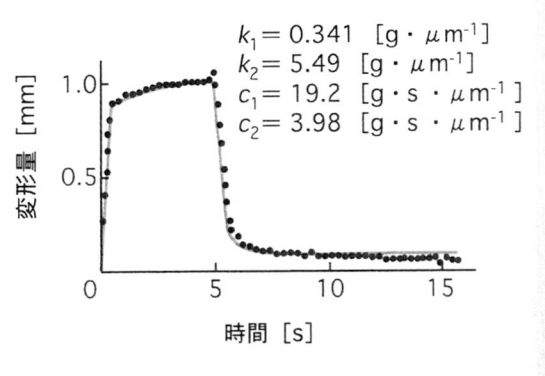

$k_1 = 0.341\ [g \cdot \mu m^{-1}]$
$k_2 = 5.49\ [g \cdot \mu m^{-1}]$
$c_1 = 19.2\ [g \cdot s \cdot \mu m^{-1}]$
$c_2 = 3.98\ [g \cdot s \cdot \mu m^{-1}]$

図6　計測結果と近似曲線

| 実際 24 | 果実の糖度を測る |

青果物は1つ1つが商品としての性格を持っているので，非破壊でその品質を迅速に評価する必要がある。そのひとつとして，対象物の分光反射特性と物性値との関連を求めて評価を行う方法がある。ここでは，分光光度計を用いた果実の糖度推定方法について解説する。

STEP1　糖度計

| 実際 26 | 果実の鮮度を測るp60 |

糖度の単位によく使われるのがBrix%で，ショ糖を水に溶解したときの重量%で表される。例えば100gの水の中に10gのショ糖が解けているときにはBrix10%になる。糖度計は光の**屈折率**を利用したものが用いられることが多い。これは光の屈折率と水溶液中の糖度がほぼ比例関係にあることを利用したもので，空気を1としたとき，蒸留水が1.33，Brix10%が1.35となる。なお，屈折率とは光が例えば空気中から水中へ進むときにその境界面で進行方向が変化する割合を示したものである。

糖度計（図1）を使う際には，果肉の混入がないよう果汁のみを搾り取ること，計測の度毎に蒸留水で洗浄すること，蒸留水による**校正**は測定を始める前に行うことに注意する。

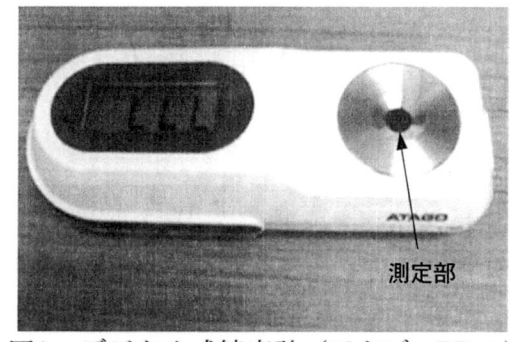

図1　デジタル式糖度計（アタゴ，PR-1）

STEP2　分光反射特性

センサ計測器 1	分光光度計 p142
実際 19	植物の分光反射特性を測るp46
実際 27	米の食味を測るp62

物質によって**近赤外線領域**の電磁波を照射したときにそれを吸収する波長帯域は違う。これを**分光反射特性**といい，概知の物質の波長特性をもとに測定対象物に含まれている物質及びその量を推測する方法は青果物の等級分別ではポピュラーな方法になりつつある。この分光反射特性は**可視領域**では主に色を表現するものであるが，赤外域ではある種の分子結合（今回なら糖）が特定の波長の光をよく吸収することを利用して，その化学成分の含有量を推定しようというものである。図2にショ糖，果糖，ブドウ糖がどの波長帯域の光を良く吸収するのかを示す。

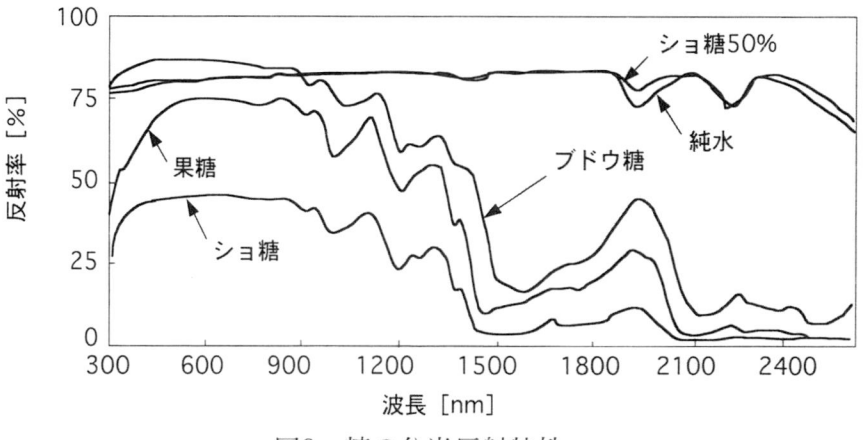

図2　糖の分光反射特性

ONE POINT 変数選択法

説明変数の候補が多くある場合，最良な変数を選択するのに分析者自身が手作業で探していたのでは膨大な時間がかかることになる。そこで，ある基準を元に自動的に選択させる変数選択法を用いれば時間が節約できる。EXCEL用のアドインソフトも市販されている（例えば(株)エスミの多変量解析）。ただし，使いこなすには統計の基礎知識が必要。

STEP3 重回帰分析

重回帰は被説明変数yに対して2つ以上の説明変数x_1, x_2, ・・・, x_k ($k≧2$)で表す場合に用いられる。a_i ($i=0, 1, ・・・, k$)を係数とすると

$$y = a_0 + a_1 x_1 + a_2 x_2 + \cdots + a_k x_k$$

係数を推定する実際の計算方法は統計の参考書をご参照いただくとして，ここでは実際のデータを用いてEXCELを使って行う方法を解説する。

図3はリンゴを分光光度分析した結果である。今回は説明変数として果糖の分光分析結果をもとに4つの波長領域を使うことにした。どの波長をいくつ使えば最も効果的なのかを決定するのが各自の腕の見せ所なので色々組み合わせて試してもらいたい。つぎに，対応する被説明変数（糖度）と説明変数（反射率）をセルに入力し，メニューのツールから分析ツールを選んで回帰分析ツールを開く。そして，それぞれの変数の範囲を選べば係数や寄与率を求めてくれる（図4～7）。図8にここで求めた回帰の相関を示す。

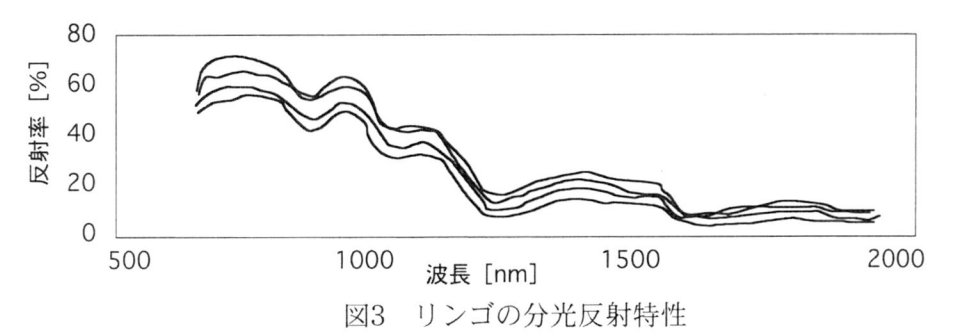

図3　リンゴの分光反射特性

図4　選択波長のセルへの入力　　図5　メニュー　　図6　回帰分析ツール

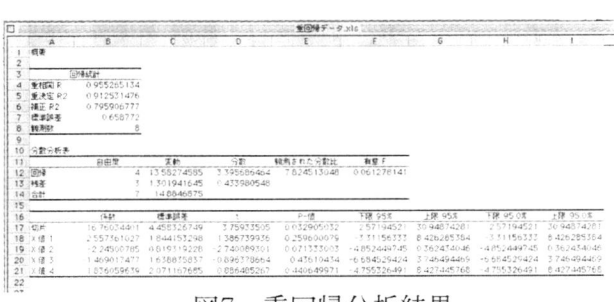

図7　重回帰分析結果　　図8　回帰の相関

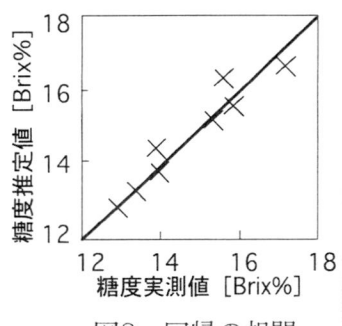

実際 25

果実・食品の匂いを測る

匂いの測定法は，ガスクロマトグラフィに代表される機器分析と，人間の鼻による官能検査に大別される。ここでは，後者に近い機能を発揮する "Electronic nose"（電子の鼻）について概説する。

STEP1　匂いの測定法

センサ計測器7
ガスクロマトグラフ p167

　ガスクロマトグラフ等による匂いの機器分析では，個々の匂い成分に関する詳細な情報が得られる。しかし，人間が感じる匂いは個々の情報ではなく，匂い成分が統合された総体としての匂いである。統合された匂いの評価に関しては，これまで官能検査に頼ってきた。しかしながら，人間の鼻は似通った匂いの識別が不得手であり，また，疲労による識別精度の低下という問題もある。一方，近年開発されつつあるElectronic noseは，個々の匂い成分の情報取得はできないが，匂いをパターン化して識別することを特徴としており，鼻の機能を模したセンサとして**品質評価**や工程管理への応用が期待されている。以下に，その原理と取り扱いについて概説する。

STEP2　半導体高分子膜アレイ化センサ

　例として三菱プレシジョン(株)製「**ニオイセンサ**」を取り上げる。これは32個のセンサ素子を有し，各々が独立した電気回路に抵抗として配置されている。匂い成分がセンサ素子に吸着すると素子の抵抗が変化する。32個の素子は特性が異なるので，1つの匂いに対して32個の信号が得られる。図1はセンサの動的応答である。この例のように，はじめに基準ガスを送ってベースラインを決める。15秒後の急な立ち上がりは，サンプルガスに対する32素子の抵抗変化である。実験的に定めたデータ処理区間の抵抗変化量が1つの匂いに関する32個の情報となり，図2のパターンとして提供される。パターンは，全素子の抵抗変化量の総和に対する個々の素子の抵抗変化量の割合を求めて正規化されたもので，匂いの種類を認識する上で濃度に左右されにくい利点がある。

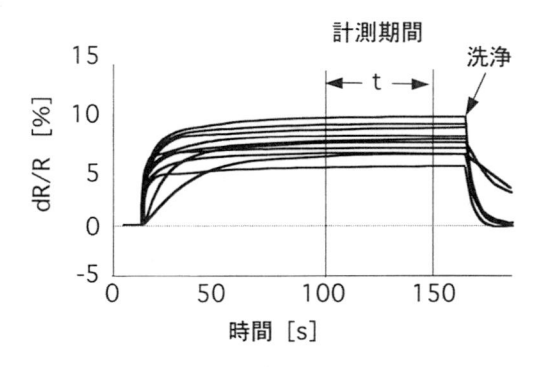

図1　素子の動的応答

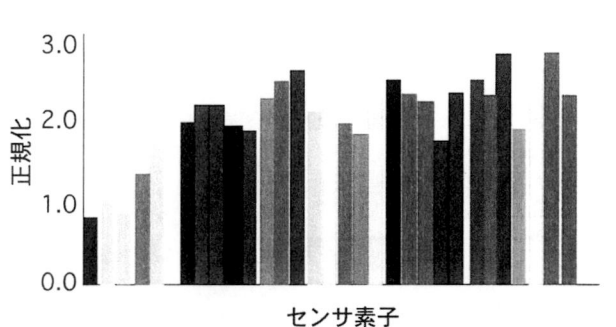

図2　匂いのパターン

STEP3　測定のノウハウとパターンの表現

　一般に測定対象となるサンプルガスは匂い成分と共に水分を有する。一方，**半導体高分子膜**センサ素子は水分子に敏感で，乾いた素子にサンプルガスが導入されると，水分子の吸着による抵抗変化が匂い成分のそれより大きく，相対的に匂いのパターンが見えにくくなる。この対策としては，センサに付属の湿度調整装置（図3の左の枠内）により基準ガスの調湿を行う。設定値は，湿度0%RHとサンプルガスの湿度の間にあればよい。基準ガスであらかじめ素子に水分子を吸着させた後にサンプルガスを導入すると，匂い成分の吸着による抵抗変化が相対的に大きく検出される。サンプルはサンプルバッグに入れて基準ガスを充満させ，平衡に達した後に測定する。液状サンプルの場合は，液滴が吸引されて素子に直接触れることを避けるために，キムワイプに浸み込ませたものを用いる等の工夫が必要である。

　匂いパターンの処理には，ニューラルネットによる識別と匂いの違いの視覚的な表現方法とがある。後者は，32個の情報を用いて32次元の仮想空間に匂いをプロットし，距離が離れているほど匂いの違いが大きいとする方法である。付属のソフトウェアを利用して，32次元空間における点間の相対的距離関係をできるだけ保持して，人間が認識できる2次元あるいは3次元空間にこれらの点を投影する次元圧縮を施す。図4は洋ナシの匂い測定結果の例である。3次元空間上に未熟，**適熟**，過熟果の匂い測定点のクラスタがプロットされているが，この例のように，異なる匂いが離れた位置にプロットされる。

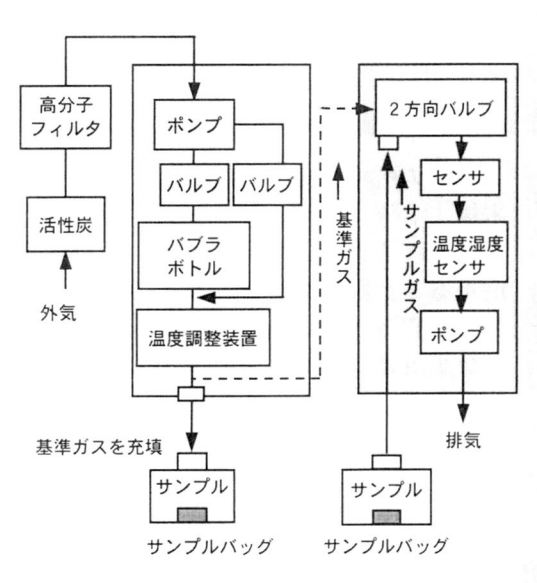

図3　ニオイセンサのブロック図

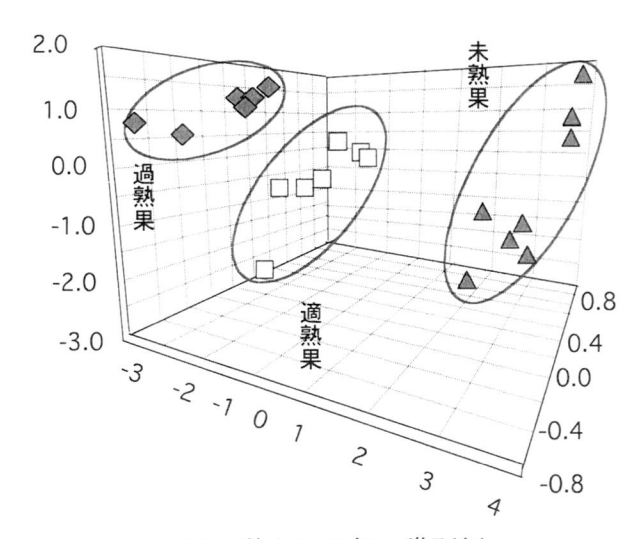

図4　洋ナシの匂い識別例

実際 26

果実の鮮度を測る

果実の鮮度は、測定対象果実の物理化学量の測定だけでは判定できない。収穫後の果実の物理化学量変化と人間センサを使った食味試験による果実鮮度との関連を明らかにした上で、それぞれの物理化学量により果実の鮮度が判定できる。

STEP1　果実の鮮度とは

収穫直後の果実の**鮮度**が最も良いとは限らない。果実には収穫後に**追熟**と呼ばれる生理的変化が生じる場合が多い。この場合には、収穫後ある日数が経過した後に鮮度（品質）が最も良くなる。例えば、メロンは流通過程で追熟することを考慮して、やや未熟な状態で収穫し、消費者の手元に届く頃に最も良い鮮度（**適熟**：食べごろ）となる。さらに長い時間がたつと、メロンは過熟から腐敗へと進み、鮮度は低下する。

STEP2　果実の鮮度の判定

果実の鮮度を1つの物理化学量として測ることはできない。果実の質量、体積、水分、糖度、硬さ、色、香りなどの個々の物理化学量を測ることは、それぞれできる。しかし、それぞれの数値だけから鮮度が良いか悪いかを判定することはできない。鮮度が良いか悪いかを最終的に判定するには、果実を利用する（食べる）人間がその果実を鮮度が良い（美味しい）と思うかどうかが重要である。ある果実の鮮度が良いかどうかの判定には、その果実に対する嗜好性の要因が加わってくる。ある果実の物理化学量と人間のその果実に対する嗜好性との関係を明らかにした上で、その果実の鮮度が判定できる。ここでは、収穫後の果実が輸送貯蔵中にどのように変化するかを中心に果実の鮮度の判定をする。

STEP3　物理化学量測定による果実の鮮度

実際22　果実の体積を測るp52

質量：収穫後に果実の質量は減少する。その主な原因は呼吸と水の蒸散である。一般に青果物の質量が5％以上減少すると"しなびた"状態となり、鮮度が低下したとされる。しかし、この数値は果実によって異なる。

体積：体積と質量を測定し、密度が分かる。スイカやメロンの密度は鮮度と関係が深く、スイカの密度は0.94～0.96 [$g \cdot ml^{-1}$] で適熟であり、0.98 [$g \cdot ml^{-1}$] 以上で球果の小さいものは未熟、0.93 [$g \cdot ml^{-1}$] 以下で過熟（内部に空洞がある）である[1)-3)]。

水分：果実は熱に対して不安定な成分が多いため、水分は70℃で24時間乾燥して求める。試料は適宜に細切りする。農産物の水分表示法には湿量基準（wet basis: w.b.）と乾量基準（dry basis: d.b.）とがある。一般に、ただ単に"水分"という場合には湿量基準であることが多い。

湿量基準は試料の質量（乾物質量＋水の質量）に対する水の質量の割合で表され、次式により求める。

湿量基準水分, ％w.b. ＝ 水の質量 ÷ （乾物質量＋水の質量）× 100
＝（乾前質量－乾後質量）÷（乾前質量－乾燥に使った容器質量）× 100

| ONE POINT 食味試験 | 食味試験[4)-6)]は実験計画法に則り，試食する人（パネル）の人数と選定，評価方法，評価項目，試食順序などを綿密に考慮して行う。これらのことを考慮せずに行った食味試験は単なる試食会であり，結果（データ）の信頼性は低い。|

乾量基準は試料の乾物質量に対する水の質量の割合で表され，次式により求める。

乾量基準水分，%d.b. ＝ 水の質量 ÷ 乾物質量 × 100
＝（乾前質量－乾後質量）÷（乾後質量－乾燥に使った容器質量）× 100

糖度：収穫後，多くの果実は追熟により糖度が増加する。糖度は，果実の種類や果実周囲の温度とガス環境などにより，ある一定値まで増加する。

硬さ：一般に未熟果は硬く，適熟果は柔らかい。また，過熟で柔らかすぎると鮮度が悪いとされることも多い。リンゴなどでは収穫後に果実の水分が減少し果皮が裂けにくくなると，硬さ（果皮を突き破るときの貫入抵抗）が大きくなることがあり，食感が低下する。鮮度が最も良い時の果実の硬さは，果実により異なる。

色：果実によっては収穫後に色が大きく変化する。トマトは果実の先端が赤く色付き始めたときに収穫し，流通過程において発色し，店頭に並ぶ時は全体が赤くなる。

香り：追熟により，一般に果実の出す香り成分は増加する。果実それぞれの特徴ある香りと香り成分の濃度により鮮度を判定する。

果実周囲のガス濃度：果実を密閉した容器に入れ，容器内の酸素濃度と二酸化炭素濃度を測定することにより，果実の呼吸量や追熟の程度が分かる。二酸化炭素濃度が高いと呼吸量が大きく追熟も進んでいる。酸素濃度が2～3%より低いと果実が**無気呼吸**（アルコール発酵）し，異味異臭を生じる場合がある。

実際 24	果実の糖度を測るp56
実際 53	土壌の硬さと強さを測るp112
センサ計測器 1	色彩色差計 p138
実際 23	果実の粘弾性を測る p54
実際 25	果実・食品の匂いを測るp58
実際 65	ガス濃度を測るp130
センサ計測器 7	化学成分のセンシング p164

図　イチゴの鮮度保持実験

STEP4　人間センサ

果実の鮮度の判定には，物理化学量の測定による他，人間の五感をセンサとした**食味試験**（官能試験）が必要である。この人間センサを用いた場合，果実の糖度，硬さ，色，香りなどを個々に判定した上で，それらを総合的にまとめて鮮度が良いか悪いかを判定できる。人間センサにより最も鮮度が良いと判定した時の果実の物理化学量は，果実の種類により異なる。

実際 27

米の食味を測る

米の食味は食味試験で決定されるが，近赤外分光法に基づくNIR分析計では，種々の方法によりこの食味試験の食味を推定する。推定精度はそれほど高くなく，また，異なる機種間では食味推定値に互換性はないので，注意が必要である。

STEP1　米の食味とは

米の食味は，食糧庁の「米の食味試験実施要領」に準じて行われる**食味試験**に基づいて決定される。近赤外分光法で推定する食味推定値は，この食味試験の総合評価をそのまま用いるもの，米の主成分（水分，タンパク質，アミロース，脂質など）から求めた食味推定値を用いるもの，成分と**官能試験**の評価項目（たとえば粘り）から求めた食味推定値を用いるものなど，いくつかの方法がある[1]。

STEP2　近赤外分光法

近赤外分光法（NIRS: Near-Infrared Spectroscopy）とは，750～2500nmの範囲の近赤外光を農産物に照射して得られる**吸収スペクトル**から，コンピュータを用いた多変量解析法により成分，品質を測定する分析手法である。図1に米とその主要成分の吸収スペクトルを示す[2]。

近赤外（NIR）分析計は，**走査型分光光度計**か**固定干渉フィルタ型分析計**か，透過型か反射型か，粉砕式か全粒式か，などに分類される。初期の分析計は粉砕式で1100～2500nm領域の反射型であったが，現在では全粒式で700～1100nmの透過型が主流になっている。図2に全粒透過型の測定部の一例を示す。図1に示した複雑な吸収スペクトルから目的の成分あるいは品質を推定するために，NIR分析計では**重回帰分析**（MLR），判別分析，正準相関分析，主成分分析，因子分析，クラスタ分析など，多くの多変量解析手法が用いられるが，主に用いられるのは重回帰分析（MLR），主成分回帰分析（PCR），**PLS回帰分析**の3つである。NIR分析計にはこれらの多変量解析手法に基づいて作成された食味推定値の計算式（**検量線**）が内蔵されており，ユーザーがこれらの複雑な統計手法に煩わされることはない。

センサ計測器 1　分光光度計 p142

実際 19　植物の分光反射特性を測るp46

実際 24　果実の糖度を測るp56

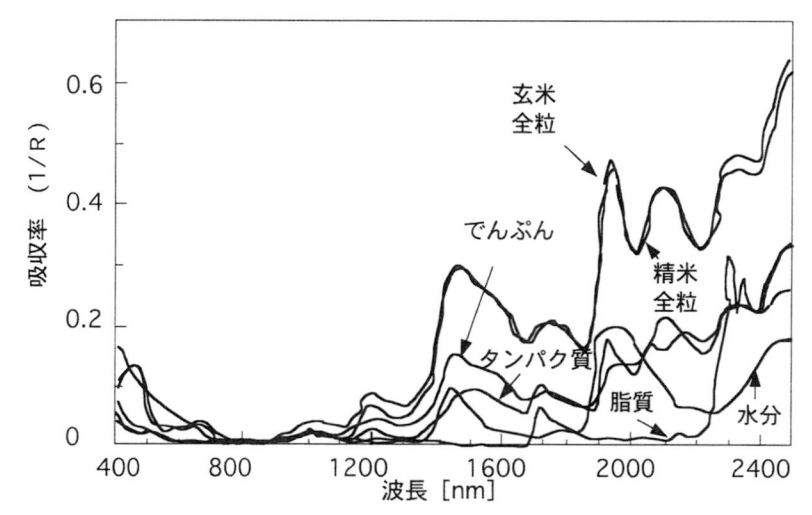

図1　米とその主要成分のスペクトル

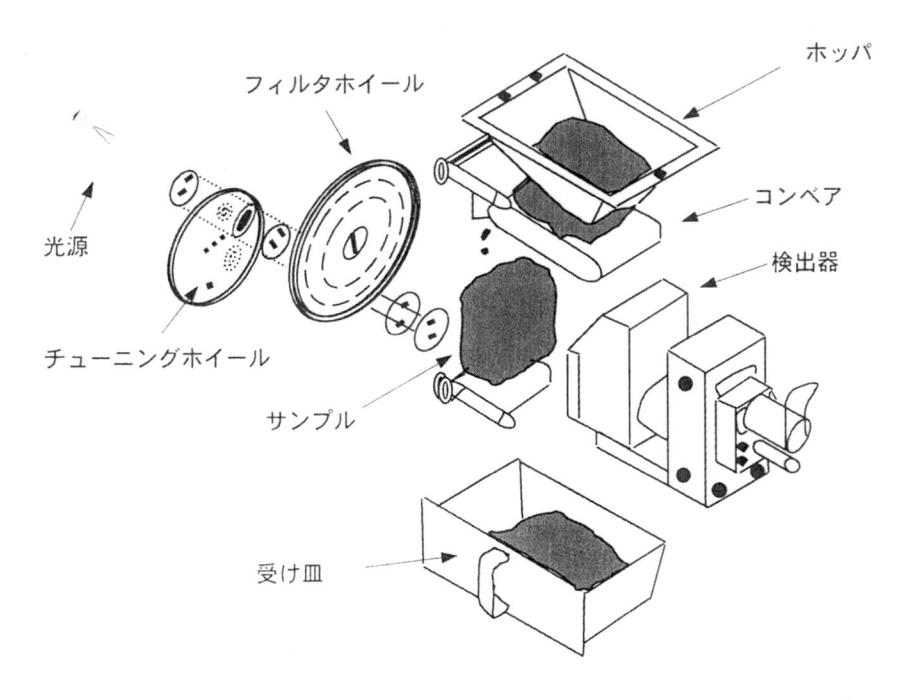

図2　透過型NIR分析計の光学系（静岡製機，GS-1000J）

STEP3　NIR分析計による米の食味の測定

現在主流になっている全粒透過型NIR分析計では，以下の使用上の注意事項を遵守しなければならない。
・使用前のウォーミングアップを充分行う。
・分析計には温度特性があるので，空調した測定室に設置する。
・サンプル（玄米・精米）温度と分析計の温度が大きく異なると測定値が変動するので，サンプルはできるだけ分析計と同じ温度になるよう，予め測定室に入れておく。また，サンプルと分析計の温度差が10℃以上有る場合は測定を中止する。
・測定前に基準サンプルによる分析計のチェックを必ず行い，必要に応じて**バイアス調整**を行う。
・精米の**搗精歩留**は測定値に影響するので，搗精歩留は90〜91%になるように調整する。
・玄米の性状は測定値に影響するので，未選別のもの，肌ずれがはなはだしいものなどの測定は避ける。
・得られた食味推定値はそれほど精度が高くなく，数グループに分類できる程度である。また，異なる機種間では食味推定値の互換性はないので，これらの特性をよく理解した上で使用する。

以上の注意事項を守った上で，それぞれの分析計の取り扱いに従って玄米あるいは精米を測定する。図3に，食味試験の総合評価と分析計の食味推定値の相関の一例（精米）を示す[1]。

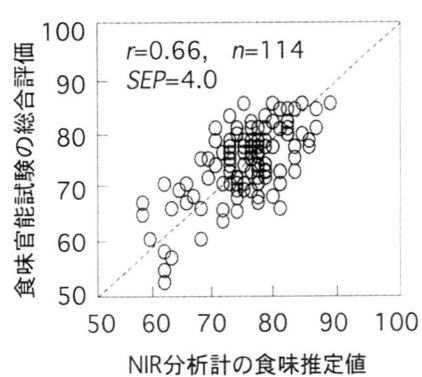

図3　食味評価値と官能試験の総合評価との相関の一例

実際 28

穀物の水分を測る

穀物の水分測定法には種々の方法があるが，いずれも基準は標準法（オーブン法）であり，水分計は標準法との校正式を内蔵している。測定方式ごとに特徴があり，用途と精度に応じた使い分けが必要である。本稿では近赤外分光法を用いた分析計による水分測定を主に記載した。

STEP1　標準法

日本では，食糧庁により，**穀物の水分**測定は，5g粉砕-105℃-5hr法が基準として採用されている[1]。この方法は穀物を一定の粉砕機で粗粉砕し，オーブンで乾燥させるのであるが，粉砕を含む測定に細心の注意が必要とされるため，より簡便な10g粒-135℃-24hr法が農業機械学会で提案され[2]，研究機関などではこちらを採用する例が多い。後者で求めた水分値は前者のものと1.0％程度差があることが知られているので，後者で測定した場合には，穀物ごとに異なる換算式[2]により前者の値に換算して用いられることが多い。また，標準法は外気湿度の影響を受けることが知られており，より厳密な水分値が必要な場合は**絶対湿度**［g・m^{-3}］の値に更に補正することが必要である[2]。いずれにしろ，どの方法を用いたか，換算したか，絶対湿度補正をしたか，などについて必ず記載しなければならない。

諸外国では130℃を採用しているところが多く，我が国の標準法とは明らかに水分値が異なるので，輸入した水分計を使用する場合などは注意が必要である[2]。

STEP2　近赤外分析計による水分測定

NIR分析計の特徴と構造および**近赤外分光法**については前項参照。750～2500nmの**近赤外スペクトル**には，960nm，1460nm，1940nm付近に水の強い吸収があり，旧来の反射式分析計では1940nmの吸収を利用して精度の高い水分測定を実現している[3)4)5)]。

一方，近年普及してきた透過型分析計では，750～1100nmの情報を利用して**PLS回帰分析**などにより水分を推定する。**透過型NIR分析計**が後述する電気抵抗式，誘電率式などに比較して優れているのは，30％以上の高水分に

実際 27	米の食味を測るp62
センサ計測器1	分光光度計p142
実際 19	植物の分光反射特性を測るp46
実際 24	果実の糖度を測るp56

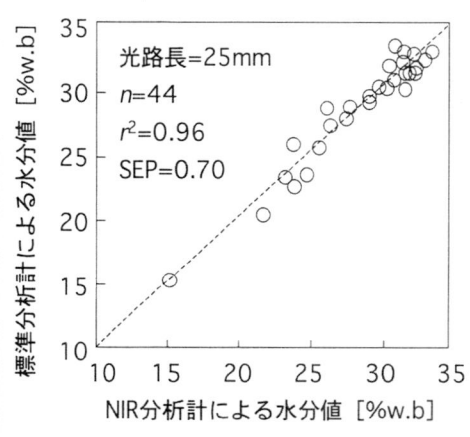

図1　高水分籾NIR分析計（静岡製機GS-1000J）と標準法による水分測定値の相関
（光路長=25mm，n=44，r^2=0.96，SEP=0.70）

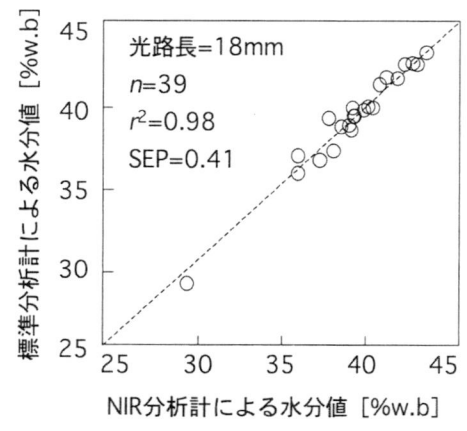

図2　高水分小麦のNIR分析計（静岡製機GS-1000J）と標準法による水分測定値の相関
（光路長=18mm，n=39，r^2=0.98，SEP=0.41）

おいても優れた直線性と高精度を有することである。図1に籾の[6]，図2に小麦の高水分域での測定例[7]を示した。また，低水分域でも籾で予測の標準誤差SEP=0.28（光路長25mm，水分範囲12.7〜17.1%），小麦ではSEP=0.11（光路長18mm，水分範囲8.91〜13.3%）と，他の測定方式と比較して同等以上の高精度を有している。欠点は現状ではまだまだ高価なことであるが，このような低水分域での高精度と高水分域での直線性，高精度を生かして，乾燥調製施設の荷受け水分計及びタンパク質分析計としての導入が進んでいる。図3に透過型NIR分析計の一例（静岡製機，GS-2000）を示す。

図3　透過型NIR分析計の一例（静岡製機，GS-2000）

STEP3　その他の水分測定法

その他の主な水分測定方式には，電気抵抗式，誘電率式，マイクロ波水分計などがある。それぞれの特徴を以下に簡単に述べる。詳細は参考文献[8]を参照されたい。

1) **電気抵抗式水分計**

電極間に穀物を入れ，圧砕して通電し，電気抵抗を測定して水分換算する方法で，簡便・迅速・廉価などにより広く普及している。欠点は測定範囲が狭いこと，サンプルが少量なのでサンプリングエラーが生じやすいことなどである。

2) **誘電率式水分計**

穀物の誘電率を測定して水分を推定する方法で，粉砕が不要であるという利点はあるものの，かさ密度の影響を受ける，比較的高価である，などの欠点がある。我が国では大豆や高水分米麦用としての利用に止まっているが，今後乾燥調製施設でのオンライン荷受け水分計として普及が進む可能性がある。アメリカではこの方式のDICKEY-john社製のGAC2100がオーブン法と並んで認定機器となっている[9]。

3) **マイクロ波水分計**

穀物にマイクロ波を照射し，水分の違いによる減衰特性を利用して水分を推定する方法であるが，お茶での応用例があるのみで，穀物用には普及していない。

実際
29

穀物の内部摩擦係数を測る

収穫後脱粒された穀物は通常，集合体として取り扱われる。その穀物集合体の静的及び動的力学挙動を解析するとき，内部摩擦係数は一つの重要な物性値である。穀物貯蔵におけるサイロ壁面圧力や内部応力の推定，穀物層の崩壊や流動現象の予測に利用される。

STEP1　内部摩擦係数

実際23　果実の粘弾性を測る p54

実際30　穀物の圧縮特性を測る p68

粒状体層に与える力を増加させてゆくと，ある限界値において層の崩壊が生じる。その崩壊寸前の状態を限界応力状態という。その限界応力状態において粒状体層に作用している垂直応力 σ とせん断応力 τ の関係が，固体摩擦のときと同様に比例関係 $\tau = \mu_i \sigma$ が成立するとき，μ_i を内部摩擦係数という。一般的には**付着強度 c** を含んだ次のクーロンの式が用いられている。

$$\tau = \sigma \tan\phi_i + c = \mu_i \sigma + c$$

ϕ_i は図1における限界応力状態を表す破壊包絡線の傾きで，内部摩擦角と呼ばれている。内部摩擦係数は粒子間表面摩擦係数と粒子の集合特性（空隙率や粒子間接触角）を含んだ値であるため，測定方法，測定装置の寸法，測定条件によって値が異なる可能性がある。よって，対象とする現象を考慮して条件等を検討し，報告の際はそれらを明記しておく必要がある。測定法には直接せん断法と三軸圧縮法があるが，穀物では直接せん断法が一般に用いられる。

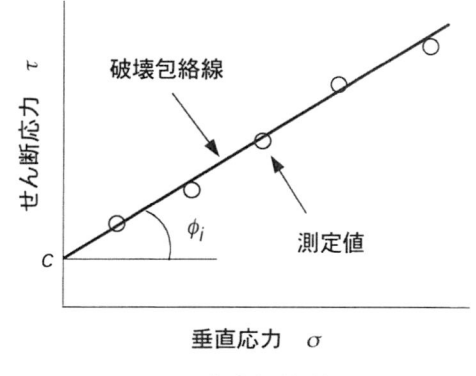

図1　破壊包絡線

STEP2　定荷重直接一面せん断試験

実際53　土壌の硬さと強さを測る p112

図2のように，上部せん断箱を圧縮力センサに接触させ，上と下のせん断箱での層厚が等しくなるように，円柱または直方体のスペースに穀粒を充填

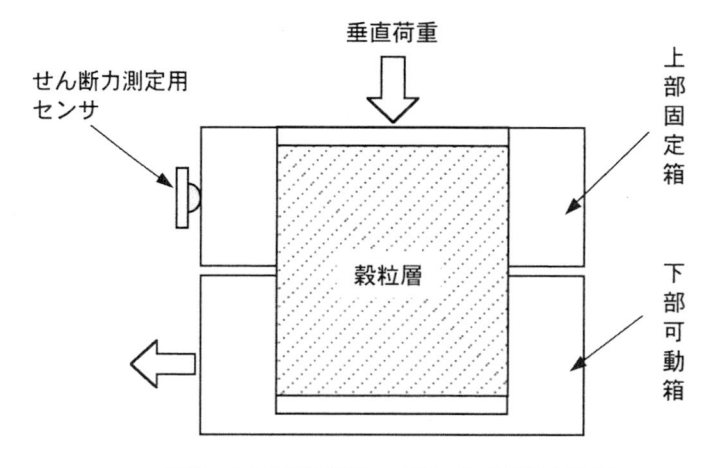

図2　定荷重直接一面せん断試験装置

> **ONE POINT**
> せん断条件の検討
>
> 穀粒層の上下面に接触するプレートの表面と穀粒とのすべりを小さくするために，その表面は粗くすること。せん断の進行に伴って，実際のせん断面積（せん断面における穀粒層横断面積）が減少する問題があるため，小さなせん断変位で限界応力状態に達するようにすること。充填穀粒層のかさ密度，空隙率，層厚，せん断速度の影響を検討すること。

し，穀粒層の上から垂直荷重を加える。下箱を一定速度で動かし，その時のせん断力をセンサで検知し，**動ひずみ計**で**増幅**し，図3のような波形をレコーダに記録する。せん断の進行とともに，せん断力は増加し，穀粒層中に崩壊が生じるとピークまたは一定値を示す。その波形の最大値を限界応力状態を示すせん断力として読み取る。以上の操作を垂直荷重を変えて行い，せん断面積（充填スペースの横断面積）で割って応力とし，図1のような破壊包絡線の式を最小2乗法によって求め，その傾きを内部摩擦係数μ_iとする。通常の状態では穀物は非粘着性なのでcは0に近くなることが多い。

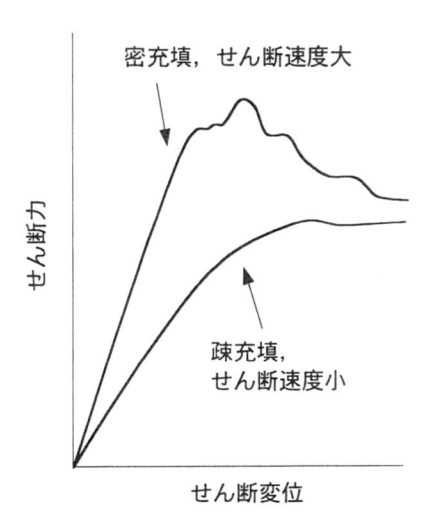

| センサ
計測器
5 | ひずみゲージ式荷重変換器p159 |

図3 定荷重法におけるせん断中のせん断力の変化

STEP3 定容積直接一面せん断試験

かさ密度がある程度大きい状態でせん断すると，粒子の乗り上げ効果により穀粒層が膨張する。その膨張現象を利用したのが定容積直接一面せん断試験で，1回の試験で破壊包絡線が得られる。穀物は粒径が比較的大きいため，層の膨張も大きく，条件によっては図4ような明瞭な破壊包絡線が得られる。この測定法は図2の装置に加えて，プレスの可動部に固定された垂直力検出用の圧縮力センサを用いる。そのセンサで穀粒層をある程度加圧し，その位置を固定した状態でせん断する。せん断中に穀粒層が膨張しようとするため，反力として垂直力が増加し，それに対応してせん断力も増加する。図4のように2つの力の変化を同時にX-Yレコーダに記録し，その破壊包絡線の傾きϕ_iとクーロンの式より内部摩擦係数μ_iを得る。

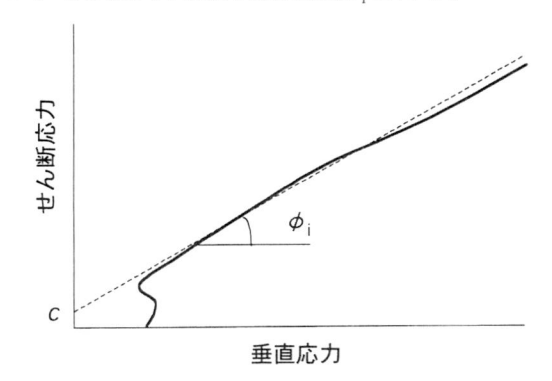

図4 定容積法における破壊包絡線

実際 30　穀物の圧縮特性を測る

穀物は収穫以降，様々な外力を受けて調製加工される。穀物に作用する力と変形の関係は，基本的な力学特性であり，穀物の種々の力学的挙動を解析するときに重要である。ここでは，穀物に最も頻繁に作用し，測定容易な圧縮力と変形の関係を測定対象とした。

STEP1　応力，ひずみ，縦弾性係数

実際23　果実の粘弾性を測る p54
実際29　穀物の内部摩擦係数を測る p66

図1のように，物体が外力（荷重）Fを受けると力は内部に伝わり，仮想断面XXを考えたとき内力Fとなる。単位面積当たりの内力を**応力**といい，断面積がAのとき圧縮応力σは(1)式となる。

$$\sigma = \frac{F}{A} \quad \cdots (1)$$

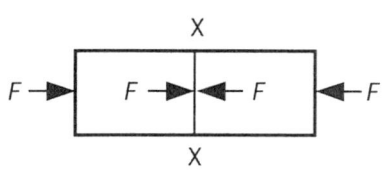

図1　外力と内力

そのとき，物体は変形する。変形量の原寸法に対する比をひずみといい，変形の程度を表す。図2における縦ひずみと横ひずみはそれぞれ(2)と(3)式で定義される。

$$\varepsilon = \frac{\Delta l}{l} \quad \cdots (2) \qquad \varepsilon_1 = \frac{\Delta d}{d} \quad \cdots (3)$$

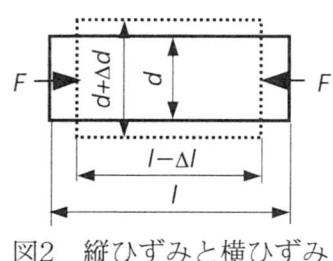

図2　縦ひずみと横ひずみ

応力を取り去るとひずみも消え，原形に戻る性質を**弾性**という。弾性範囲内の変形では，上記の応力と縦ひずみとの間に比例関係がある。その比例定数を縦弾性係数Eといい，(4)式で定義される。また，弾性範囲内では同一材料のε_1とεの比は一定で，ポアソン比νと呼ばれ，(5)式で示される。

$$E = \frac{\sigma}{\varepsilon} \quad \cdots (4) \qquad \nu = \left|\frac{\varepsilon_1}{\varepsilon}\right| \quad \cdots (5)$$

STEP2　力-変形及び応力-ひずみ曲線の測定

センサ計測器5　ひずみゲージ式荷重変換器 p159

穀粒を圧縮する方法として，一例を図3に示す。圧縮変位はひずみゲージ式ダイヤルゲージを用いなくても，圧縮速度と記録速度（レコーダのチャートスピードやコンピュータでのサンプリング速度）から圧縮中の変位変化が計算できる。穀粒のような生物体の力-変形（荷重-変位）曲線の形は，穀粒の種類，水分，試料の状態（原形か整形されたものか）及び圧縮方向等で異なる。

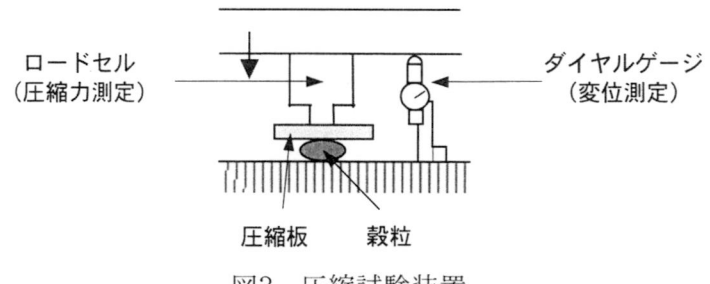

ロードセル（圧縮力測定）　　ダイヤルゲージ（変位測定）
圧縮板　穀粒
図3　圧縮試験装置

水分14％w.b.の原形玄米を厚み方向に圧縮した例を図4に示す。初期においては圧縮板と試料との接触が不完全なため，下に凸な曲線になった。その後，直線的に力は増加し，やがてY点に達して力は減少するが変形は増加した。このY点は生物降伏点と呼ばれ，最初の細胞組織の破断である。この点において玄米内部に小さな亀裂が生じることが多かった。その後再び力が増加し最大力を示して玄米はつぶれた。原形穀粒を用いることは実用的であるが，圧縮方向の断面積が大きく変化している状態のままで圧縮するので，(1)式より**応力**を求めて応力-ひずみ曲線を得ることが困難である。そこで，長軸に垂直な面で両端を切断したり（Aは平均断面積），直方体や円柱に整形した穀粒を用いることが多い。ただし，整形によって圧縮特性が原形状態とは異なる可能性は否定できない。玄米を整形して長さ方向に圧縮したときの応力-ひずみ線図の例を図4に破線で示す[1]。

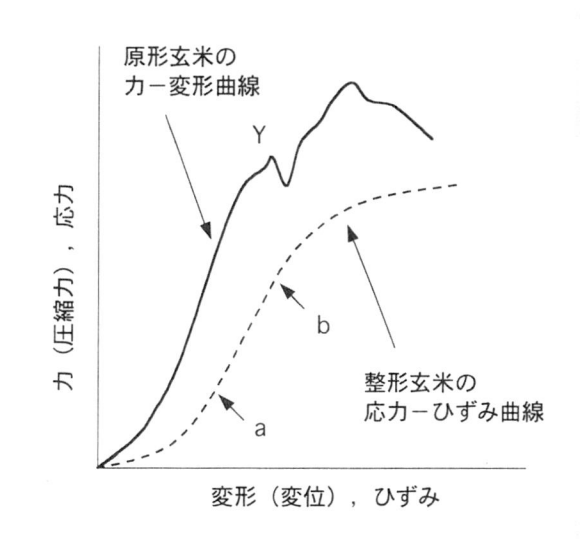

図4　力-変形，応力-ひずみ曲線

STEP3　圧縮特性の評価

　原形穀粒の力-変形曲線より得られる生物降伏点での力は，最初に損傷を生じさせる圧縮力の大きさを示す値として，破断点での力とともに実用上有効であると考えられる。整形された穀粒の応力-ひずみ線図における直線に近い部分（図4のa-b）は，近似的にその範囲で弾性的変形を示すと考えられる。よって，その直線の傾きを最小2乗法によって得て，(4)式で定義された縦弾性係数に相当する値として圧縮特性の評価に用いる。しかし，厳密には穀粒は非弾性体であるため，その値はみかけの弾性係数と呼ばれている。整形された穀粒の圧縮試験では，レーザ変位計により側面の変位を測定することによって横ひずみの変化が同時に得られる。a-b間において縦ひずみと横ひずみの間に比例関係が認められれば，(5)式のポアソン比を求めて圧縮特性の評価に用いることができる。図4の力-変形曲線においても直線に近い領域が存在した。よって，ヘルツの接触理論から得られた(6)式を用いて，原形穀粒の平板圧縮試験からみかけの弾性係数E_aを求められる[1]。ただし，穀粒の支持台との接触面のみ，少し整形し，ポアソン比は整形穀粒を用いて測定する必要がある。

$$E_a = \frac{0.338 K^{1.5} F(1-v^2)}{D^{1.5}} \sqrt{\frac{1}{R_1} + \frac{1}{R_1'}} \quad \cdots (6)$$

　F：圧縮力（力-変形曲線の直線領域内）
　D：Fに対応した変位
　R_1, R_1'：穀粒の最小，最大曲率半径
　K：R_1とR_1'から決まる定数

実際 31

穀物の収量・流量を測る

穀物の栽培管理を精密に行う上で，ほ場で刈り取った穀物の収量を測ることは重要である。これまで，主に坪刈りのようなサンプリングによる収量調査が行われてきたが，収穫作業を行うコンバインに取り付けて全収量を測るセンサが開発され，市販されるようになった。

STEP1　穀物の収量とは

穀物の収量を測るため，コンバインに取り付けるいろいろな方式のセンサが研究開発された。穀物の収量は，単位面積当たりの質量や体積で表される。穀物の収量を測るセンサも大きく分けて質量と体積に基づいて測る方法がある。質量で収量を求める場合には，**穀物の水分**により質量が大きく変化するので，水分を同時に計測して補正することが必要である。

コンバインは一定速度で収穫作業を行うので，収量センサは単位時間内にどれだけ穀粒が揚穀コンベヤを通ってグレーン・タンクに入ったかを測る方式の**流量センサ**が多い。このため，収量を計測する流量センサは，グレーン・タンクへ穀粒を搬送する揚穀コンベヤ部に取り付けて使用する。

STEP2　羽根車方式収量センサ

このセンサは，水車のような羽根車とレベルセンサから構成される。穀粒がセンサ上部から流れ込むと停止した羽根車の上にたまっていく。穀粒がレベルセンサに達すると流量が一定の容積になったとみなして，羽根車が半回転して収量を測る仕組みである。収量を穀粒の体積で測るため，水分センサによる補正は不要である。

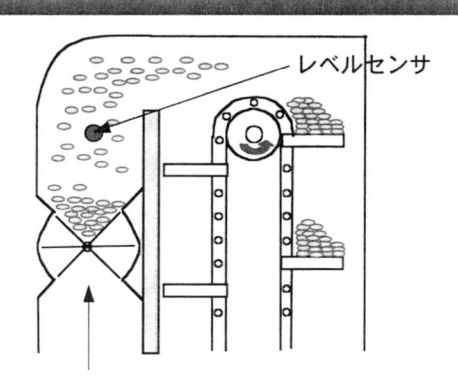

図1　羽根車方式収量センサ

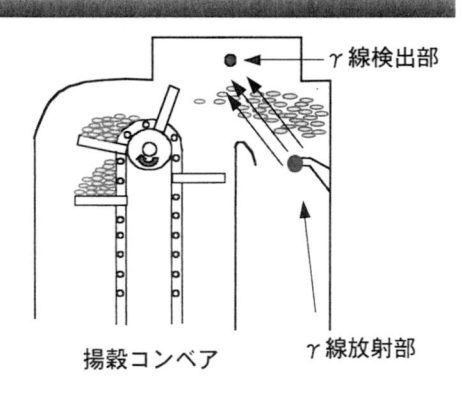

STEP3　γ線による収量センサ

このセンサは**γ線**放射部と検出部で構成され，揚穀コンベヤに向かい合わせて設置したものである。穀粒はコンベヤで投げ出されてセンサ間を通る。γ線は穀粒に吸収されるため，放射されたγ線の密度は，流量が増えると検出されるγ線密度が減少する。この減少量は，流れる穀粒の質量に比例し，流量を測ることができる。

図2　γ線による収量センサ

ONE POINT 校正

センサをコンバインに取り付け，実際に作物を一定速度で収穫する。その後，グレーン・タンク内の穀粒の量，コンバインの刈り幅，刈り取った距離，及びセンサ出力値を求めて**校正**を行う。ここで，コンバインの刈り幅は，最大刈り幅一定とみなすか，超音波センサにより計測を行う。刈り取った距離は，GPSまたは速度計をコンバインに取り付けて測定を行う。

STEP4　インパクト方式収量センサ

　このセンサは，揚穀コンベヤで穀粒を投擲してセンサにぶつけた時に生じる**衝撃力**（インパクト・フォース）を流量の代替特性として収量を推定する方法である。これをインパクト方式流量センサと呼ぶ。衝撃力の検出には，ひずみゲージを用いた力センサやポテンショメータのような変位センサを用いて穀粒がセンサに衝突した際の力や変位を検出する。また，穀粒が衝突するセンサの形状は，カーブした板やフォークのような板等がある。前述の2つにセンサに比べて，このセンサは測定方法が間接的であるが，コンバインのように走行する車両に取り付けて計測するセンサとしては，安価で信頼性も高く主流となりつつあるセンサである。

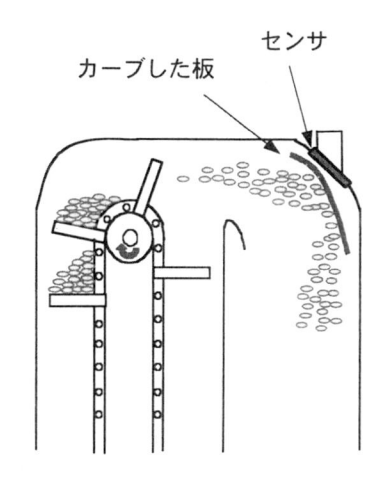

センサ計測器3	超音波センサp153
センサ計測器2	ポテンショメータ p149
センサ計測器5	ひずみゲージ式荷重変換器p159

図3　インパクト方式収量センサ

STEP5　相関法による平均速度計測

　計測システムの一例を図4に示す。穀物流動層の自由表面及び側面や底面と接している面において，流れの方向に一定距離（検知端間距離L）はなれた2測定点をとり，反射光を検知する。流動穀粒面は凹凸をもつため，得られた2つの反射光の時間変化波形はランダムに変動し，時間差を伴って類似する。よって，両者の**相互相関関数**を計算すると，ある時間おくれτにおいてピークが得られる[1]。そのとき検知端間を移動する平均穀粒層速度は$v = L/\tau$で求まる。本測定法で精度良く速度を得るには，相互相関関数が明瞭なピークをもたなければならない。よって，対象とする穀物と速度の大きさによって，反射光の**サンプリング周期**と検知端間距離を検討する必要がある[1]。

| 基本5 | 信号の前処理と後処理 p189 |
| 基本7 | A/D変換 p193 |

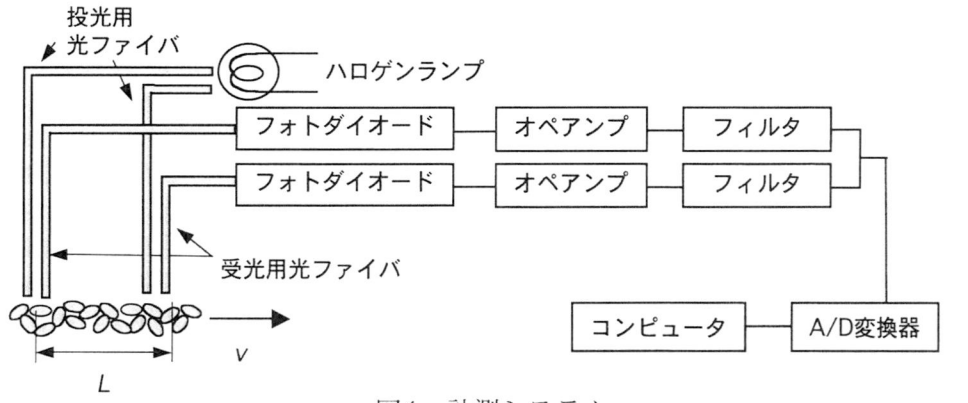

図4　計測システム

実際 32 　穀物の壁面摩擦係数を測る

収穫された穀物を調製加工，搬送，貯蔵するとき，装置中で穀物と壁面等の材料表面が接触し，種々の静的及び動的力学状態が生じる。よって，それらの装置を設計したり，穀物の力学的挙動を予測するとき，穀物と材料壁面との摩擦係数を知ることが必要である。

STEP1 　摩擦力と摩擦係数

図1のように，水平面にWの力を及ぼす物体を置くと，Wは水平面からの反力Nと釣り合っている。水平方向に力Tを作用させて動かそうとしたとき，Tが小さいと物体は動かない。これはTと大きさが等しくて方向が反対の抵抗力Fが物体の接触面に発生していることを意味する。この抵抗力を摩擦力といい，この場合Fを静摩擦力という。Tを増加するとFも大きくなり，やがて物体が動き出す。このときの静摩擦力を最大静摩擦力F_sと呼び，F_sはNに正比例する。この比例定数をμ_sとすると，$\mu_s = F_s / N$となり，静摩擦係数と呼ぶ。さらに，物体がTの方向に等速運動を続けるためには，運動中の摩擦力に等しい力を加えなければならない。この摩擦力を動摩擦力F_kと呼び，動摩擦係数μ_kはμ_sと同様に$\mu_k = F_k / N$となる。微視的にみると摩擦現象は複雑で，上記のような巨視的な摩擦係数でさえ測定法は確立されていない。まして，表面形状が複雑で，接触状態も不安定な穀粒についてはなおさらである。しかし，実際に現象の予測や装置の設計に必要とされるので，いくつかの巨視的な摩擦係数の測定法が提案され，対象とする現象によって選択されている。どの方法も材料の組み合わせの他に，測定条件と環境（温度，湿度）によって得られる摩擦係数は変化するので，それらの明記が必要である。

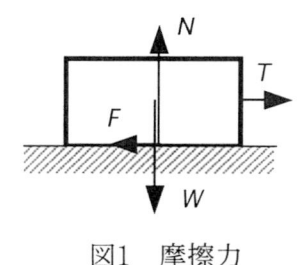

図1　摩擦力

STEP2 　摩擦力測定による方法

センサ計測器5　力のセンシングp159

図1の物体または壁面材料を水平方向に一定速度で移動させながらTの変化をロードセルで測定する。Tの変化の初期に見られる最大値をF_s，その後の定常値をF_kとし，そのときのNよりそれぞれμ_sとμ_kを求める。F_sを測定するには移動速度を小さくする必要がある。ここで，①穀粒を物体の底面に貼り付けて固定状態で測定する方法と，②物体を中空容器とし，その中に穀粒を入れて，各穀粒が運動可能な状態で測定する方法がある。①，②において，物体，穀粒層上に垂直荷重を与えることにより，Nの大きさの影響が検討できる。②においては，中空容器の下部肉厚部と壁面材料との接触，また穀粒と容器内壁との摩擦及び穀粒同士の摩擦について考慮する必要がある。なお，②は内部摩擦係数測定装置の下部可動箱を壁面材料に変えることによって実施可能である。

実際29　穀物の内部摩擦係数を測るp66

> **ONE POINT**
> 遠心力の利用[1]
>
> 回転円板上に穀粒を置き，動き始める回転速度または中心から穀粒の距離を測定し，遠心力と摩擦力の釣り合いからμ_sを求める。定速回転している円板上に穀粒を均一に落下させ，円形状に残った穀粒の半径を測定し，同様の力の釣り合いからμ_kを求める。

STEP3　傾斜法による壁面静摩擦係数の測定

図2に示したように，角度θに傾斜させた壁面材料上にある質量mの物体に働く力の釣合を考える。θを増加させ，物体が斜面をすべり始める直前のθ_sを測定すると，$\mu_s = \tan\theta_s$より静摩擦係数が得られる。ただし，ある点を中心に壁面材料を回転させてθを増加するとき，中心から物体の方向に遠心力が，さらに接線方向にも角加速度に比例した力がはたらく。よって，θの増加速度を小さくかつ一定にし，物体をできるだけ回転中心近くに位置させて測定する必要がある。目視によるθ_sの測定は困難であるので，光電スイッチ等のセンサを用いて，その反応状態をθの変化とともに記録してθ_sを求める方法が有効である。穀粒の転がりを防ぎ，光センサで動きを検出しやすいように，図3のような流下物体を用いる。

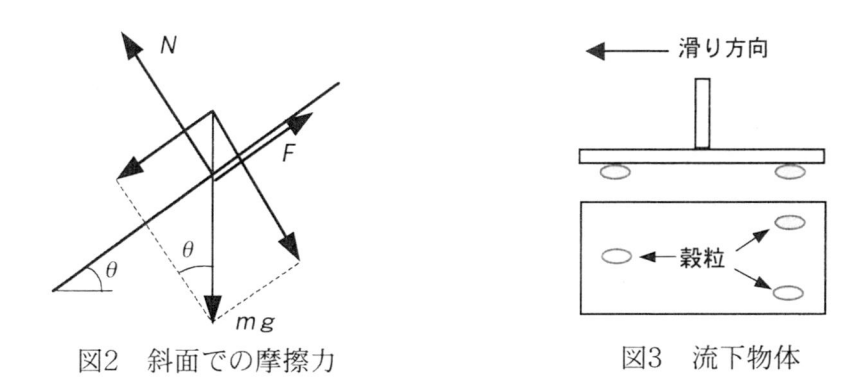

図2　斜面での摩擦力

図3　流下物体

STEP4　傾斜法による壁面動摩擦係数の測定

穀粒が斜面に沿って一定距離を滑るのに要した時間から壁面動摩擦係数を求める方法である。静止状態から時間を測定すると，初期においては静摩擦と動摩擦の境界領域になるため，安定した値が得られない可能性がある。そこで，図4のように，A点より上流から流下物体を滑らせ，途中の2区間での移動時間を測定する方法が有効である。そのときμ_kは次式で求められる。

$$\mu_k = \tan\theta + \frac{2(L_1 t_2 - L_2 t_1)}{t_1(t_2^2 - t_1 t_2)g\cos\theta}$$

ただし，L_1，L_2はそれぞれAB，BC間の距離，t_1，t_2はそれぞれ流下物体がAB，BC間を通過する時間，gは重力の加速度である。

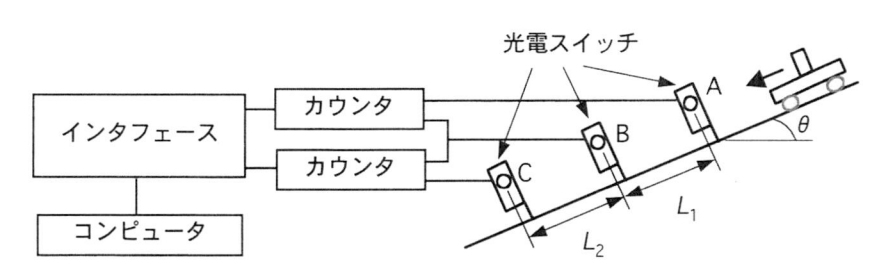

図4　傾斜法による壁面動摩擦係数計測システム

実際
33

根量を測る

根系の形態や機能を定量的に把握する場合，根の数，直径，長さ，分枝程度，重さなどに着目して，根量を測定する必要がある。試料が多い場合は根重を測定するのが容易であるが，養水分を吸収する機能を考えると，側根を含む総根長を測ることが望ましい。

STEP1　根量に係る形質と測定方法

根の数：1本ずつ，目と手で数える。必要に応じて，根の長さ，直径，形態，出現位置などに着目して分類する。

根の直径：**実体顕微鏡**を用いて測定する。根が太い場合は，デジタルノギスを用いてもよい。直径は根軸に沿って変化するので，どの部位で測定するかが問題。普通は基部の直径を測定するが，根軸に沿った推移に着目する場合もある。

実際 38　根の分枝を測るp84

根の長さ：直接物差しで測るほか，格子法・ルートスキャナ（STEP2）や画像解析法（STEP3）を利用できる。

根の重さ：生体重は濾紙などで水分を吸い取ってから，乾物重は80℃で2日間ほど乾燥させてから，それぞれ電子天秤で測定する。普通は，乾物重を用いる。

STEP2　格子法・ルートスキャナ

格子法：取り扱いやすいように適当な長さに切っておいた根を水中で，等間隔の格子の上にランダムに拡げる。根と格子との交点の数をNとすると，根の総長Rは「$R=K \times N$」で推定できる。Kは理論的に決まる定数で，5mm間隔の格子の場合は約0.39となる。実際には，長さが分かっている糸を用いて決めればよい[1)2)3)]。

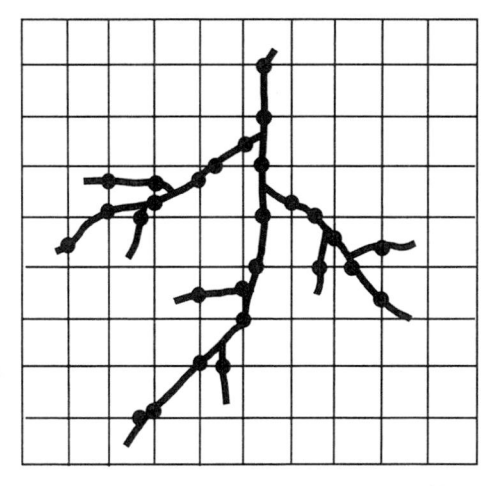

$R = K \times N$ （R：総根長，N：交点数）

格子の大きさ [cm]	Kの値
0.5×0.5	0.39
1.0×1.0	0.79
2.0×2.0	1.57
3.0×3.0	2.39

図1　格子法の模式図

ルートスキャナ：格子法と同じ原理を利用して根長を測定する装置をルートスキャナという。トレイに約300ccの水を入れ，石鹸水を数滴泡をたてないようにたらしてから，根を丁寧に拡げる。側根を十分に拡げることがポイント。100m程度の根長を約10分で測定でき，大量の材料を取り扱うのに適している。根の直径が0.1〜2mmの範囲で非常に精度が高い[4)5)]。

図2　ルートスキャナの写真

STEP3　画像解析を利用した根長測定

コンピュータおよび周辺機器が発達したため，根の画像を取り込んで，これを処理することによって根長を測定する方法がいろいろと開発されている。直径別に根長を測定できる場合は，根の表面積や体積を算出することもできるのが特徴[6)7)8)]。

木村和彦氏（東北大学大学院農学研究科）のホームページに「画像解析による根長測定」という詳しい解説があるので参照されたい。
http://www.agri.tohoku.ac.jp/soil/kimura/index.html

基本 10　画像の取り込み p197

センサ計測器 1　画像・光のセンシング p138

STEP4　根量データに係わる形態指標

根長密度・根重密度：根の長さおよび重さを該当する土壌体積で割ったものを，それぞれ根長密度および根重密度という。根の深さ指数や単位土壌体積中の根量を推定するのに利用することもある[9)10)]。

分枝係数：側根を含めた根の総長を根軸の総長で割ったもの。値が大きいほど分枝が発達している[4)]。

分枝指数：側根の総長を根軸の総長で割ったもの。値が大きいほど分枝が発達している。分枝係数と基本的に同じ概念で，
　(総根長−総根軸長)／総根軸長＝(総根長／総根軸長)−(総根軸長／総根軸長)
　＝分枝係数−1
の関係がある。
　(総根長−総根軸長)／総根軸長＝総側根長／総根軸長
　＝(総側根長／側根数)×(側根数／総根軸長)＝側根の平均長×側根の形成密度
となるため，根の分枝構造を詳しく解析できる[11)]。

根長／根重比(比根長)：根の総長を根の乾物重で割ったもの。値が大きいほど，根の平均直径が小さく，分枝が発達している[10)]。

実際 34

根系の分布を測る －フィールドでの測定－

作物の根系について研究する場合，その作物が実際に栽培されている場所で，様々な条件の影響を受けながら，根系がどのように形成されるかが必須の情報となる。ここでは，そうしたフィールドにおける根系調査の代表的なものを取り上げ，簡単に解説する。

STEP1　塹壕法

実際 35　根系の分布を測る-容器での測定-p78

畑作物の根域の形や大きさを把握するのに適している。作物が栽培されている所から少し離れた場所に，パワーショベルやスコップで深さ1.5～2mほどの塹壕を掘る。土壌断面をスコップや左官コテできれいに整形してから，ピンセットやドライバなど使って，根を切らないように，少しずつ丁寧に土壌を掻きとり，根系を掘り出していく。ノズルを使って水をかけたり，エアコンプレッサで空気をあててもよい。現われてきた根は土壌中の元の位置からずれないように，ピンで留める。根系を掘り出したら写真を撮るか，ビニールシートをあてがって**根系を写し取る**[1)2)3)]。

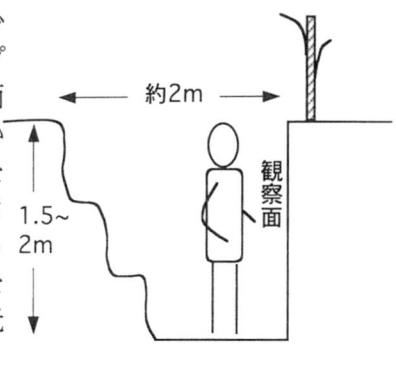

図1　塹壕法による測定

STEP2　土壌断面法

塹壕法と同じようにして作物の近くに塹壕を掘り，スコップや左官コテで土壌断面をきれいに整形した後，断面に5cmあるいは10cm間隔の格子を当てる。格子のマス目ごとに，ピンセットで土壌を厚さ5mmほど掻きとる。現われた根の数を，根の直径や次数に関係なく数え（図2），この根数を格子の面積で割って根数密度を測定する。同じ根数密度の部位を等値線で結んだり，部位別・深さ別の根数密度を計算したりする[4)]。

図2　土壌断面法による測定

STEP3　モノリス法

湛水条件で栽培される水稲の場合は，塹壕法や土壌断面法を利用しにくいので，根を含む土壌モノリス（土の塊）を掘りだし，根系を洗い出して根系の形態を観察したり，部位別・深さ別に分けてから根長や根重を測定する。

方形モノリス法：根系の形態を観察する場合は，鉄の枠を土壌中に打ち込んで，方形のモノリス（例えば，幅30cm・奥行き10cm・深さ30cm）を掘りだし，水をかけながらピンセットを使って，根を洗い出していく。根が土壌中での位置からずれないように，適宜ピンで留める[5)]。畑作物の根系調査にも利用できる[6)]。国内では改良モノリス法が一般的である[7)]。

根量を把握する場合は，掘り出したモノリスを，深さや株からの距離によって包丁で切り分け，それぞれの土塊中の根を洗い出して，根長や根重を測定する。単位面積当たりの根量を推定することは，必ずしも容易ではない。また，時間と労力がかかり，1つのモノリスを採取するのに，0.5～1m²ほどの面積の作物や土壌を損壊するのが難点である。

実際36　根の伸長方向を測る　p80

図3　方形モノリス法

　円筒モノリス法：水稲の根量の把握に適している。ステンレス製の円筒（根の伸長方向を測定するのに使ったのと同じ直径15cm・長さ40cmのもの）を，株直下と4株の中心の位置に差し込んで，円柱型のモノリスを採取する。厚さ5cmあるいは10cmごとの円盤に切り分けてから，**ふるいの上で水をかけながら根を洗い出す**。ゴミなどを取り除いてから，根長や根重を測定し，該当する土壌体積で割って，根長密度や根重密度を算出する[8)9)]。

実際33　根量を測る　p74

図4　円形モノリス法

STEP4　コアサンプリング法

　上記のステンレス製の円筒の直径を5cm程度に小さくして，全体を丈夫にしたものを利用するのが，コアサンプリング法である。土壌コアサンプラとして市販されているものを使用できる。原理は円筒モノリス法と同じであるが，1回に採取できる根量が少ないため，誤差が大きくなりやすい。多くの点数を採取する必要があり，また，どの部位から採取するかが大きな問題となる[10)11)]。なお，湛水条件の水田では，こうした小さいコアで表層の泥状の土壌を採取するのは難しい。

実際 35

根系の分布を測る -容器での測定-

一般にフィールドで発育した根系の量を測定したり，分布を定量化することは，労力の面からも技術的にも困難である。そこで種々の容器内で成育させた根系について計測する場合も多い。根系発育は容器によって制限を受けるので，目的にあわせて適切なものを選ぶ必要がある。

STEP1 容器法の概要

実際34 根系の分布を測る-フィールドでの測定-p76

実際36 根の伸長方向を測る p80

実験目的にあわせて自作するか，既製の容器を用いる。この方法には大別して2種類ある。一つは，透明な容器を用いてその壁越しに根を直接観察する方法である。もう一つは，必要に応じて容器より根を採取して測定に供する方法である。容器としては，ポット，根箱，円筒などがある。培地としては土壌を用いることが多い。また水耕法を用いることもある。一般的な注意点；①透明容器を用いるときには，根に直接光が当たらないようにする（多くの場合，光は根の成育に対して抑制的に働く），②特に土壌（培地）の硬さや水分条件が根系の発育に大きく影響するので，反復間でそれらの条件を揃えることに細心の注意を払う，③得られた結果を解釈する上で，容器による空間制限があるほか，根が本来成育する土壌の温度に比べ，はるかに変動の激しい気温と連動した条件下で成育する点，壁と培地との界面は，培地中に比べ水や酸素の動きが異なる点に留意する。

STEP2 ポット法

透明なポットを使用し，壁面に現れる根を定期的にマーキングして必要な情報を非破壊的に得る[1]。または，適宜ポットより根を採取して目的とする形質を測定する。後者の場合には，藻の発生や根に光が当たるのを防ぐためにポットは不透明のものが望ましい。

STEP3 根箱法

原理的にはポット法と同じ。根箱は多くの場合厚さの薄い直方体で，根系を2次元に展開させる。必要に応じて前方に傾け，透明な壁面に現れる根をマーキングあるいは，写真撮影等によって記録する。また場合によっては，その壁面を取り外して，データを取ることもある[2]。一方，根箱から根を採取する必要がある場合には，ピンボードと組み合わせれば，根系の形をほぼ崩さずに容易に採取でき，写真撮影などによって画像化できる[3]。

左から，過湿，適湿，乾燥土壌条件
図1 根箱法（左）とヒエの根系（右）

STEP4　円筒法

　透明のプラスチック製のものを用いることが多い。塩化ビニール製の円筒（灰色）を半割し、切断面に透明のアクリル板を固定する（透明の円筒はたいへん高価なので、このようにした方が相当に経費節減になる）。この方法はとくに非破壊的に根の伸長速度を測定するのに適している[4)5)]。この場合には、円筒を傾斜させ（例えば前面に15°）、発泡スチロール製の箱に収納し、壁面に現れる根を記録する。長い筒を用いれば、最大到達深度を測定することもできる[6)]。

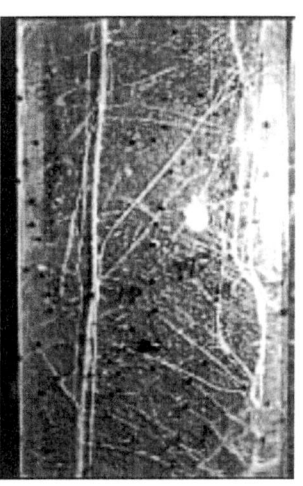

図2　円筒法（右側の写真はアクリル板越しに観察されるササゲの根）

STEP5　グロースポーチ法

　この方法は水耕法の変法とも言えるもので、蒸発を防ぐためのポリエチレンシートによって挟んだ、2枚に折りたたんだろ紙の間に根を成育させる。著者らはアメリカ製（Vaughan's Seed Company）のものを使用している（16cm×15cm）。本法は**根粒菌**の接種試験によく用いられるが、幼植物の根系形態を大量に観察するのにも適している[7)]。また水耕法とは異なり、根系の形もそのまま観察できる[8)]。このポーチを垂直方向に揃え容器の中に納め、容器の底に張った水耕液中にろ紙の下端が浸るようにし、**毛管現象**によって溶液を吸収させる。2枚のろ紙の間（上端）に播種する。種や条件にもよるが、通常、1週間から10日間程度で根は下端に到達する。

図3　グロースポーチ法（下端は**ホーグランド溶液**に浸っている）

実際 36

根の伸長方向を測る

土壌中における根系の分布は，遺伝的な背景や環境条件によって様々な影響を受ける。根系分布を規定する要因を植物の側から見た場合，根系を構成している個々の根の伸長方向が最も重要である。根の伸長方向を定量的に把握するために，いくつかの方法が考案されている。

STEP1 円筒モノリス法（水稲）

実際 34　根系の分布を測る-フィールドでの測定-p76

実際 35　根系の分布を測る-容器での測定-p78

直径150mm，長さ400mmのステンレス製の円筒を用意する。調査株が円筒の中心にくるように置き，円筒を垂直に土壌中に差し込み（手で押しただけで十分でない場合は上に乗って跳びはね，最低200mmの深さまで入れる），それぞれの根をそのままの位置で切る。円筒ごと掘り出してから円筒を取り外し，根を切らないように注意しながら根系全体を洗い出す。株の基部の周囲の長さC［mm］を測定し，株の半径r［mm］を算出する（$C=2\times\pi\times r$）。すべての根を株際で切取り，それぞれの長さL［mm］を測定する。根の伸長方向が土壌表面となす角度θ［°］は，

$$\theta = \arccos\left(\frac{75}{L+r}\right)$$

で算出できる[1)2)]（図1）。

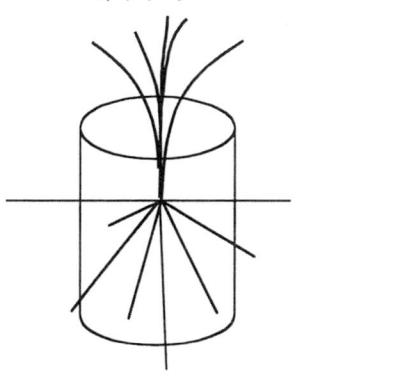

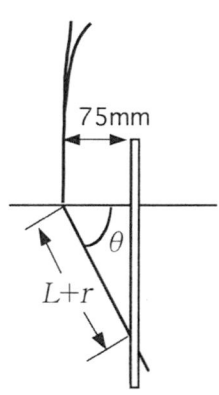

図1　格子法の模式図

STEP2 葉ざし法（水稲）

イネの体は，1枚の葉と1つの分げつ芽を付けた茎の断片が積み重なったものと考えることができる。それぞれの茎断片の中に根の始原体が形成されたところで切り出して，水耕することを葉ざし法という[3)]（図2）。葉ざし法では数日で根が出現して伸長する。その場合の根の伸長方向は，自然状態とほぼ同じであることが確認されているので，分度器などで伸長角度を測定する[4)5)]。

図2　葉ざし法の写真

STEP3　根系モデル（水稲）

異なる品種や栽培条件の根の伸長方向を比較する場合は，**ノンパラメトリックな方法**を利用する[6]。そのほか，根が空間的に均等に伸長している根系モデル（図3）との比較を行なう。このモデルでは，伸長角度が0〜30°の根数と30〜90°の根数が同じであることや，伸長角度の平均が約32.7°であることなどが分かっている[7]。

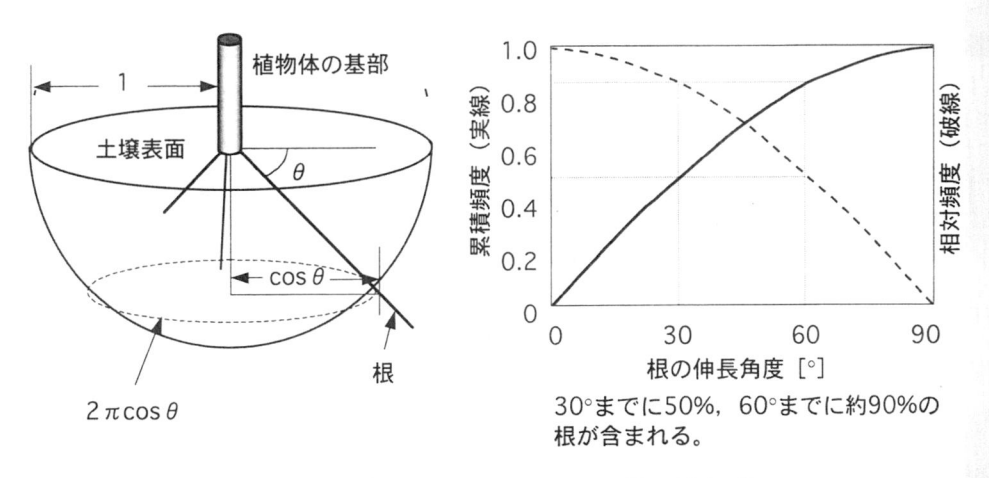

30°までに50%，60°までに約90%の根が含まれる。

図3　根系モデルの概要（左）と特性（右）[8]

STEP4　バスケット法（畑作物）

畑条件では上記のような円筒を差し込むことが難しいので，あらかじめザルのようなものを埋め込んでおき，その中心に種をまく。成育が進んだ段階で根系をザルごと掘り出し，それぞれの根がザルのどの部分から出ているかによって伸長角度を算出する[9)10)]（図4）。

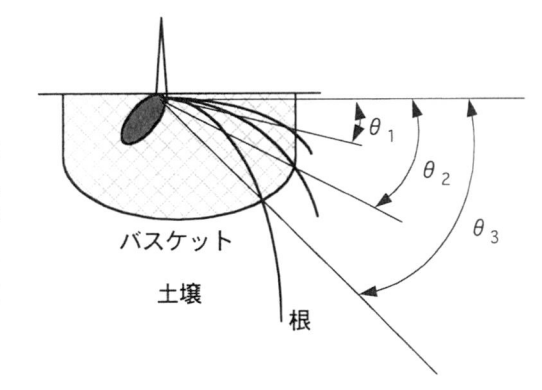

図4　バスケット法の模式図[11]（上：コムギ）と写真[12]（下：ダイズ）

実際 37 根の成長を測る

根の成長は環境条件や個体による変異が大きく，破壊的な計測法には限界があるため，同一の植物体の根の成長を経時的に非破壊計測する方がよい。ここでは，土壌中における根の成長，根の成長の非破壊計測法をまとめた。

STEP1　ミニリゾトロン

センサ計測器2

ミニリゾトロンp147

　アクリルやガラスなどでできた透明な**観察管**（直径6〜150mm）を，鉛直方向に対して30〜45°傾けて土壌に挿入する。この観察管の内壁に沿って成長した根を，管内に挿入した**ファイバスコープ**で観察し，その画像を記録する。こうして撮影した画像から，単位表面積当たりの根の数あるいは根長を深さ別に計測する。この計測を経時的に行うと，**根系**の発達過程，とくに鉛直方向の**根系分布**の変化を知ることが出来る。また，得られた画像を画像解析を利用して詳細に比較するれば，根の更新周期や，**リグニン化**の程度に関する情報も得られる。

STEP2　中性子ラジオグラフィ

　中性子は物質に当たると，元素によって散乱と吸収が異なる。例えば，特定の元素（水素，ホウ素など）では吸収係数が100〜1000倍も高くなる。このため，原子炉，加速器，ならびにアイソトープを中性子源として中性子を照射し，X線フィルムを感光させると，これらの元素を多く含む物質が白い像として得られる（**中性子ラジオグラフィ**）。アルミニウム板で製作した箱（厚さ5〜20 mm）に土壌を充填し，植物体を成育させる。植物体を箱に入れたまま，中性子ラジオグラフィで撮影すると，土壌と比較して水分を多く含む根が得られる。この根の像を経時的に撮影することで，根の成長を観察することができる。また，この方法は同時に土壌水分の動態も計測できるため，根周辺における水分吸収の研究に有効である。

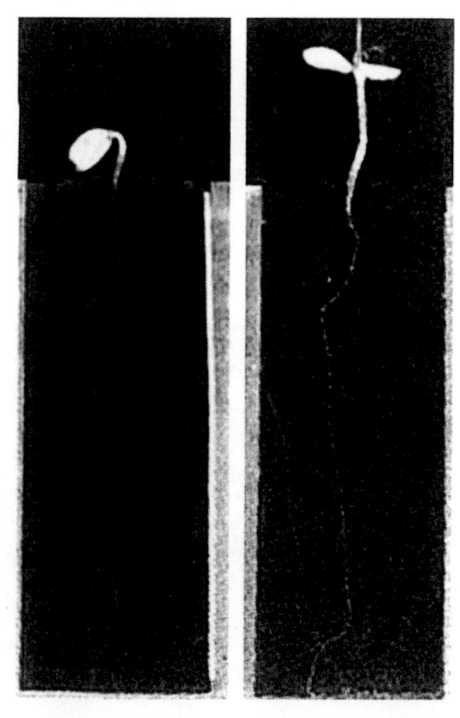

図1　中性子ラジオグラフィ像[1]

STEP3 アコースティック・エミッション法

　アコースティック・エミッション（AE）とは，「物体が破壊または変形する際に放出されるエネルギーが音響パルスとなり伝播する現象」と定義されている。根は伸長する際に，土壌粒子同士を衝突あるいは擦り合せることにより，音響パルスを発生させる。AE法は，この音響パルスの発生回数（AEカウント）を計測して，1本の根の根端の位置を経時的に計測する方法である。根が伸長する際，音響パルスは主に根端付近で発生し，伝播の過程で減衰する。このため，**AEセンサ**で感知されるAEカウントは，根端に近いセンサほど多く，遠いセンサほど少なくなる。そこで，複数のセンサ間で感知したAEカウントを相対値（相対AEカウント）としてあらわすと，この相対AEカウントとAEセンサからの距離との間に直線関係が成り立つ。したがって，この直線関係を用いることで，相対AEカウントから根端の位置の経時的な計測，つまり，根の伸長の計測が可能となる。この相対AEカウントを空間座標上のX，Y，Z軸方向のそれぞれについての算出すると，三次元的に根の伸長を計測することができる。さらに，AE法では，根の伸長の経時変化から，根の伸長速度と伸長方向を算出することもでき，根の回旋運動などを詳細に計測することができる。

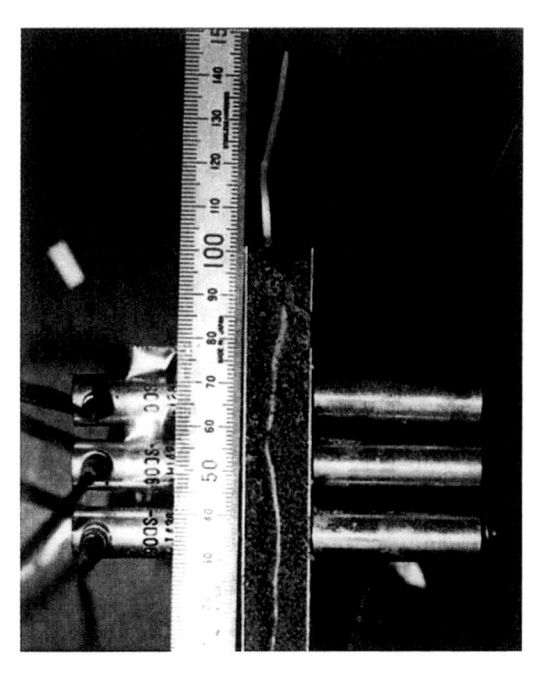

図2　AEセンサによるトウモロコシ種子根の成長計測[1]

| 実際 38 | 根の分枝を測る |

根は分枝することによって複雑な根系を形成する。根系のマクロな外部形態は構築構造を有しており，1）成長モデル法，2）トポロジ法，3）フラクタル法などを用いて定量化される。

STEP1　成長モデル法

| 実際 33 | 根量を測る p74 |
| 実際 37 | 根の成長を測る p82 |

　古くからの解析法である。主根から最初に分枝する根を1次側根（分枝根），そこからさらに分枝する側根を2次側根，ついで3次側根，4次側根・・・というように，分枝次元別に側根を分類する。各分枝次元の側根の総数，発生密度，長さ，太さなどを調べ，根系の構築構造を解析する。この方法の利点は直感的な構造の把握に適していることであるが，計測にあたって多大の労力と時間を要する欠点がある。例えば，播種後31日目の陸稲の根系には4万本程度の側根が生じている。

STEP2　トポロジ法

　この方法の利点は分枝パターンの定量化が可能な点にある。根の分枝構造をリンク（単位根軸）に分解する。分枝点どうしを結ぶ根軸は内部リンクIであり，根端で終わる根軸は外部リンクEである（図1）。根系の基部から出発してある根端まで達するのに必要な通過リンク数をパス長と呼ぶ。最大のパス長をアルチチュード（a），基部から全ての根端までのパス長の総和を総外部パス長（Pe）と呼ぶ[1]。

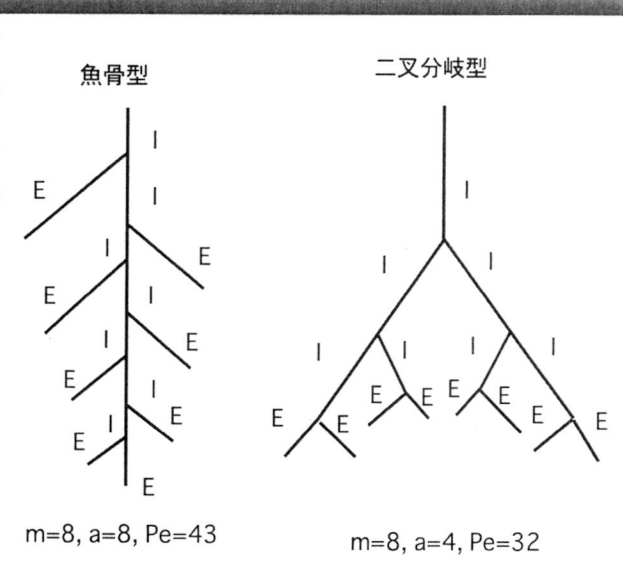

魚骨型　　　二叉分岐型

$m=8, a=8, Pe=43$　　　$m=8, a=4, Pe=32$

図1　トポロジ的に見た分枝形態の2タイプ

計測手順：

1) 根系の分枝状況を紙の上にスケッチする。
2) aとPeをカウントする。
3) 得られたパラメータは総根端数mに依存する。mの影響を除去するために分枝の発生がランダムであると仮定した場合のaとPe，すなわち$E(a)$と$E(Pe)$の対数値でそれぞれの対数値を除す。aとPeに関するトポロジ指数，$TI(a)$と$TI(Pe)$がそれぞれ求められる。

$$TI(a) = \frac{\log_{10} a}{\log_{10} E(a)} \qquad TI(Pe) = \frac{\log_{10} Pe}{\log_{10} E(Pe)}$$

結果の解釈： $TI(a)$と$TI(Pe)$はいずれも1次側根のみの魚骨型根系（最も単純なパターン）で最大となり，高次側根の増加とともに減少する。$E(a)$，$E(Pe)$で除す代わりに魚骨型根系のaとPeで除す方法もある。この場合それぞれのトポロジ指数は魚骨型で1となり，二叉分枝に近づくほど減少する。

> **ONE POINT**
> NIH image
>
> NIH imageはマッキントッシュ用のフリーウエアであり，その最新バージョンは下記のFTPサイトで得られる。またフラクタルの計測用のマクロも同じところで入手できる。
> ・NIH image本体：ftp://zippy.nimh.nih.gov/pub/nih-image/
> ・NIH imageのユーザが作成したマクロ各種：
> 　　ftp://zippy.nimh.nih.gov/pub/nih-image/user-macros/
> ・ウィンドウズ上で走らせるためのソフトウエア（Executor）：
> 　　http://www.ardi.com/

STEP3　フラクタル法

根系の空間的分布の複雑さを**フラクタル次元**（D）により定量化する。2次元に展開して求めた根系のDは分枝の密度，分枝パターン，根長などの構築構造と密接な相関を示す場合が多い[2]。STEP1や2の計測法は精細であるが非常な手間と時間を必要とする欠点がある。フラクタル法はコンピュータを用いて比較的簡便に計測が行える。一般に，同じ植物種ではDが高いほど分枝パターンが複雑である（図2）。しかし，両者の関係は成育条件によって変動するので，結果の厳密な解釈には注意を必要とする。

計測手順：
1) 根箱で栽培した根系をピンボード法などを用いて配置を乱さないように採取する。
2) スキャナ等を用いて144DPI程度の解像度（根が太い場合は72DPI程度でも良い），256グレー階調で画像を採取する。0.2％のメチレンブルーで染色しても良い。
3) Adobe Photoshopなどのソフトを用いて，パソコン上で根系の2値化画像を得る。
4) NIH imageなどの画像解析ソフトによりフラクタル次元を測定する。

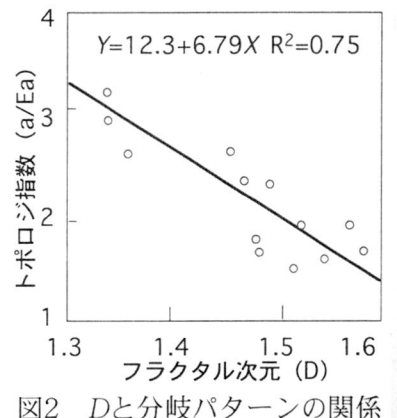

図2　Dと分岐パターンの関係
（$Y=12.3+6.79X$　$R^2=0.75$）

基本 10	画像の取り込みp197
実際 4	葉の色を測るp16

STEP4　フラクタル次元の測定法

いくつかの方法がある。現在最も広く用いられるのがボックスカウンティング法である。根系画像を任意のサイズrのグリッドで覆い，画像が含まれるボックスの数Nをカウントする。rを広い範囲で変化させて各rにおける$N(r)$を求める。両対数グラフにrと$N(r)$をプロットすると右下がりの回帰直線が得られる。通常2オーダ以上のr範囲で良い（$R^2>0.99$）直線性が成り立つ。この直線の傾きの絶対値が求めるフラクタル次元Dである[3]。

計測上の注意点：水耕した根系を任意に展開した形態もフラクタルになっている。このような根系のDと構築構造との関係は十分調べられていないが，おおむね土壌中の配置を乱さないで採取した根系の場合と大きく異ならないと考えられる。

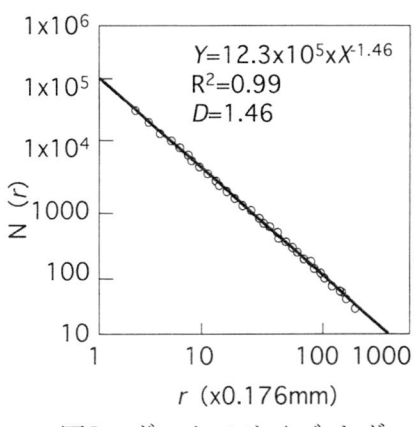

図3　ボックスサイズrとボックス数Nとの関係
（$Y=12.3\times10^5 \times X^{-1.46}$，$R^2=0.99$，$D=1.46$）

実際 39 根の吸水速度を測る

土壌中に成育する根の吸水速度を経時的に正確に測定することは困難である。間接的には根の周囲の土壌水分の減少によって，直接的には植物を水耕栽培してポトメータによって測定することができる。

STEP1 根の吸水

根の吸水は，蒸散による葉の**水ポテンシャル**の低下が駆動力となって起こる**受動的吸水**と**能動的吸水**（浸透吸水）がある。能動的吸水による吸水量は蒸散によって失われる水分量の数％以下であるため，一般的に植物の水収支にはあまり重要ではないと考えられている。しかしながら，健全な根のほうが能動的吸水による出液量が多く，能動的吸水には蒸散速度が大きいために起る木部内での気泡形成の解消や，地上部や土壌表層への夜間における水分供給の役割などが考えられている。どちらのタイプの吸水も地上部と根圏の環境に大きく影響を受ける。

STEP2 土壌水分の減少量による推定

土壌中に成育する根周囲の土壌水分は吸水によって減少するので，この減少量から根の吸水速度が推定できる。測定時には土面蒸発量も同時に測定するか，土面蒸発を防ぐために覆いをする必要がある。また，ほ場で測定を行う時は地下水位が高かったり，曇天が続いたりすると土壌深層から水が上昇するため，一定の気象条件下で行う必要がある。この方法はある程度長時間の平均的な吸水速度を測定するのに用いられる。

STEP3 ポトメータ法

容器に脱気用管，計量管，水耕液補給管と植物体を固定し，空気が入らぬよう水耕液で満水にする。計量管はビュレットなど水耕液の減少量を正確に測定できるものを使用する。植物体の茎はグリース，ラノリンおよび弾力性の大きいゴム粘土などを用いてゴム栓に密着させ，**根系を容器内に密封する**。一定時間後の計量管の水耕液の減少量を測定して吸水量とし，測定後に水耕液を補給して初期状態に戻す。植物体の**乾物重**変化が無視できるような期間では，ポトメータ全体の重量減少量を蒸散量とすることができるため，**蒸散速度**と吸水速度を同時に測定できるという利点がある。また，人工気象室内で地上部と根部の環境を変化させたり，特定の物質を混入した水耕液を補給することで様々な条件に対する蒸散・吸水速度の同時測定ができる。葉面積や根量を測定すると蒸散・吸水速度は単位時間当たり，葉面積または根量当たりの水の移動速度として求められる。ただし，水耕条件と土耕条件では根の発達程度が異なること，多くの畑作物は通気が必要であることなどから，ポトメータで得られた吸水速度は必ずしも圃場条件下での吸水能と一致するとは限らない。

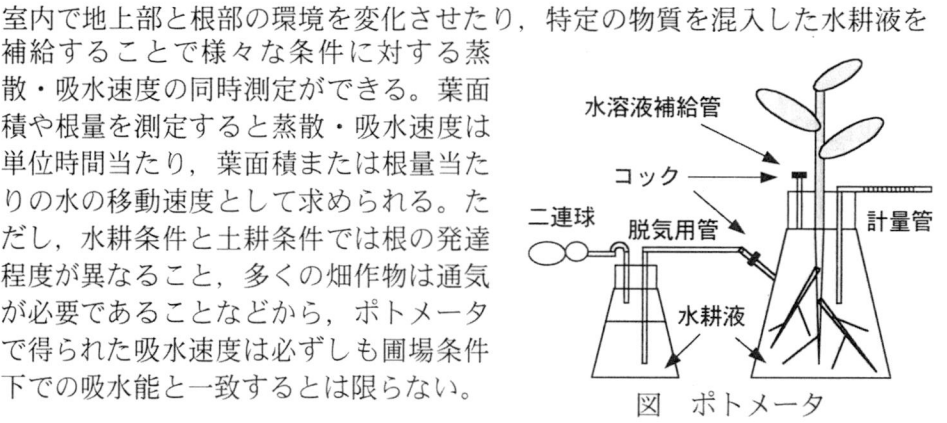

実際 2	葉の面積を測る p12
実際 12	蒸散速度を測る p32
実際 33	根量を測る p74

図 ポトメータ

実際 40

根の出液速度を測る

植物による吸水には，受動的吸水と能動的吸水がある。生理的活性の高い根は能動的吸水量が多いと考えられるため，能動的吸水が基盤となっている出液現象に着目すれば，根系の活力を評価できる。根量を測定すれば，単位根量当たりの根の生理的活性も検討できる。

STEP1　出液現象とは？

植物の茎葉部を切除すると，ヘチマの水のように，切口から溢泌液が出てくる。この出液現象は根圧による能動的吸水を基盤としているため，根系全体の活力の指標となる可能性が高い。出液速度の測定は比較的容易であるだけでなく，根の呼吸や酸化力の測定とは異なって，根系を掘り出さなくてもよいため，圃場での根系の活力の評価方法として期待できる[1)2)]。

実際 41　根の呼吸活性を測る p88

STEP2　出液速度の測定

鋭利なカッタやハサミを使って，植物体の茎葉部を地表面から5～10cmの高さで切取る。あらかじめ重さを測定しておいた綿をその切口につけ，ラップで包み，輪ゴムでとめる（図）。一定時間（たとえば1時間）後にラップをつけたまま綿を取外し，輪ゴムでしっかりとめる。すぐに綿の重さを計り，増えた分を出液量とする。出液量を測定時間で割って，出液速度を算出する[3)4)]。測定は，出液速度の日変化がピークを迎える午前中に行なうのが望ましい。また，根を取り巻く環境の温度（地温や水温）も測定しておくのがよい[5)]。

図　出液速度の測定の写真

STEP3　出液速度の評価

出液速度は日変化することが多く，地温などの環境要因の影響を受けるため，同じ時刻に同じ条件で測定した結果を比較する必要がある。なお，出液速度は，根量と単位根量あたりの生理的活性によって規定されている。したがって，根量を把握することができれば，出液速度を根量で割って，単位根量当たりの生理的活性を推定・評価することができる。また，出液成分の分析を行うこともある[5)6)]。

実際 58　土壌の養分を測る p120

実際 33　根量を測る p74

実際 41

根の呼吸活性を測る

呼吸は生命活動に密接に関わる現象であり，その活性測定は根の状態を定量的に評価する指標として有効と考えられる。呼吸活性として根が消費する酸素量を測定する方法について紹介し，また測定するにあたっての注意点も示した。

STEP1　根の呼吸活性とは？

実際40　根の出液速度を測る　p87

一般的に根の呼吸活性は，根により消費される酸素や放出される二酸化炭素の量を測定したり，また呼吸に関連する酵素活性を測定して求める。呼吸は生命活動に密接に関わる現象であるため，この呼吸活性を測ることにより，根の状態（簡単に言えば根が生きているのか死んでいるのか）を定量的に評価することができる。ここでは根により消費される酸素量を簡便に測定する方法について紹介する。

STEP2　O_2アップテスタによる測定

生物呼吸測定装置O_2アップテスタ（タイテック，5Bあるいは10B）（図1）が市販されており，根をそのままの状態（ただし植物個体そのままの状態ではない）で呼吸活性の測定ができるのが特徴である。図2のように反応容器内に根，水（あるいは緩衝液），スターラバーを入れ，密閉して恒温（例えば25℃一定）の水槽内に反応容器を水没させ，水槽全体を遮光する。**液相**はスターラバーで撹拌させておく。反応容器の一つは根を入れないブランクとする。根の呼吸により酸素が消費されるとその分酸素分圧が低下し，その減少分に相当する量の水がビューレット下端より吸入される。この時呼吸により生じる二酸化炭素は，容器内にセットしたアルカリ溶液（20%NaOH）に吸収・固定されるため**分圧**への影響は無視できる。数時間後（材料により異なり，3〜6時間後）ビューレットの水量変化を読み，ブランクの変化分を差し引いた水量変化が呼吸により消費された根の酸素量に当たる。測定後，根の**乾物重**を求め，単位時間当たり・単位乾物重当たりの酸素消費量[$\mu molO_2 \cdot gDW^{-1} \cdot h^{-1}$]として呼吸活性値を算出する。

図1　O_2アップテスタ

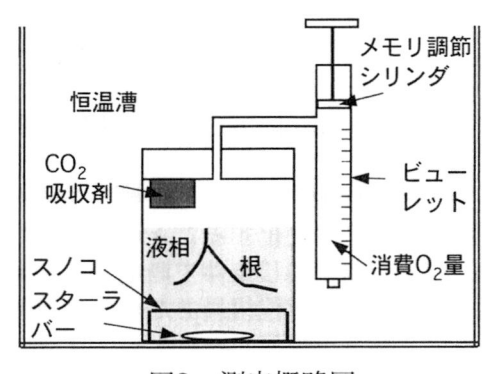

図2　測定概略図

STEP3　酸素電極による測定

　液相中の**溶存酸素濃度**を**酸素電極**で直接測定し，その変化値から根の呼吸活性値を求めることもできる。液相を恒温に保つ反応ベッセルと酸素電極を一体化したもの（図3）が数種市販されている。この装置では根のサンプル量は0.1〜0.2g，液相の量は5ml程度までと制限されるので，根全体の呼吸活性は測定できないが，個々あるいは数本レベルでの根の呼吸活性を求めることができるのが特徴である。反応ベッセル内に根，水（あるいは緩衝液），スターラバーを入れ，液相を撹拌し，反応ベッセルは遮光し，一定時間根による酸素の消費量を酸素電極で測定する。呼吸活性値の算出はSTEP2と同様である。

| センサ計測器7 | 酸素電極 p166 |

図3　反応ベッセル＋酸素電極

STEP4　どちらで測るか

　これらの方法にはそれぞれの長所・短所があるので，各自状況に応じて使い分けることが望ましい。

O_2アップテスタ
1. 反応容器内の**気相**の容積変化を測定するので，測定系の気密度と共に温度（水温）と大気圧を一定に保つ必要がある。
2. 冬場など気温・水温が低いときは，あらかじめ反応容器内に入れる水・緩衝液を恒温水槽と同じ温度に暖めておくと，測定までの時間を短縮できる。
3. 反応容器に入れるサンプルの根量はできるだけ揃える。根量が呼吸活性値に影響し変化する。これは液相の撹拌速度は一定なので，根量が違うと根への酸素供給も変化してくるためと考えられる。
4. 測定最適条件は材料により異なるため，予備的な実験で条件設定を行う必要がある。

酸素電極法
1. スターラバーの回転が根に邪魔され止まってしまうことがある。この場合反応ベッセルの容量が小さいため，電極近傍の酸素濃度が急速に減少し，実際の根の呼吸による酸素消費とは違った結果が現れてしまうので注意が必要である。

実際 42

根の微生物をみる －携帯用顕微鏡－

根の微生物は肉眼やルーペでは観察しにくく，野外での調査が難しい。携帯用顕微鏡を使って目的の微生物が感染している試料を選んで採集することにより，生息分布などを効率的に調べることができる。

STEP1　携帯用顕微鏡を使うメリット

・実際の生息場所で観察できるので，微生物が生息している環境や部位を詳細に調べることができる。
・現場で新鮮な試料を観察できるので，移送中に2次的に発生する他の微生物と区別できる。
・生息が確認された試料から目的の微生物を分離するので，分離率を高めることができる。

STEP2　野外での微生物観察テクニック

センサ計測器1
マイクロスコープ p141

ここでは，携帯用顕微鏡（フィールドマイクロスコープ）によって野外で根の糸状菌をみるための方法を紹介する。

準備：バッテリ式携帯用顕微鏡（ダイコーサイエンス，DSM-II）（図），ピンセット，カミソリ，茶こし器，霧吹き，ティッシュペーパ，スライドグラス，セロファンテープ，ビニール袋（小），保冷ボックス

操作：野外で根の組織をピンセットやカミソリで長さ0.5～1 cmに切り取り，取っ手のついた茶こし器に入れ，霧吹きで水道水を吹き付けて土壌粒子を洗い落す。試料をティシュペーパに包んで指で軽く押しつぶして水分を除き，再度湿らせてプレパラートにする。この時，スライドグラスの代わりに同じくらいの大きさの透明プラスチック板を，またカバーグラスの代わりにセロファンテープを使うと持ち運びに便利で操作もしやすい。携帯用顕微鏡を使って200～400倍で観察する。目的の菌の感染が確認されたプレパラートをビニール袋で覆って保冷ボックスに入れて持ち帰る。実験室でセロファンテープを剥がして試料を取りだし，流水で丁寧に洗浄し，水分を除去後に試料の一部を分離用培地に置く。残りの試料を再度プレパラートに封じ，詳細な顕微鏡観察や写真撮影を行う。

携帯用顕微鏡と選択分離培地を組み合わせ，目的の菌の感染が確認された試料を野外で培地に置いて分離すれば，調査をさらに効率的に進めることができる。筆者は，携帯用顕微鏡を土壌病害の診断に利用している。

図　携帯顕用微鏡による微生物の野外観察

実際 43　根の微生物をみる -VA菌根菌とリン酸吸収-

VA菌根は植物根と糸状菌との共生体でありこの菌根を形成する糸状菌をVA菌根菌と称している。VA菌根菌は宿主特異性をほとんど持たず，アブラナ科やアカザ科などの一部の植物種を除いて陸上植物種の80％がVA菌根を形成すると考えられている[1]。

STEP1　根の透明化

VA菌根菌は植物根の皮層部分に，特徴的な菌糸構造物である**樹枝状体**やのう状体を形成する（図）。菌自体はクロラゾールブラックEや酸性フクシンでよく染まるが，根の細胞質や核が観察の邪魔になるので，染色前に水酸化カリウム溶液でこれらを溶解除去する[2]。木化の進んでいない若い根のサンプルを10mm程度の長さにきざむ。10％水酸化カリウム溶液を50～100mlビーカに取り，きざんだ根のサンプルを浸積する。ホットプレートを用いて，90℃で10～30分程度加熱する。加熱時間は，材料によって調整する必要がある。この操作を行ってもまだサンプルが着色している場合は，水酸化カリウム溶液を捨てて数回水洗した後，10倍に希釈した過酸化水素水で漂白しても良い。

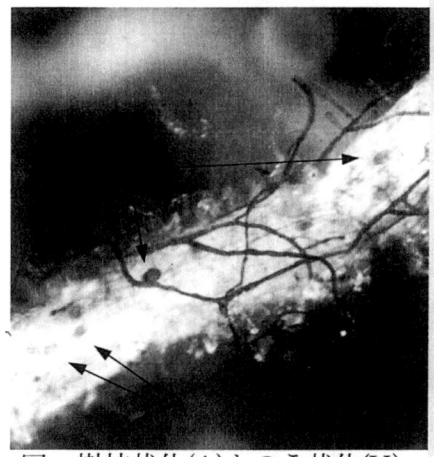

図　樹枝状体(A)とのう状体(V)

STEP2　菌根菌の染色

透明化した根サンプルを，ラクトグリセロール（容量比で水1，乳酸1，グリセリン1）にクロラゾールブラックE（0.05％）を溶解させた染色液に浸積し，90℃で5～15分程度加熱する。続いて，クロラゾールブラックEを含まないラクトグリセロールに移し，90℃で10～30分程度加熱して余分な染色液を取り除く。染色したサンプルをシャーレにとり，**実体顕微鏡**下で根内部の菌糸や樹枝状体，のう状体を観察する。なお，樹枝状体は根の皮層細胞内で細かく枝分かれした菌糸構造物であるが，実体顕微鏡では詳しい構造はよく見えない。より詳細な構造の観察には，**光学顕微鏡**を用いる。

センサ　マイクロス
計測器　コープ
1　　　p141

ONE POINT
VA菌根と養分吸収

植物の根にVA菌根が形成されると，根から土壌中に伸びた外生菌糸が種々の無機養分を土壌から吸収して宿主植物に供給し，代わりにVA菌根菌は宿主植物から炭水化物を得ている。この働きは，リン酸のような土壌中で移動速度の小さい養分において顕著である。また，VA菌根形成は不耕起土壌において旺盛となり，硬い土壌でも根の伸長を助けてリン酸吸収を促進する[3]。

STEP3　菌根形成程度の評価

菌根形成程度は，全根長に対する菌根部位の長さの割合（**感染率**）で評価する場合が多い。通常，根内部に菌糸構造物が認められる根の部位を菌根部位とする。格子を描いたOHPシートをシャーレの底に貼り付け，染色した根のサンプルをランダムに広げて，実体顕微鏡下で格子と根および菌根部位との交点の数を数える。全ての根の交点数に対する菌根部位の交点数の百分率［％］で感染率を表示する。

実際 44 根の微生物をみる －根粒の窒素固定活性を測る－

マメ科植物は土壌中に生息する根粒菌と共生することによって大気中の窒素ガスをアンモニアに還元する窒素固定を行っている。窒素固定能力は，根粒の窒素固定酵素（ニトロゲナーゼ）の活性をガスクロマトグラフィ（GC）を用いて測定することで調べることができる。

STEP1　アセチレン還元活性

センサ計測器 7　ガスクロマトグラフ p167

　ニトロゲナーゼは窒素ガス（N_2）をアンモニア（NH_3）に還元する作用を持つが，**基質**としてアセチレン（C_2H_2）を与えると**エチレン**（C_2H_4）に還元する[1]（アセチレン還元能力）。この作用を利用して，分析が比較的容易なエチレンを水素炎イオン検出器（FID）付き**ガスクロマトグラフ**（GC）で定量すると，ニトロゲナーゼの活性を間接的に測定することができる。アセチレンのエチレンへの還元反応式「$C_2H_2+2H^++2e^-\rightarrow C_2H_4$」と，窒素ガスのアンモニアへの還元反応式「$N_2+6H^++6e^-\rightarrow 2NH_3$」との関係から，アセチレンと窒素のモル比は3：1であり，理論的にはこの変換率によってエチレン生成量から窒素固定量を算出することができる[2]。

STEP2　測定の実際

センサ計測器 6　マノメータ p163

　地上部を有する植物個体，地上部を切り離した直後の根，根から切り離した根粒等の測定部位を**バイアル**，三角フラスコ，プラスチックバッグ等の密封できる容器に入れ，容器容量の10％相当のアセチレンを注射器で封入する。精密な分析が必要な場合は，**マノメータ**を装着したガス交換装置（図）を用いて目的とする混合ガス（アセチレン，酸素，アルゴン等）を適当な**分圧**になるように封入する。25～30℃で30～120分間程度**インキュベート**した後に，容器を十分に振りガス相を混合して，その一部を注射器で採取する。採取量は活性の高さによるが0.1～2.0ml程度とし，GCに注入してエチレンのピークを得る。同時にアセチレンのピークを見て反復間の基質封入量の異同を確認する。GCの設定は一般のエチレン分析に準じ，ガラス製またはステンレス製の**カラム**に活性アルミナ等を充填し，キャリアガスとしてヘリウムまたは窒素を用いる（流量20～40［ml・min^{-1}］）。結果は単位時間当たりのエチレン生成量［μmolまたはnmolC_2H_4］で表わし，根粒数や根粒重を測定して比活性［μmolまたはnmolC_2H_4・時間$^{-1}$・g根粒生体重$^{-1}$］を求める[3]。

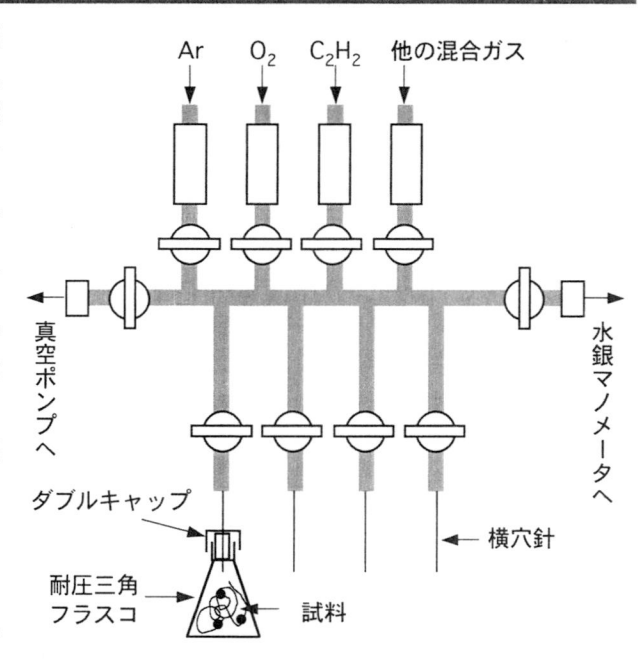

図　アセチレン還元活性測定用ガス交換装置

実際 45

根の支持機能を測る

植物の倒伏は，地上部の繁茂度や風雨等の外的要因の組み合わせと，根の支持力とのアンバランスによって生じる[1]。水稲の直播栽培など播種深度が浅く，根の支持機能が不十分な場合は倒伏が起きやすい[5]。ここでは水稲の転び型倒伏に直接関連する根の支持機能を測定する。

STEP1　根の支持機能の測定方法

作物の地上部を根がどのくらいの大きさの力で支えているかを測定する方法がいくつか考案されている（表）[2)5)6]。この中で，押し倒し抵抗値に着目して支持機能を測定する方法は茎の状態の影響を受けにくく，しかも比較的簡便である。

表　根の支持機能の測定

作物	測定項目と方法	提唱者
トウモロコシ	引き抜き抵抗 （上方へ引っ張り上げたときの最大抵抗）	Penny(1981)[1]
水稲	引き倒し抵抗 （稲株を45°まで引き倒す時の最大抵抗）	上村ら(1985)[6]
水稲	押し倒し抵抗 （稲株を45°まで押し倒す時の最大抵抗）	上村ら(1985)[6]
水稲	冠根の直径の計測 （根が太いほど転び型倒伏に強い）	滝田・櫛淵 (1983)[4]

STEP2　水稲の押し倒し抵抗値の測定法

倒伏試験器での測定は稲株の地表面上から10cmの高さの部位に直角に当てて行う。測定部位が高いと，測定値の変動係数が大きくなる。押し倒し抵抗値は，稲株が90°（直立）から45°に傾くまで押し倒すのに要した抵抗値で表す（図1）。出穂期～登熟初期に測定する。押し倒し抵抗値は，株当たり，1穂当たりの押し倒し抵抗値の調査標本数は，図2に示すように例えばヒノヒカリの場合，**許容誤差を15%**とすると約8株，許容誤差を10%とすると約15株である[3]。

センサ計測器 5　倒伏試験器 p161

実際 17　茎の強さを測る p42

耐倒伏性
1 ヒノヒカリ　やや弱
2 日本晴　　　弱
3 ちくし18号　やや強
4 キヌヒカリ　やや強
5 ユメヒカリ　　強
6 つくし早生　　強
7 ツクシホマレ　強

図1　押し倒し抵抗値の測定方法

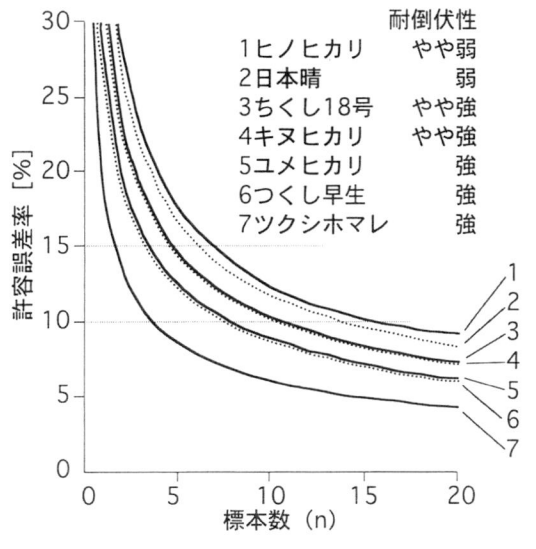

図2　押し倒し抵抗値を測定する場合の信頼水準95%における許容誤差率（対象植物：水稲）

実際 46 土壌の基本的物理性を測る

土壌の基本的物理性を定量的に表すために，含水比，間隙比，土粒子密度などいくつかの基本量が定義されている。特に，土壌の理工学的性質はその水分量に大きく左右されることから，含水比は最も重要な物理量である。

STEP1 土壌の基本的物理性

土壌を構成する物質を相の違いで分類すると，**固相，液相，気相の三相**に分類される。土壌の三相の体積と質量を模式的に示すと，図1のようになる。

これらの基本量を用いると，土壌の基本的物理性を表す次のような量が定義できる。

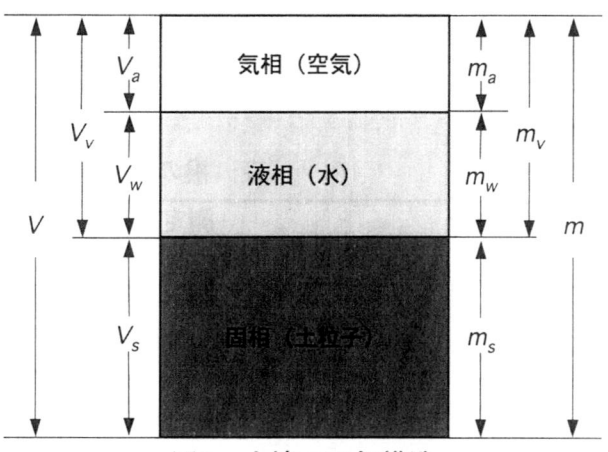

図1 土壌の三相構造

含水比 [%]	$w = \dfrac{m_w}{m_s} \times 100$		体積含水率 [m³・m⁻³]	$\theta = \dfrac{V_w}{V}$
間隙比 [m³・m⁻³]	$e = \dfrac{V_v}{V_s}$		間隙率 [m³・m⁻³]	$n = \dfrac{V_v}{V}$
飽和度 [%]	$S = \dfrac{V_w}{V_v} \times 100$		土粒子密度 [kg・m⁻³]	$\rho_s = \dfrac{m_s}{V_s}$
乾燥密度 [kg・m⁻³]	$\rho_d = \dfrac{m_s}{V}$		湿潤密度 [kg・m⁻³]	$\rho_t = \dfrac{m_s + m_w}{V}$

STEP2 土壌の含水比を測る

土壌の含水比（w）は，土壌を構成している土粒子・水・空気の**三相**のうち，水と土粒子の質量比を百分率で表したものである[1]。

容器（秤量びん，サンプラ，アルミ皿など）の質量m_0を測定し，それに土壌試料10～20gを入れて湿潤時の質量m_1を測る。これを110℃で一定質量（18～24時間）になるまで**炉乾燥**し，**デシケータ**の中で室温まで冷やし，その質量m_2を測る。サンプラで採取した試料は，サンプラごとその質量を測る。

$$w = \frac{m_1 - m_2}{m_2 - m_0} \times 100 = \frac{m_w}{m_s} \times 100$$

炉乾燥法は，試料の乾燥に通常長時間を要することから，これに代わる簡便・迅速測定法として，電子レンジ法，砂容器法，アルコール燃焼法などがある[1]。

> **ONE POINT**
> 土壌の不均一性
>
> 土壌は空間的に不均一であるため，その基本的物理量は土壌試料の大きさによっても異なった値となる。

STEP3　土壌の三相分布を測る

　土壌の**三相分布**は各相の体積を土壌の全体積で割って百分率表示したものである。したがって，それらの算出にあたっては，あらかじめ各相の体積を求めておく必要があり，土壌の全体積，固相質量，液相質量，固相密度(ρ_s)，液相密度(ρ_w)の5つの値が必要となる。固相質量，液相質量は炉乾燥により求まるが，土壌の全体積はこの炉乾燥前に決定しておかなければならない。

　センサ計測器9　土壌三相計　p177

$$固相体積\ V_s = \frac{m_s}{\rho_s} \qquad 液相体積\ V_w = \frac{m_w}{\rho_w} \qquad 気相体積\ V_a = V - (V_s + V_w)$$

　土壌の体積を決定する最もよく用いられる方法として，定容量容器に採土する方法がある。特に，自然状態の土壌の三相を求める場合は，100cm³コアサンプラ（内径5cm，高さ5.1cm）を用いることが多い。このサンプラで採取した土壌に対しては，実容積測定，**透水係数**測定，pF測定などいくつかの測定装置が用意されているので便利である。また，土壌三相計を用いれば，土壌の三相を簡単に求めることができる。

　センサ計測器9　試料円筒　p176

STEP4　基本的物理性の相互関係

　STEP1で定義した各基本的物理量について，次のような相互関係を導くことができる。

1) 含水比と体積含水率の関係

$$\theta = w\frac{\rho_d}{\rho_w} \qquad w = \theta\frac{\rho_w}{\rho_d}$$

2) 体積含水率と飽和度の関係

$$\theta = nS \qquad S = \frac{\theta}{n}$$

3) 間隙率と間隙比の関係

$$e = \frac{n}{1-n} \qquad n = \frac{e}{1+e}$$

4) 間隙率と乾燥密度の関係

$$n = 1 - \frac{\rho_d}{\rho_s} \qquad \rho_d = (1-n)\rho_s$$

5) 乾燥密度と湿潤密度の関係

$$\rho_d = \frac{\rho_t}{1 + w/100}$$

実際 47

土壌水分ポテンシャルを測る

土壌中の水が動きやすいか動きにくいか，植物に利用されやすいかどうかは，土壌水のエネルギ状態に左右される。土壌は微細な粒子を含むため，低水分領域では低いエネルギ状態になりやすい。土壌水のエネルギ状態を，土壌水分ポテンシャルという。

STEP1 土壌水分ポテンシャルとは

実際11 植物水ポテンシャルを測るp30

実際48 土壌の水分量を測るp98

土壌中の水は，高いエネルギ状態の位置から低いエネルギ状態の位置に移動する。土壌水分ポテンシャルは，そのエネルギ状態を表す。位置エネルギまで含めた土壌水分ポテンシャルが，上層より下層で大きければ，水は上向きに流れることになる。

土壌水分ポテンシャルを，単位質量当たりのエネルギとして表すと，単位は[$J\cdot kg^{-1}$]。単位体積当たりのエネルギとして表すと，[$J\cdot m^{-3}$]あるいは[Pa]，つまり**圧力**で表される。慣用的に，水柱高さ[cmH_2O]で表したり，水柱高さの負値の常用対数（これを**pF**という）で表すこともある。

土壌水分ポテンシャルは，大気圧下における同温の自由水の水ポテンシャルを基準0に取る。土壌中では負値を取ることが多いため，圧力表示した土壌水分ポテンシャルの負値を取って，これを負圧，吸引圧，サクションなどと呼ぶ場合もある。

土壌水分ポテンシャルは，土壌中の水の化学ポテンシャルや**水ポテンシャル**と同意である。

全土壌水分ポテンシャルμは，次のポテンシャルにより構成される。

$$\mu = \mu_g + \mu_o + \mu_e$$

ここで，μ_g：重力ポテンシャル，μ_o：浸透ポテンシャル（溶質の浸透圧），μ_e：圧力ポテンシャルあるいは**マトリックポテンシャル**である。μ_eは**毛管作用・土壌粒子の引力・電場・内部圧および外部圧**によって決まる。

土壌の含水率（体積含水率）と土壌水分ポテンシャルの関係を表す図を，土壌水分特性曲線といい，次の方法で測定する。

STEP2 砂柱法

0～-10kPaの土壌水分ポテンシャル測定に良く用いられる。細砂を詰めた**カラム**上に試料土壌を載せ，所定の土壌水分ポテンシャルになるよう水位をコントロールして平衡させ，各土壌水分ポテンシャルにおける試料土壌の重さを測定し，土壌水分特性曲線を得る。

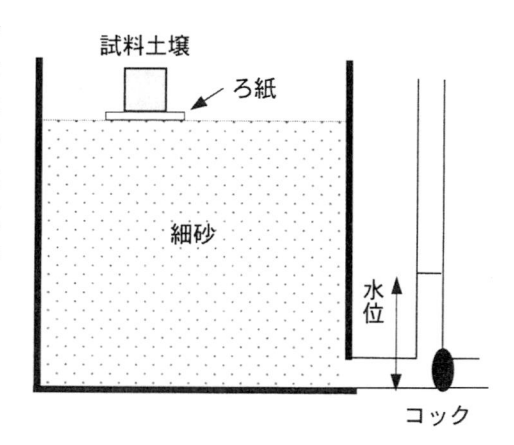

図1 土柱法

ONE POINT 測定上の注意	ろ紙は，-10kPa程度までは用いて良いが，低ポテンシャルでは，ろ紙中の水が吸引されて試料土壌とセラミック板の間に水分の不連続面が生じ，平衡に達しないため，使用しない。加圧板は，**透水性**が良くないため，平衡するまでに時間を要する。平衡に達したかどうか確認すること。

STEP3 加圧板法

-10kPa～-1.5MPaの土壌水分ポテンシャルに良く用いられる。水で飽和したセラミック板上に試料土壌を載せ，圧力釜中で一定圧力をかけて所定の土壌水分ポテンシャルに平衡させる。平衡状態では，排水孔から水が出なくなる。加圧した圧力の負値が土壌水分ポテンシャルとなる。ここで排水孔の中心高さと試料土壌の中心高さが同じになるように設置することに注意する。更に小さな土壌水分ポテンシャルの測定には，鏡面冷却式露点計による蒸気圧測定法やサイクロメータ法が良く用いられる。

センサ計測器 8　サイクロメータ p171

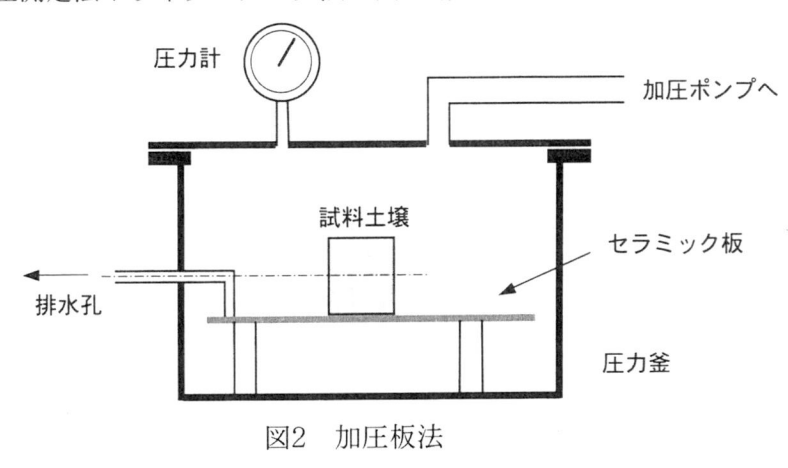

図2　加圧板法

STEP4 テンシオメータ法

上述の方法が，土壌の含水率と土壌水分ポテンシャルの関係を与えるのに対し，テンシオメータ法は，野外土壌や実験室での土壌試料の土壌水分ポテンシャルを測定する方法である。

テンシオメータはセラミックの多孔質カップからなり，カップに連結したチューブに水が満たされている。テンシオメータを土壌に挿入して良く接触させ，テンシオメータ中の水ポテンシャルを，圧力センサで測定する。そのとき，測定点の土壌水分ポテンシャルとテンシオメータ中の水ポテンシャルが平衡している必要がある。圧力を水銀や水の圧力計で測定する場合は，平衡に至るまでにセラミックカップ中を水が移動するのに要する時間が必要である。平衡時間を考慮しないと，測定誤差が生じる。圧力センサを用いる場合は，水移動量が少なくて済むため，その誤差は小さくなる。

センサ計測器 8　テンシオメータ p174

センサ計測器 6　圧力センサ p162

この方法は，セラミックカップに空気が侵入するような低い土壌水分ポテンシャル（材質によって異なるが，-80kPa程度）では測定不能となる。

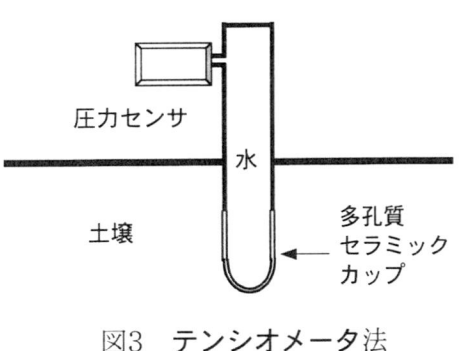

図3　テンシオメータ法

実際 48

土壌の水分量を測る

土壌中に保持されている水分の量を土壌水分量という。土壌水分量は土壌の物理化学性の解明に際して基礎的かつ重要なデータであり，農業生産の持続性と自然環境の保全を評価する上にも欠かせない指標である。

STEP1 土壌水分の測定法

センサ計測器8 サイクロメータ p171

センサ計測器8 テンシオメータ p174

実際 47 土壌水分ポテンシャルを測る p96

センサ計測器8 現場土壌水分計 p172

土壌水分の測定は基本的に二つの方法に分類される。一つはテンシオメータ，サイクロメータ，**圧膜装置**，**高速遠心器**，**吸引装置**などにより**水ポテンシャル（pF）**を測定し，それによって与えられたpF-水分量の関係曲線より土壌水分を求める方法である。もう一つの方法は直接土壌水分量を測定する方法で，炉乾法，中性子法，γ線法，誘電法などがある。

水分張力測定法を代表するテンシオメータ法は水分移動の方向とその駆動力の評価には極めて有用である。しかし，土壌水分量の推定に利用する際にはpF-水分量の関係曲線が必要で，この変換時に誤差が生じることがある。

直接測定法の中性子法とγ線法は，線源の強度・測定の精度・安全性に大きく制約されるため，フィールドにおける実用例がほとんど見られなくなった。最も直接的な方法の炉乾法は，土壌を非破壊的，連続的に測定できない。超高周波数（1MHz～10GHz）による土壌誘電率を介して直接的に体積含水率を測定する方法としてTDR法とFDR法がある。プローブやデジタル出力が可能なシステムも市販されているが，ここではその測定原理について解説する。

STEP2 土壌の誘電特性とは

土壌の構成要素の中で，弱誘電体の土壌粒子や空気と比較して，双極子分子である水は約80（20℃）というきわめて大きな**比誘電率**を持つ。土壌全体としての**誘電率**は水分量に大きく左右されるので，比誘電率を測定することで水分量を求めることができる。TDR法とFDR法は，この特徴を利用して，土壌比誘電率測定を水分量測定に発展させたものである。

理論的に電磁波の伝播速度（V）は，真空中の光の速度（$C=3\times10^8$ [m・s^{-1}]）と物質の比誘電率（ε）で以下のように表される。

$$V = \frac{C}{\sqrt{\varepsilon}}$$

土壌の比誘電率から体積含水率（θ）[cm^3・cm^{-3}]を求めるには，次のTopp[1]らによる経験式が広く利用されるが，土壌や電極の状態によって変わってくるので，正確な値が必要な場合は測定条件によってこの**校正式**をあらかじめ作り直しておいた方がよい。

$$\theta = -5.3\times10^{-2} + 2.92\times10^{-2}\varepsilon - 5.5\times10^{-4}\times\varepsilon^2 + 4.3\times10^{-6}\varepsilon^3$$

比誘電率の測定には板状の電極を使ってコンデンサ回路を用いる方法がよく知られているが，TDR，FDR法では，平行金属棒電極に沿って流れる電磁波の伝達時間が，電極周囲土壌の比誘電率に影響を受けるという原理を利用している。

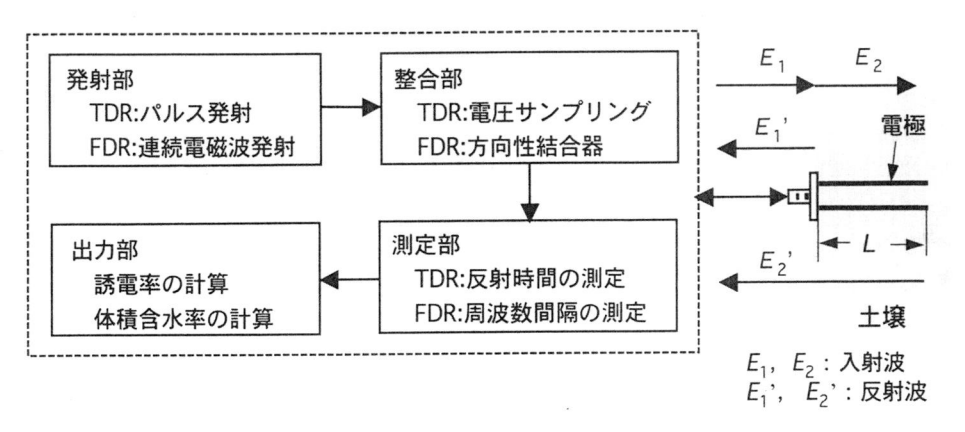

図　TDR法とFDR法の水分測定システム

STEP3　TDR法

　TDRとはTime Domain Reflectometryの略であり，時間領域で電気パルスの電圧の変化をとらえる技術である[2]。

　図において，パルス発生器から出力された**ステップパルス**E_1は，土壌表面（電極の根本）に到達する。ここで**同軸ケーブル**内の電気抵抗は電極周辺の土壌と異なることから，ステップパルスの一部は試料表面で反射し測定部に戻る（反射波E_1'）。土壌表面で反射せず通過した残りのパルスE_2は電極の端まで到達し，ここで放射による**損失**がなければ，同じ**位相**で完全反射して戻る（反射波E_2'）。土壌中に挿入されている電極上を伝達した電磁波の速さVと比誘電率εは，その伝達時間をt，電極長さをLとするとそれぞれ次のようになる。

$$V = \frac{2L}{t} \qquad \varepsilon = \left(\frac{Ct}{2L}\right)^2$$

TDR法の電極長さは200mm以上が望ましい。

STEP4　FDR法

　FDRとは，Frequency Domain Reflectometryの略であり，電圧を周波数領域で計測し，解析する方法である。発射される電磁波がパルスではなく，連続電磁波であることがTDR法との違いである。TDR法と同じように電極に入射し反射波をとらえるが，土壌中の反射波（E_2'）は電極を伝播する時間だけ反射波（E_1'）と位相がずれることを利用する。両反射波は干渉を生じるので，方向性結合器により周波数を変えて反射波の強度を測定すると，干渉の結果生じたピークと吸収が検出される。ここで，比誘電率εとこのピークの間隔Δfとの関係は次のようになる。

$$\varepsilon = \left(\frac{C}{2L\Delta f}\right)^2$$

　ここで，Δf: **吸収スペクトル**の間隔である。C, Lが既知であるから，Δfを測定すれば，εを計算することができる。

　FDR法の電極長さは50mm以上，250mm以下が望ましい。

| 実際 49 | 土壌の透過性を測る |

土壌間隙中を，水は重力水頭勾配や水ポテンシャル勾配，空気は圧力勾配，ガス成分は濃度勾配に比例して移動する。これらの移動速度が小さすぎると，植物根の養水分吸収や呼吸が制限される。土壌中の水や空気の透過は，透水係数，通気係数，ガス拡散係数などで表す。

STEP1　飽和透水係数の室内測定法[1〜4]

実際46　土壌の基本的物理性を測るp94

間隙が水で飽和した土壌を通過する水量は，断面積，時間，**圧力**に比例し，試料の長さに反比例するという次式で表されるDarcyの法則に従う。

$$Q = \frac{K \times A \times t \times \Delta H}{L}$$

ここでQは流量［cm³］，Aは断面積［cm²］，tは時間［s］，Lは試料の長さ［cm］，ΔHは**水頭**で表した試料両端の圧力差［cm］。ここで，比例係数K［cm・s⁻¹］は飽和透水係数と呼ばれる。比較的**透水性**の大きい場合に**定水位法**が，小さい場合には**変水位法**が用いられる。

なお，透水係数は水の粘度に反比例し，粘度は温度によって変化するので，20℃での透水係数に換算して表示する。

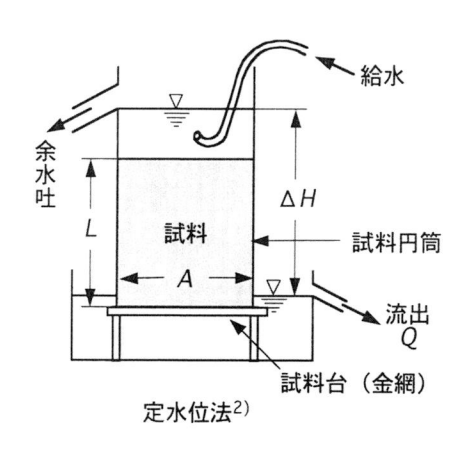

$$K = \frac{LQ}{\Delta H A t}$$

ΔH：水頭差［cm］
L：試料の長さ［cm］
Q：流量［cm³］
A：試料の断面積［cm²］
t：時間［s］

定水位法[2]

$$K = \frac{2.3aL}{At} \log_{10} \frac{h_1}{h_2}$$

a：目盛り管の断面積［cm²］
h_1：水槽内の水面から目盛り管上部線までの高さ［cm］
h_2：水槽内の水面から目盛り管下部線までの高さ［cm］
t：目盛り管内の水面が上部線から下部線まで降下するのに要した時間［s］

変水位法[2]

図1　飽和透水係数の室内測定法

STEP2　飽和透水係数の現場測定法[1)2)4)]

通常，①オーガホール法，②ピエゾメータ法，③チューブ法，④ドライオーガホール法などが用いられる。一般に地下水位が浅い場合は①，水田など湛水状態となっている場合は③，地下水位が深い場合は④が用いられる。また浸透方向では，暗きょ排水のように縦浸透が主体となる場合は①が，井底から湧出する堀井では②が適する。

オーガホール法では不透水層上の不圧地下水中に直径10～15cm，深さ約1mの井戸（オーガホール）を掘り，中の水を全てくみ出した後，井戸水位の回復を見る。滞水層の透水係数K [cm・s^{-1}] は次式で求められる。

$$K = \frac{dy}{dt}\frac{C}{864}$$

ここで，yは地下水面から井戸内の水面までの距離 [cm]，tは測定時間 [s]，Cは井戸の大きさ，形状を表すH/r，y/H，s/Hによって決まる係数である。

②，③では井戸を掘る代わりにそれぞれ直径2.5～5cm，直径20cmの管を打ち込み水位の変化を測る。④では給水装置で井戸を水で満たして減少する水位を測る。

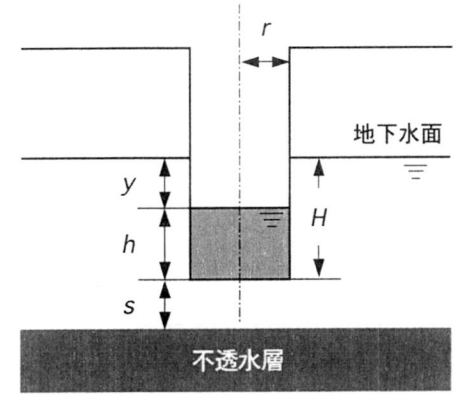

図2　オーガホール法

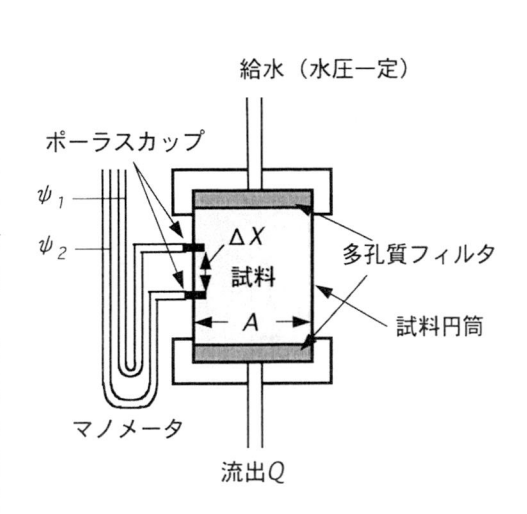

STEP3　不飽和透水係数の室内測定法[1～4)]

植物の根はおもに不飽和状態の水を吸収しているので，根に対する土壌の給水力を評価するためには**不飽和透水係数**の測定が有効である。

正圧または負圧をかけた断面積A [cm^2] の土壌試料に一定のマトリックポテンシャル勾配$(\psi_1 - \psi_2)/\triangle x$を与えたとき$t$ [s] の間にQ [cm^3] の水が流れたとすると，不飽和透水係数K [cm・s^{-1}] は次式で求められる。

$$K = \frac{Q}{\left(\frac{\psi_1 - \psi_2}{\triangle x} + 1\right) \times A \times t}$$

ここで，ψ_1，ψ_2はそれぞれ上側，下側の**ポーラスカップ**の**マトリックポテンシャル** [cm]，$\triangle x$はポーラスカップ間の距離 [cm]。

不飽和透水係数とマトリックポテンシャルの関係は吸水過程と脱水過程で一致しないことが多いので，降雨・潅水（吸水過程），蒸発散・内部排水（脱水過程）などのイベントに応じてどちらの過程で測定するかを選ぶ。

図3　不飽和透水係数の室内測定

STEP4　不飽和透水係数の現場測定法[1)2)3)5)]

センサ計測器 8	テンシオメータ p174
実際 47	土壌水分ポテンシャルを測る p96

降雨または散水後の深さ a cm，b cm（ただし $a>b$）の水頭表示のマトリックポテンシャルをそれぞれ ψ_a [cm]，ψ_b [cm]，それから Δt [s] 経過したあとのマトリックポテンシャルをそれぞれ ψ_a' [cm]，ψ_b' [cm]，その間に深さ a，b の中間面から地表面までの体積含水率が $\Delta\theta$ だけ変化したとすると，不飽和透水係数 K [cm・s^{-1}] は次式で求められる。

$$K = \frac{\Delta\theta(a+b)(a-b)}{\Delta t(\psi_b + \psi_b' - \psi_a - \psi_a' + 2a - 2b)}$$

マトリックポテンシャルと体積含水率はそれぞれテンシオメータ法，採土法などで測定する。また蒸発散を抑制するため，地表面はビニールシートなどで覆う必要がある。その他，不飽和透水係数の測定法として，流束制御法[2)]，蒸発法[2)5)]，負圧浸入計法[3)] などがある。

STEP5　通気係数の測定法[1)4)]

センサ計測器 9	試料円筒 p176

風，雨水の浸透，強制通気などで，土壌中に空気圧勾配が生じると，土壌空気が透水係数と同様にDarcyの法則に従って流れる。流体が空気であるほかは飽和透水係数の測定と原理は同じである。

室内測定では，試料円筒の一方から空気を送り込み，そのときの通気量と圧力勾配（水頭勾配）から通気係数 K_a [cm・s^{-1}] を求める。

現場測定では，土壌表面から土壌中に空気を送り込み，そのときの通気量と圧力勾配から通気係数を求める。

透水係数と同様に通気係数の温度補正をする。あるいは，SI単位表示の K_a [m^2・Pa^{-1}・s^{-1}] に空気の粘度 [Pa・s] を乗じて，**固有透過度** k [m^2] として表示することも多い。

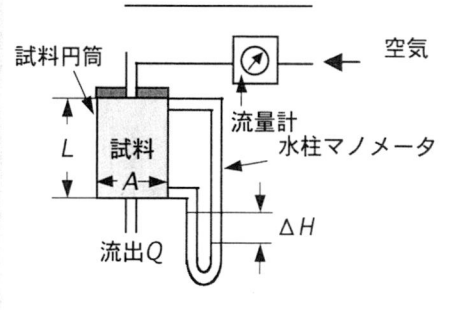

$$K_a = \frac{LQ}{\Delta HAt}$$

Q：流量 [cm^3]
L：試料長さ [cm]
A：試料断面積 [cm^2]
ΔH：水頭で表した圧力差 [cm]
t：時間 [s]

室内法（定圧法）

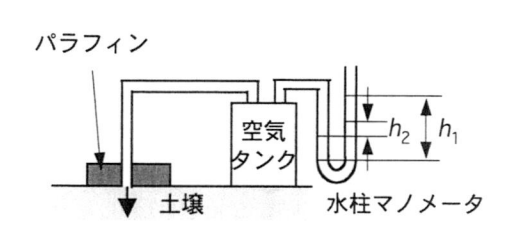

$$K_a = \frac{2.3V}{AP_a t}\log\frac{h_1}{h_2}$$

V：空気タンク容量 [cm^3]
h_1：時間 t_1 での水位差 [cm]
h_2：時間 t_2 での水位差 [cm]
t：$t_2 - t_1$ [s]
A：空気導入管半径，パラフィン半径によって決まる定数 [cm]
P_a：大気圧 [cm]

現場測定法（変圧法）

図4　通気係数の測定

STEP6　ガス拡散係数の測定法[2~4]

　土壌中はガスの消費あるいは生成等により土壌空気の成分に濃度むらが生じると，その成分は濃度勾配とガス拡散係数に比例する拡散移動により均一になろうとする。土壌のガス拡散係数の室内測定法では，容器内の一定量のガスを土壌試料を通して大気中へ拡散させる時の，容器中のガス濃度の変化からガス拡散係数を求める。

　土壌のガス拡散係数の表示は，大気中（何も障害物のない空間）でのガス拡散係数D_0に対する比D/D_0で表示する。これはガスの種類によって一定とみなして良いので，測定では窒素あるいは酸素の拡散を酸素濃度変化で測ることが多い。

　現場測定では，土壌にチャンバを埋め込み，チャンバ内の拡散ガス成分が土壌中に拡散していく速度から拡散係数を求める。

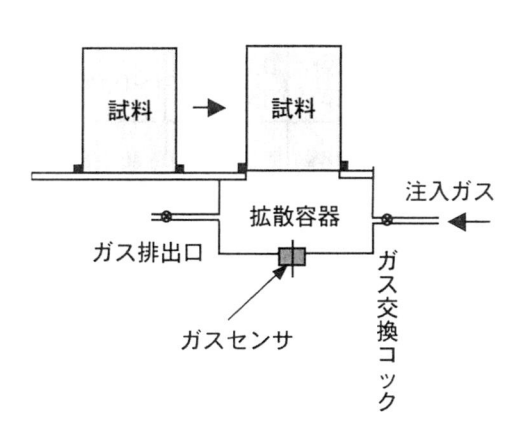

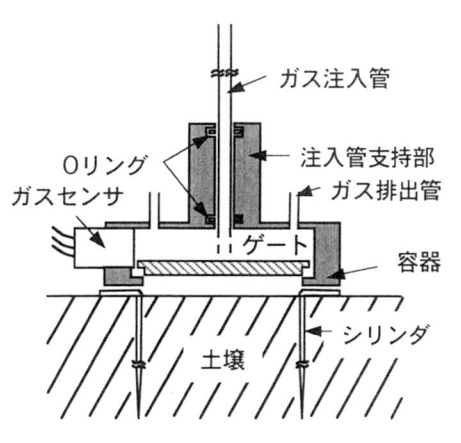

$$\frac{C-C_a}{C_0-C_a} = \frac{2\varepsilon}{L_a} \cdot \frac{\exp\left(\dfrac{-D\alpha_1^2 t}{\varepsilon}\right)}{L\left(\alpha_1^2 + \left(\dfrac{\varepsilon}{L_a}\right)^2\right) + \dfrac{\varepsilon}{L_a}}$$

$$\frac{C-C_s}{C_0-C_s} = \exp(\tau)\,\mathrm{erfc}(\sqrt{\tau})$$

D：ガス拡散係数 [cm・s^{-1}]
C：時間tにおける容器中のガス濃度 [g・cm^{-3}]
C_a：大気中のガス濃度 [g・cm^{-3}]
C_0：土壌が接触する前の容器中ガス濃度 [g・cm^{-3}]
L：土壌の長さ [cm]
L_a：容器容量/土壌断面積 [cm]
ε：気相率
t：測定時間 [s]
α_1：$\alpha L\tan(\alpha L)=\varepsilon/L_a$の一番目の正の根（パソコンか表の利用）

C_s：土壌中のガス濃度 [g・cm^{-3}]
erfc : complimentary error function
$(C-C_s)/(C_0-C_s)$とτの関係はパソコンか表の利用
$\tau = \varepsilon Dt/L_a^2$

室内法　　　　　　　　　　　現場測定法[4]

図5　ガス拡散係数の測定

実際 50

土壌の粒度組成を測る

通常,土壌は,礫,砂,シルト,粘土等に分類される。これらの分類は,土粒子の粒径に基づいてなされる。分類を行うために,一般に用いられる指標が粒度分布である。ここでは,この粒度分布決定手法[1]について解説を行う。

STEP1　粒度とは

粒度とは,土壌を構成する土粒子経の分布状態を全質量に対する百分率で表したものをいう。土粒子の経は非常に広範囲にわたるため,試験は,75μm以上を対象としたふるい分析とそれ未満を対象とした沈降分析に分けられる。粒径によって,土壌成分を次のように分類する。

表　粒径による土壌成分分類(地盤工学会)

粒径 [mm]	19～75	4.75～19	2～4.75	0.425～2	0.075～0.425	0.005～0.075	～0.005
土壌成分	粗礫分	中礫分	細礫分	粗砂分	細砂分	シルト分	粘土分

STEP2　ふるいによる分析(75μm以上)

1) 一定量の調整した試料を2mm**ふるい**でふるい分けし,残留した試料を水洗い,炉乾燥後,75, 53, 37.5, 26.5, 19, 9.5, 4.75mmの各ふるいを用いて,ふるい分ける。各ふるいに残留した質量,および4.75mmふるいを通過した試料の質量を量る。

2) 2mm通過分は,STEP3の沈降分析を行う。行わない場合(比較的,粒径の大きな土の場合)は,蒸留水を加えて分散装置にかける。その後,75μmふるい上で水洗いし,残留分を**炉乾燥**する。炉乾燥後の試料を,850, 425, 250, 106, 75μmのふるいでふるい分ける。

図1　ふるい,分散装置,メスシリンダ,浮ひょう

STEP3　沈降分析による分析(75μm以下)

上記の2mmふるい通過分に関して分析を行う。

1) 試料をビーカに入れて蒸留水を加えてかき混ぜる。この際,有機成分の多い土に関しては,100mlの6%過酸化水素水を加えて,110℃の恒温乾燥炉に1時間入れる。

2) 15時間放置する。さらに,分散剤(ヘキサメタりん酸ナトリウムもしくはピロりん酸ナトリウム,トリポリりん酸ナトリウムの飽和溶液)10mlを加えて,分散装置で1分間撹拌する。

3) 内容物をメスシリンダに移して，蒸留水を加え，1Lにする。恒温水槽に入れて一定温度になるまで放置する。

4) メスシリンダを取り出して，約1分間両手で振とうして素早く恒温水槽内に静置する。

5) 静置時間を記録する。静置後，1，2，5，15，30，60，240，1440分毎に**浮ひょう**を静かに浮かべ，浮ひょうの読みrと温度T[℃] を計測する。その後，上記STEP2の2)のとおり，75μmふるい残留分に関してふるい分析を行う。

6) 沈降分析結果は次の手順で，粒度分布に置き換える。
浮ひょうの読みと粒径d[mm] の換算は次式を用いてなされる。

$$d = \sqrt{\frac{30\eta}{g_n(\rho_s - \rho_w)} \cdot \frac{L}{t}}$$

ここで，
t：メスシリンダ振とう後の経過時間 [s]
L：浮ひょうの読みrに対する浮ひょうの有効深さ [mm]
η：浮ひょうの読みをとったときの懸濁液の温度T[℃]に対する水の**粘性係数** [Pa・s]
ρ_s：土粒子の密度 [g・cm^{-3}]
ρ_w：T[℃] に対する水の密度 [g・cm^{-3}]
g_n：標準重力加速度 [9.8m・s^{-2}]

75μm未満の粒径dに対する通過質量百分率$P(d)$[%]は次式で求める。

$$P(d) = \frac{m_s - m_{0s}}{m_s} \times \frac{100}{\frac{m_{1s}}{V}} \times \frac{\rho_s}{\rho_s - \rho_w} \times (r + C_m + F)\rho_w$$

ここで，
m_s：全試料の炉乾燥質量 [g]
m_{0s}：2mmふるい残留分の炉乾燥質量 [g]
m_{1s}：沈降分析用試料の炉乾燥質量 [g]
V：懸濁液の体積（=1000cm^3）
r：浮ひょうの小数部分の読み（**メニスカス**上端）
C_m：メニスカス補正値
F：浮ひょうの読みをとったときの懸濁液の温度に対する補正係数

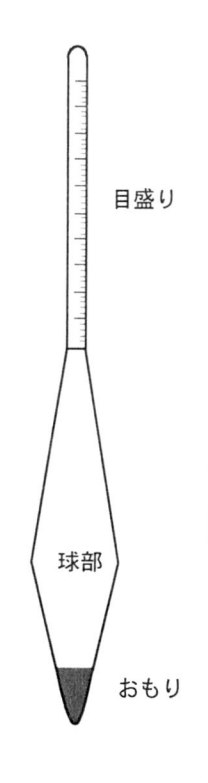

図2　浮ひょう

STEP4　粒度分布のまとめ方

粒度分布は，各粒径の重量百分率に基づき，図3の粒径加積曲線を用いてもとめる。

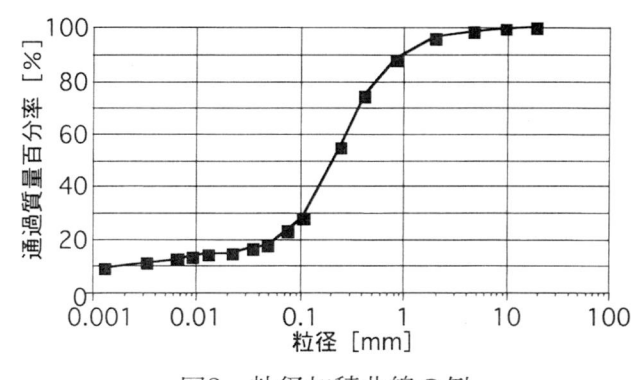

図3　粒径加積曲線の例

実際 51

土壌の内部構造を測る -軟X線映像法-

土壌の（内部）構造は，物理的，化学的，生物的諸過程が相互に作用し合い常に変化している地下環境すなわち土壌環境である。軟X線映像法は，この見えない土壌内部を撹乱しないで視て，測ることができる。

STEP1　軟X線とは？

実際 52　土壌の内部構造を測る -X線CT法- p109

　X線の中で一般に波長が長いものを「軟X線」（Soft X-ray）と呼ぶ。これはエネルギや，物質透過能力が低い。長波長の軟X線と単波長の**紫外線**は共通する性質をもっており，長波長側の軟X線はわずかながら反射能力があり，短波長側の紫外線はある程度物質を透過する能力がある。X線は，①電源を投入したときだけ発生する，②空気中あるいは物質中に残留しない，③連続した波長（連続**スペクトル**）を放射する，④加速電圧2MeV以下では他の物質を放射化しない，という特徴をもつ。土壌の内部構造を映像化するには連続スペクトルの軟X線（0.02～10nmの波長帯）が良好である。X線の最短波長はX線管電圧で決まり，Duane-Hunt式で換算する。

$$\lambda_{min} = 1.242/E$$

　ここで，λ_{min}：X線の最短波長[nm]，E：管電圧最大電位差[kV]である。最短波長0.02nmの連続スペクトル（軟X線；$E=60$kV）が50～60mmの厚みをもった土壌試料の透過撮影に適している。

STEP2　軟X線発生装置

センサ計測器 9　軟X線撮影装置p178

　表1の規格を持つ軟X線発生装置（たとえばSOFTEX，CMB型，SV型，DCTS型など）を使うと土壌内部構造の可視化・撮影ができる。投影面には①（軟）X線フィルム，②蛍光板＋光学カメラ，③軟X線直接入射カメラ，④イメージング・プレート，などの媒体が使われる。解像力や映像の大きさおよび情報量を評価すると，上記①の方式が最良である。土壌内部に浸入させた**造影剤**（トレーサ）の動態追跡など動的な把握をする必要があれば上記②～④の電気信号による映像化法が必要となる。

表1　土壌の透過撮影に適した軟X線発生装置の規格

項目	規格	備考
最大管電圧電位差	60kV	最短波長の制御
最大管電流	3～5mA	照射量の制御
照射時間	可変	積算照射量の制御
X線管球のターゲット材	タングステン	X線波長帯の分布が連続
有効焦点寸法	1.0×1.0mm以下	映像の鮮鋭度を高める
軟X線放射窓の材料	ベリリウム	長波長の軟X線を照射する
軟X線管球の冷却方式	油冷式	軟X線管球を安定させる
焦点・投影面間最大距離	500～700mm	シェーディングを抑制する
安全性	X線防護構造	X線取り扱い資格が不要
投影面	超微粒子X線フィルム	現像処理が必要

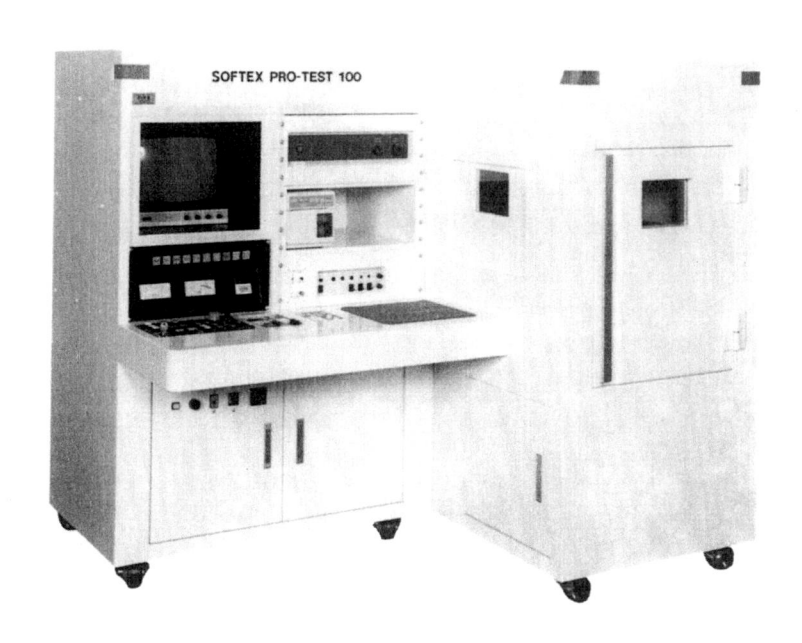

図1 軟X線発生装置

STEP3 土壌構造の映像化

　土壌構成物質の原子番号，密度，重量割合などにより軟X線吸収度合いが異なるが，軟X線撮影では構成物質の分析は不要である。この軟X線映像法により，「土壌内の**堆積様式**，**密度分布**，**粒子配列**，**粒状性**，**団粒配列**，**団粒の平均直径**，**間隙構造**，**斑鉄形成**，**土壌構成成分分布**」などの分析ができる。トレーサを用いた土壌内流体移動の模擬実験（トレーサを浸入させると粒子間を滞留・移動する様が分析可能），異なるガラスビーズを成層あるいは混層にした場合の粒子配列様式の測定などもでき，軟X線映像法の利用範囲は広い。なお間隙構造など土壌内のスキマ（**気相や液相**）を映像化する場合，造影剤（表2）を使用すると細部まで明瞭に認識できる。こうして映像化された土壌間隙の例を図2または図3に示す。

　土壌試料の厚みを30mm程度にして軟X線フィルムに撮影すると，造影剤を使わない場合の**分解能**は約200μmである。造影剤を使うと約2μmのコントラスト分解能，約12μmの幾何学的分解能が得られ，土壌内部構造の位置関係や大きさの計測精度となる[4]。軟X線映像法は，このようにして土壌内部の**立体視・立体計測**（**ステレオ法，CT法**）ができる[3]。

実際21　果実までの距離を測る　p50

表2　土壌間隙を映像化するのに適した**造影剤**（トレーサとして利用可能）

浸入方法	名　　称	主成分	比重	水溶性	備　考
圧入法[a]	酸化亜鉛	Zn	5.78	難溶	油絵具材料
	塩基性炭酸鉛	Pb	6.50	難溶	同上
乾燥法[b]または重力毛管力法[c]	ジヨードメタン	I	3.32	難溶	ヨウ化メチレン
	トリブロモメタン	Br	2.62	難溶	ブロモホルム
	テトラブロモエタン	Br	2.97	難溶	
重力毛管力法	ギ酸第一タリウム	Tl	3.40	水溶	飽和水溶液

a) 注射器で間隙内に注入する
b) 事前に試料を水で飽和させておき，除々に乾燥しながら造影剤と置換する
c) 事前に**土壌水分張力**を調整しておき，造影剤を滴下浸入させる

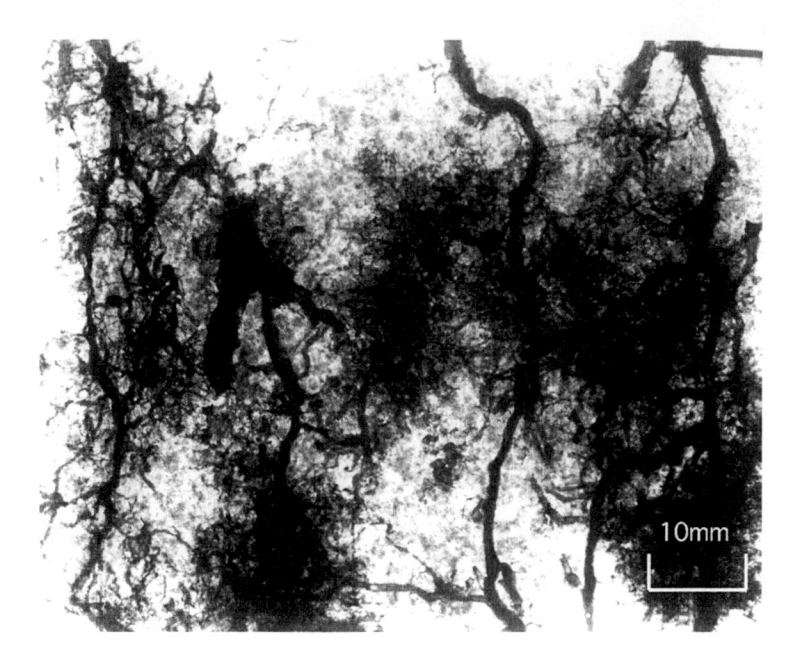

図2　南関東立川ローム層に実在する管状孔隙
　（東京世田谷，180cm深，30mm厚，鉛直断面，自然含水比，塩基性炭酸鉛を圧入）

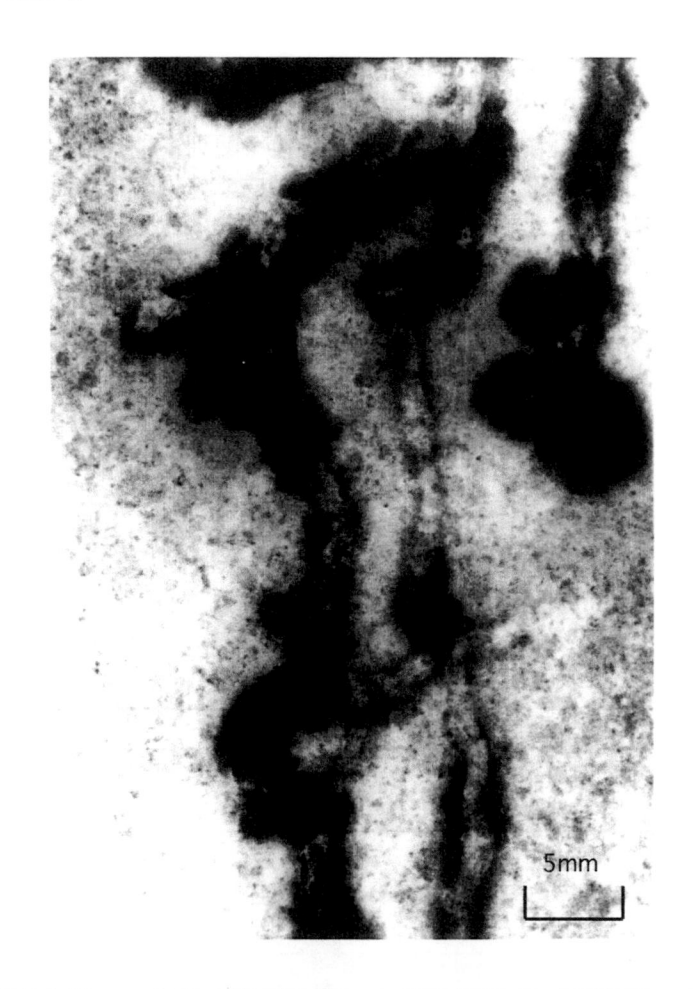

図3　南関東立川ローム層の管状孔隙に水溶性造影剤（ギ酸第一タリウム水溶液）を滴下した直後の浸入状況
　（東京世田谷，160cm深，30mm厚，鉛直断面，自然含水比）

実際 52　土壌の内部構造を測る -X線CT法-

土壌の内部構造を非破壊で観察する方法としてX線CTスキャナによる断層撮影法がある。X線は物質やその密度に応じて透過性が異なるので，X線の透過率を測定することにより土壌内の間隙や水分の分布などの空間情報を得ることができる。

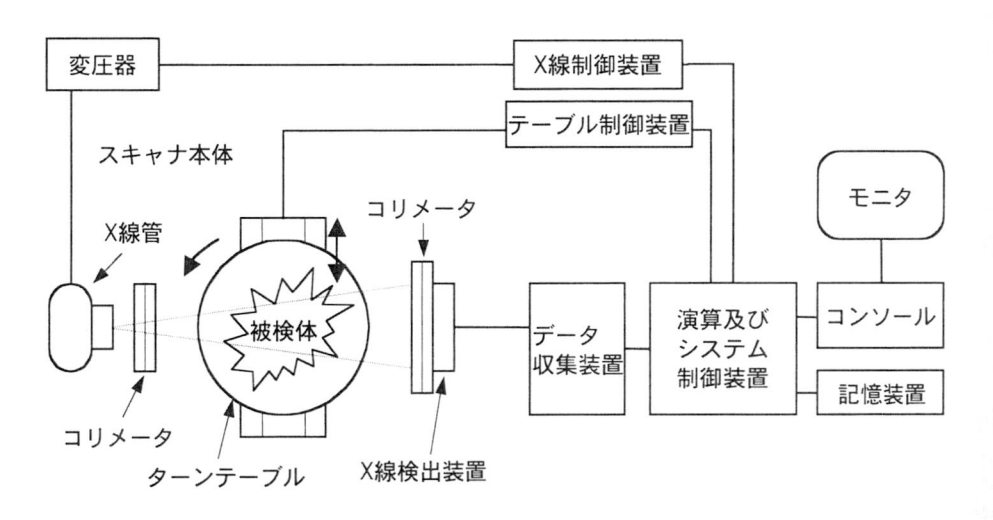

STEP1　X線CTスキャナとは？

X線CTスキャナはイギリス人G. Hounsfieldらによって開発されたもので，医療診断に広く用いられている。産業用のX線CTスキャナでは金属などを対象にするためX線の高エネルギー化により透過力と**分解能**の向上が図られている。

X線CTスキャナは図1に示すように，スキャナ本体，X線発生装置，**画像処理装置**，コンソール，ワークステーション等で構成される。スキャナ本体の主たる構成要素はX線を放射するX線管，X線を細いビームに絞るコリメータ，物体を透過したX線を検出するX線検出器，被検体を回転移動させるターンテーブルである。CTスキャナによる**断層撮影**は次のように行われる（図2）。細いビーム状のX線は被検体の断面を透過後，**検出器**でその強度が測定される。1回の走査で，ある1方向のX線の強度分布が得られ，次に被検体を微小角度回転させて再び走査を行うと新たな投影データを得ることができる。この動作を繰り返して180°以上の多方向からの投影データを収集する。投影上のある点のX線透過強度Iと入射X線強度I_0には次のような関係がある。

$$I = I_0 \exp(-\sum \mu_i \Delta X_i) \quad \cdots (1)$$

ここで，μ_i：被検体の**X線吸収係数**，ΔX_i：被検体の微小領域の長さである。

いま，ΔX_iが一定でΔXであるとし，式(1)の両辺の対数をとると式(2)が得られる。

$$\log \frac{I_0}{I} = \sum \mu_i \Delta X \quad \cdots (2)$$

実際 51　土壌の内部構造を測る -軟x線映像法- p106

図1　X線CTスキャナの構成

I_0とIを測定することにより，X線透過経路のX線吸収係数が計算されるので，多方向からのデータによる式(1)の連立方程式を解くことにより，μ_iが求まる。CTスキャナでは，このμ_iを式(3)のような水のX線吸収係数μ_wを基準にしたCT値Hに変換して表す。

$$H = \frac{\mu_i - \mu_w}{\mu_w} k \quad \cdots (3)$$

ここで，kは定数である。$k=1000$とすると，空気と水のCT値はそれぞれ-1000と0となる。土壌のCT値は土性や含水率によって異なるが，概ね500～1500程度である。また，断層像（CT像）は像を構成する各画素のCT値を色の濃淡で表したものであり，疑似色によるカラー表示も可能である。

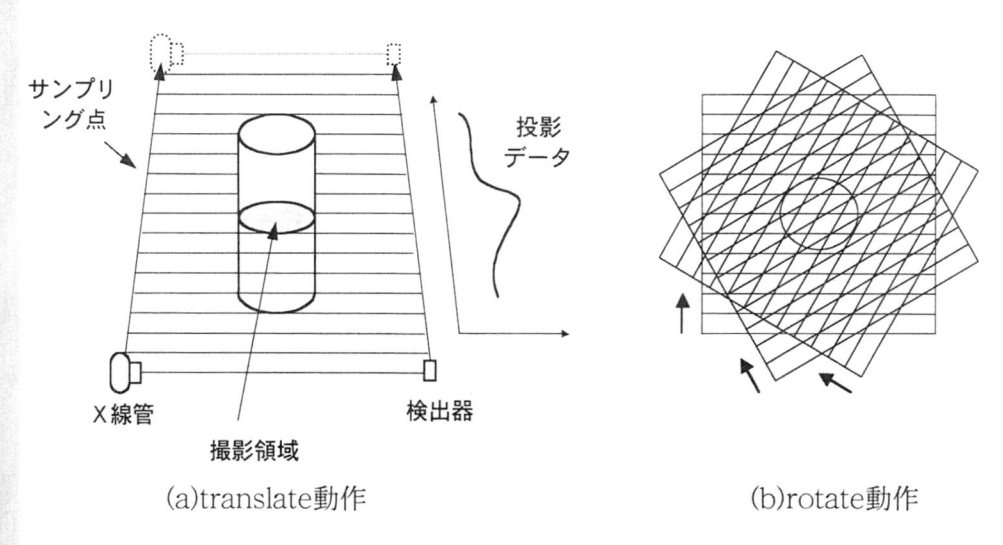

(a)translate動作　　　　　　　　　　(b)rotate動作

図2　X線CTスキャナの撮影原理

STEP2　土壌の断層撮影

産業用X線CTスキャナは高エネルギX線を用いており，例えば管電圧400kVでスキャンすると直径250mmのアルミニウム棒の断層撮影が可能である。土粒子の密度はアルミニウムと同程度であるので，締め固まった土壌ならば直径250mm程度が撮影限界となる。当然のことながら，CTスキャナのターンテーブルによっても測定できる土壌の大きさは制限される。空間分解能は機種や撮影領域によって異なるが，人体用CTが0.8mm程度であるのに対して産業用CTでは0.15mmと高い。

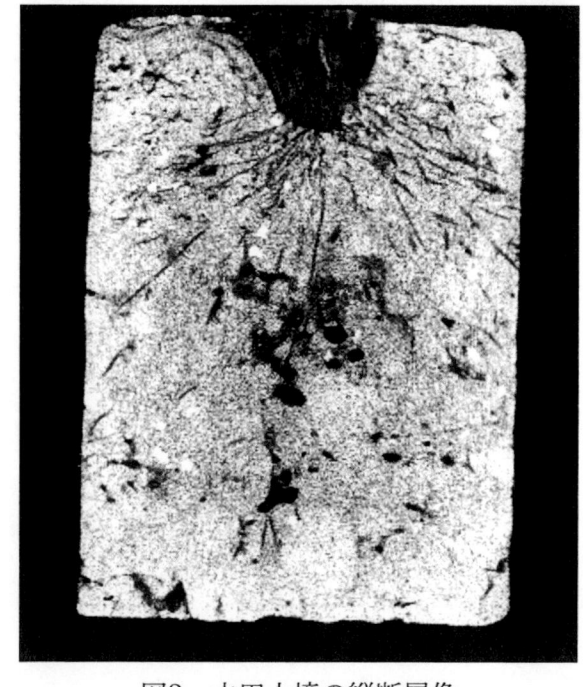

図3　水田土壌の縦断層像

土壌のサンプルはX線を透過しやすい塩化ビニルなどの樹脂製の容器で採取する。崩壊しにくい土壌ならば，樹脂フィルムで周囲を固定するだけでよい。一般に産業用CTは被検体をターンテーブルに載せて回転しながらスキャンするので，スキャン中に土壌サンプルが変形しないような工夫をする必要がある。

　図3は収穫してから約1ヶ月後の水田土壌で，稲株を中心にして直径150mm，深さ210mmの円筒状に切り出したサンプルの縦断層像である。上部中央の黒い凹みは稲株を表している。凹みから下方に伸びる放射状の黒線は稲の根あるいは根の伸張による土壌間隙である。また，稲株の下方にある暗黒の部分は間隙を表しており，所々にある白い塊は密度の大きい土塊とみられる。このように土壌の断層像から土塊，石礫，間隙等を識別でき，土壌密度の変化を観察することができる。画像は土壌のX線吸収係数から再構成されたデジタルデータであるから，様々な画像処理の手法によって土壌構造を解析することが可能である。

STEP3　土壌水分の計測

　湿潤土壌のX線吸収係数μ_{wet}は土粒子のX線吸収係数μ_sと水のX線吸収係数μ_wの和であるから，**固相率**をσ，体積含水率をθとするとμ_{wet}は式(4)で表される。

$$\mu_{wet} = \sigma\mu_s + \theta\mu_w \qquad \cdots (4)$$

実際48　土壌の水分量を測る　p98

　土壌の固相率が一定であれば，X線吸収係数は土壌の体積含水率に比例するので，CTスキャナで土壌水分を測定することができる。図4に土壌水分の測定例を示す。この実験は，内径100mm，深さ24cmの円筒**カラム**に標準砂を充填し，蒸発面を生物系廃棄物でマルチをしたモデル土壌の水分変化を表している。一般にカラム内の土壌水分はカラムを分解して層状に土壌を切り出して含水率を測定する。このような実験で経時的な変化を調べるためには同様なカラムを複数本準備する必要があり，データの精度に不安がある。しかし，CTスキャナでは予め**校正**が必要ではあるが，**カラム断層**を非破壊で測定し，X線吸収係数を比較することにより含水率を求めることができるので長期間の継続的な測定が可能である。

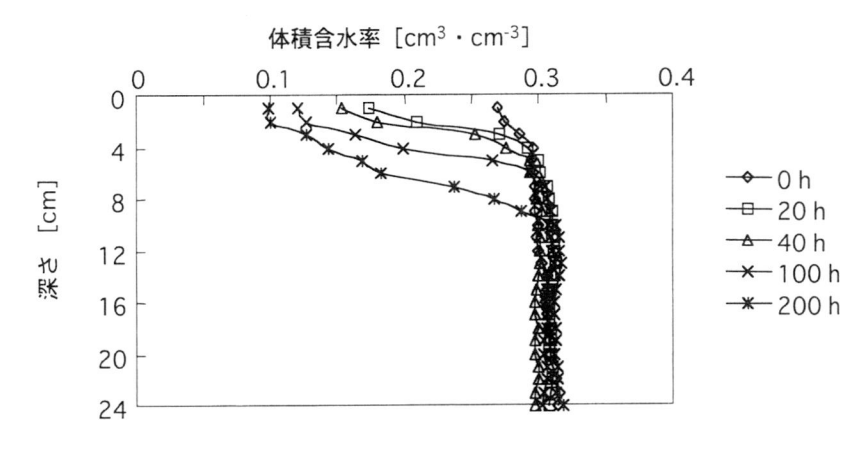

図4　カラム実験における土壌含水率の変化

実際 53 土壌の硬さと強さを測る

土壌の硬さ・強さは，根の伸長・作物の成長，農業施設の安定性，農業機械の走行性等に大きく影響する。土壌は土壌粒子・水・空気の三相で構成され，これら三相の割合によってその力学的挙動がまったく異なる。

STEP1 土壌の何を測るべきかを知る

我々が遭遇する一般的な土壌は，乾いた状態では硬く強く，水を多く含んだ状態では軟らかく弱い。このとき，「硬さ」と「強さ」を混同しがちであるが，土壌の性質を定量的に捉えるためにはこれらを区別しておく必要がある。すなわち，「硬い」とは変形しにくいこと，「強い」とは壊しにくいことを指す。たとえば，せんべいは硬い（＝変形しにくい）が，すぐ割れてしまう（＝弱い）。一方，一般にゴム板は軟らかい（＝変形しやすい）が，せんべいよりは大きな力を与えないと引きちぎれない（＝強い）。

STEP2 土壌の貫入抵抗

土壌の貫入抵抗を測る際には，図1に示す**山中式土壌硬度計**がよく用いられる[1]。遊動指標を目盛0に合わせた後，円すい部を土壌面に対して垂直に，静かに突き刺す。硬度計のつばが土壌面に接するまで押した後静かに抜き取り，遊動指標の目盛を読む。ほ場に観測孔を掘って土壌断面を調査する場合は深さ5cmごとに測定し，深さに対する貫入抵抗の分布を調べる。なお，硬度計という名から「硬さ」を計測する器具と判断しがちであるが，実際に計測するのは「貫入抵抗」であり，この量は力学的に一般性のある「硬さ」を表す量ではないので注意が必要である。

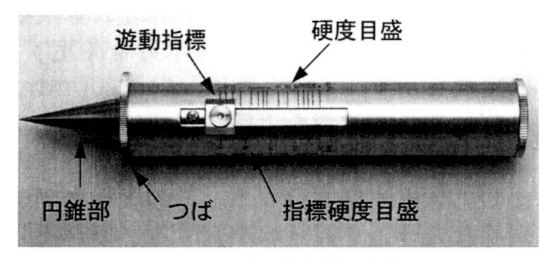

図1 山中式土壌硬度計

STEP3 土壌のせん断強さ

土壌は引張に対してほとんど抵抗しないため，他の多くの材料とは異なり，もっぱら圧縮を受けた状況におけるせん断強さを「強さ」の指標とする。土壌の**せん断強さ**は排水等の条件によってまったく異なるため，試験を行う際には実際の状況に準じた試験を行う必要がある。JIS規格に多くのせん断試験法が定められている。

実際29 穀物の内部摩擦係数を測る p66

（定圧）一面せん断試験[2]

可動箱・固定箱からなるせん断箱を備えた**一面せん断試験機**を用い，土壌中の特定の面に対して垂直力Nを一定に保ちながら，可動箱に一定のせん断速度を与えて土壌をせん断し，抵抗力（せん断力T）を計測する（図2(a)）。与えたNから垂直応力$\sigma=N/A$を，測定したせん断力Tからせん断応力$\tau=T/A$を求め，τの最大値を（定圧）せん断強さτ_fとする。数種類の垂直応力σに対して試験を行ったならば，次のような摩擦則に類似した関係を得る（図2(b)）。

$$\tau_f = c + \sigma \tan \phi$$

上式はCoulomb（クーロン）の破壊規準と呼ばれ，$\tan\phi$が摩擦係数に相当し，ϕはせん断抵抗角（または内部摩擦角）と呼ばれる。cは垂直応力がない状態におけるせん断強さといった意味で粘着力と呼ばれている。

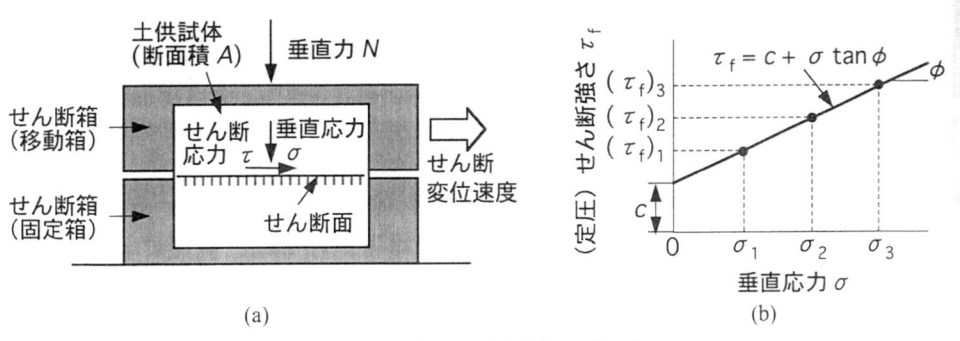

図2　一面せん断試験の概略

三軸圧縮試験[2]

　三軸圧縮試験機を用い，ゴム膜で包んだ土壌の円柱供試体に圧力円筒内で一定の水圧を与えながら，軸方向力Pを増加させて供試体を破壊に至らせる（図3）。一面せん断試験とは違い実際にせん断されるまでせん断面の方向が分からないが，自然状態に近い条件の拘束圧を受けた土壌に対する外力の作用を想定した試験法となっている。結果として生じたせん断面のせん断強さは，せん断面に関する力の釣合から求められる。また，図3に示す軸方向力Pと変位ΔLの関係から「硬さ」を知ることができる。

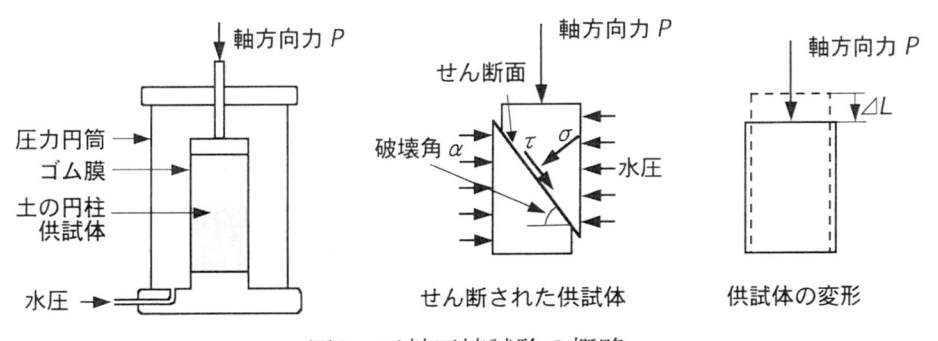

図3　三軸圧縮試験の概略

STEP4　土壌の圧密

　間隙がすべて水で満たされた土壌を特に飽和土壌と呼ぶ。ほとんど体積が変化しない土壌粒子と水から構成される飽和土壌は，外力が作用しても即時の体積減少を生じないが，土壌中の水圧が増加するために排水が始まり，排出された水の体積だけ土壌の体積が減少していく。砂のように水を通しやすい土壌であれば排水は直ちに完了するが，粘土のように水を通しにくい土壌であれば排水に時間がかかるため，体積減少が長時間続く。このように，排水に伴う変形に時間がかかる現象を圧密という。土壌の圧密に関する特性は，圧密試験装置（図4）を用いて行う標準**圧密試験**[2]において，「硬さ」として**体積圧縮係数**等，「水の通りやすさ」として**透水係数**を得ることにより捉えられる。同試験法に関し，試料の寸法，載荷手順，計測時刻等の詳細がJIS規格に定められている。

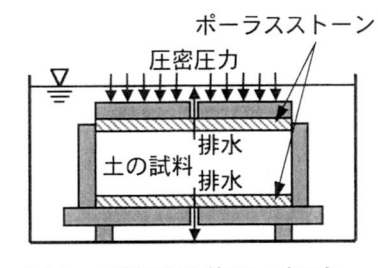

図4　圧縮試験装置の概略

実際49　土壌の透過性を測る　p100

土壌の熱伝導率を測る

土壌中の熱輸送は大部分が熱伝導で行われ，対流や放射はほとんどない。このため，土壌の熱伝導率は主要な熱物理量の1つである。

STEP1　熱伝導率の特徴

土壌の熱伝導率（λ）は，**固相**の熱伝導率と三相分布，温度により変化する。同じ土壌では水分が多くなるにしたがいλは大きくなる。測定温度にも依存する。このため，正確な測定は温度を規定する必要がある。土壌の熱伝導はふつう大きくても液状水の熱伝導率（0.6 [W・m^{-1}・K^{-1}]）の2～3倍，小さい場合はこれ以下で，液状水の10分の1程度までである。

STEP2　土壌の熱伝導率の測定

熱伝導率の測定法には定常法と非定常法とがある。このうち，一定の温度勾配を長時間試料に与える定常法は，土壌の場合，水や空気の移動を引き起こし，その結果，土壌の流体の不均一な分布をもたらし，正確な測定値が得られなくなる。そのため土壌の熱伝導率は短時間にわずかの熱量を試料に与えるだけで測定できる非定常法の一種であるヒートプローブ法で測定する。

ヒートプローブ法は無限大の試料中に入れた線熱源から一定時間に一定の発熱があるとき，線熱源の周囲の熱伝導率が大きい場合は線熱源自身の温度上昇が小さく，逆に周囲の熱伝導率が小さい場合には線熱源の温度上昇が大きいことを利用したものである。

STEP3　ヒートプローブ法

実際の**ヒートプローブ**は針状円筒形の細長いステンレスチューブの中に，ヒータ線とプローブ自身の温度を測定する温度センサとを埋め込んだもので，直径は1mm前後，長さは50mm程度以上で，長さは状況に応じて使い分ける（図）。

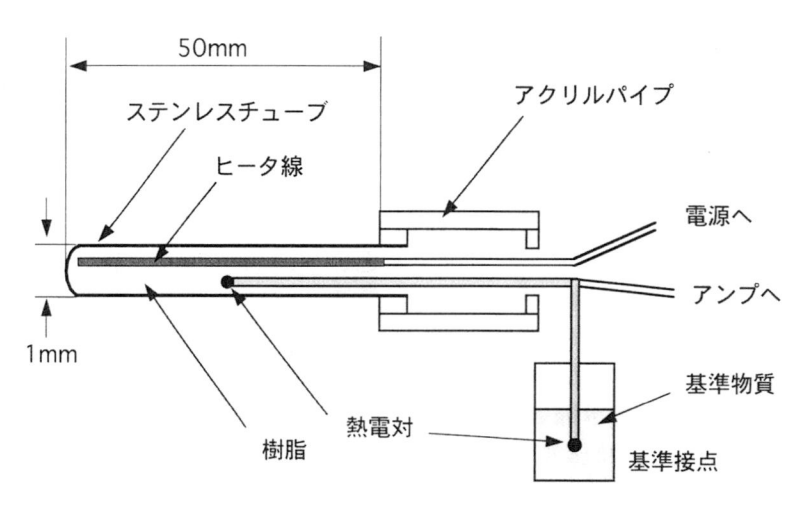

図　ヒートプローブの構造

> **ONE POINT**
> **比熱**
>
> 熱伝導率と異なり，土壌の基本的な熱物性値である**比熱**は，特殊な土壌（例えば泥炭）を除いてほぼ一定であり，0.8 [kJ・kg^{-1}・K^{-1}] として，大きな誤差は生じない。

発熱量をできるだけ小さくすることで，周囲への影響を押さえることができる。このヒートプローブ法を比較法で用いる双子型ヒートプローブ法によると精度はさらに向上する。

試料中のヒートプローブの発熱時の温度変化は次式で表わされる。

$$T - T_0 = \frac{q}{4\pi\lambda}\left(d + \ln(t + t_0)\right)$$

ここで，qはプローブの発熱量，λは試料の熱伝導率，dは定数，tは時間，t_0は補正値，Tは時間tにおけるプローブの温度，T_0は$t=0$におけるプローブ温度である。

発熱停止後の温度変化は同様に次式で表わされる。

$$T - T_0 = \frac{q}{4\pi\lambda}\left(d + \ln(t + t_0)\right) - \frac{q}{4\pi\lambda}\left(d + \ln(t - t_1 + t_0)\right)$$

ここで，t_1は発熱停止時間である。

これらの式により，T，t，qが分かればλは求められる。しかし，実際には理想的な線熱源は得られないので，誤差が生じることになる。誤差を小さくする方法の1つとして比較法による測定がある。

λが既知の試料中にヒートプローブを入れたときの時間と温度との関係を先に求め，次にλが未知の試料中における時間と温度との関係を求める。この場合，プローブからの発熱量，発熱時間および測定時間を両者で全く同じにすることが条件である。両者の温度変化を各辺ごとに除せば，温度変化の比が熱伝導率の逆比になる。

$$\frac{T_a - T_{a0}}{T_b - T_{b0}} = \frac{\lambda_b}{\lambda_a}$$

ここで，添え字a,bはそれぞれ，熱伝導率が未知および既知の物質を，0は$t=0$の時を示す。

これより温度変化の比から容易に熱伝導率が求められる。温度降下の場合も全く同じになる。実際の測定では，温度上昇および降下の両者を測定し，得られた結果を平均して，試料の熱伝導率とする。

発熱量はプローブ10mmあたり30mW程度，温度上昇は1K程度，時間は上昇および下降を合わせて5分程度でよい。基準物質としては，寒天（1%程度）またはカルボキシ・メチルセルロースの3%溶液などが便利である。いずれも水の熱伝導率を適用する。これらは簡単なプログラムを組めば自動化できる。

実際 55　土壌の有機物含有量を測る

わが国に分布するほとんどの土壌が無機態炭素である炭酸塩を含まないことから，測定した全炭素量は有機態炭素量とみなすことができる。従って，土壌の全炭素量は有機態炭素の基本的性質としての腐植含量やC/N比を求めるのに役に立つ。

STEP1　燃焼法と酸化還元滴定法

　土壌の炭素定量のために現在用いられている方法は，**燃焼法**と**酸化還元滴定法**とに大別される。前者では分析技術の進歩に伴い，正確さと精度が得られるようになったが，迅速性，ランニングコストに難点がある。土壌中の有機物の分布は不均一であると共に土壌間での炭素含量の差は極めて大きい。そのため，この様な不均一な試料の炭素定量には，それほどに高い精度を必要とせず，後者で十分である。簡便さと迅速性をかね合わせた酸化還元滴定法である**チューリン（Tyurin）法**によれば炭素回収率が高く，容易に酸化される有機態炭素を迅速に定量することが出来る。

　土壌中の有機態炭素は重クロム酸カリウム・濃硫酸溶液と共に加熱すると次のように酸化される。

$$2Cr_2O_7^{2-} + 3C + 16H^+ = 4Cr^{3+} + 3CO_2 + 8H_2O$$

重クロム酸は反応した炭素量に応じて消費される。あらかじめ既知量の重クロム酸と反応させ，反応後残存する重クロム酸を二価鉄で滴定する。重クロム酸と二価鉄の反応は以下のように進む。

$$Cr_2O_7^{2-} + 6Fe^{2+} + 14H^+ = 2Cr^{3+} + 6Fe^{3+} + 7H_2O$$

滴定値は有機物の酸化に消費されなかった重クロム酸と等量であり，最初に加えた重クロム酸量との差し引き値から有機物の酸化に消費された重クロム酸量が求まり，この値から炭素量が算出される。

STEP2　操作

　風乾試料5g程度をメノウ乳鉢で粉砕し，測定試料とする。土色より炭素量を推定し，炭素4～6mgに相当する分析試料を正確に秤量し，100ml容三角フラスコに入れ，0.66M重クロム酸カリウム・濃硫酸溶液10mlを正確に加える。また，空試験として2～4mmの素焼き片2～3個を加え，0.4N重クロム酸カリウム・濃硫酸溶液を正確に10ml加えたフラスコを用意する。

　フラスコの口に直径約4cmの小漏斗を差し込み，200℃に加熱したホットプレート上に置く，沸騰後正確に5分間加熱後，フラスコを流水で冷却し，漏斗，フラスコ内壁を約10mlの蒸留水で洗い，漏斗を取り外す。

　加熱分解後の重クロム酸の残量を0.2%フェニルアントラニル酸を指示薬として0.2M硫酸第一鉄アンモニウムにより滴定する。滴定の終点は暗赤紫色から鮮明な緑色に変わったところである。

STEP3　計算方法

$$C = \frac{0.0006 \times (B-T) \times F}{W}$$

ただし，
C：有機態炭素含量 [$g \cdot kg^{-1}$]
B：空試験滴定値
T：分析試料滴定値
F：0.2M 硫酸第一鉄アンモニウム補正係数
W：分析試料採取量 [kg]
とする。

STEP4　水冷凝縮器

　チューリン法では煮沸時間を5分間としている。5分間の煮沸では土壌有機物の酸化分解は十分ではないが，これ以上続けると重クロム酸の熱分解が起こり，誤差を招く恐れがある。水冷の凝縮器（図）を用いることにより煮沸時間の問題を解決できる。凝縮器を用いた場合，加熱時間は30分とすれば十分である。
　また，チューリン法では強酸性重クロム酸カリウム・濃硫酸溶液を用いるため，炭酸塩を含むアルカリ土壌にも前処理を行うことなく適用可能である。

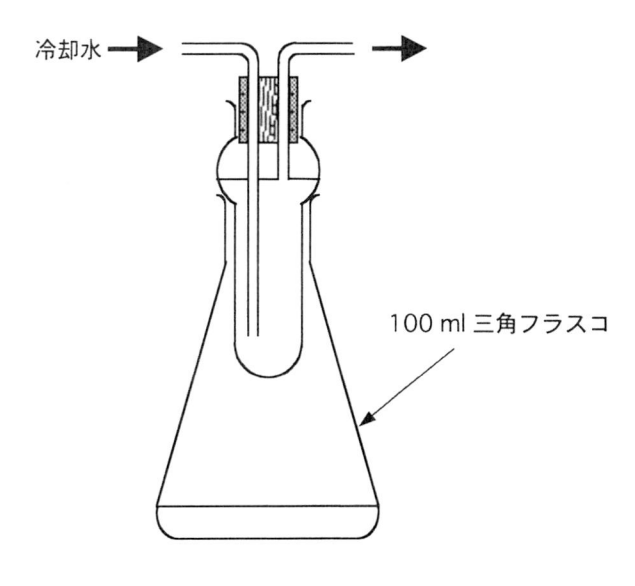

図　水冷冷却器

実際 56 土壌微生物の密度を測る

土壌中の全細菌，糸状菌菌糸長を計測するには顕微鏡による直接法が標準的な方法である。中でも透過型生物顕微鏡を用いるJones and Mollison法が最も汎用されている。土壌懸濁液から検鏡用寒天薄膜を作り，染色剤で菌体を濃青色に染色し顕微鏡下で測定する方法である。

STEP1　直接検鏡法

未風乾土（10g）に蒸留水（60ml）を加え，**ホモジナイザ**を用いて微生物を分散させる（18,000rpm，5分間）。分散終了後，100mlに定容した分散溶液を準備する。9mlの溶融した寒天を試験管に取り60℃に保温しておき，撹拌しながら分散溶液1mlを添加し寒天懸濁液を調整する。

寒天懸濁液を撹拌し5秒間ほど静置させた後，液面下1cmの部位より寒天懸濁液を採取し，トーマ血球計算盤に1〜2滴のせ，ヘモカバーグラスをのせ軽く押さえる。寒天懸濁液の固化後**寒天薄膜**を水中で取り出し，整形後スライドグラス上にのせ，乾燥後**デシケータ**中で一晩乾燥させる。

寒天薄膜をのせたスライドグラスをフェノール性アニリンブルー溶液に1時間浸し，次いでエタノール水溶液中で1分間ほど脱色し，さらに別のエタノール溶液を用い2回脱色を行い室温にて乾燥させる。合成封入剤を数滴滴下しカバーグラスのせる。1晩静置し封入剤が固化すれば永久標本となる。

細菌の測定は倍率を1,000〜1,500倍とし，寒天薄膜1枚当たり10〜20視野を計測し，1視野当たりの平均値を求める。また，**糸状菌**は400〜600倍で糸状菌菌糸の長さは方眼ミクロメータ格子と菌糸の交点を計測する交点法により25〜100視野について測定する。

乾土1g当たりの細菌数Aは以下の式により求める。

$$A = \frac{N \times \frac{b}{c} \times 10^{10}}{d}$$

N：平均細菌数，b：土壌懸濁液の全容量 [ml]
c：試料の乾土重量 [g]，d：1視野面積 [μm^2]

乾土1g当たりの菌糸長A [m] は以下の式により求める。

$$A = L \times \frac{b}{c} \times 10 \qquad L = \frac{\pi N}{2H}$$

L：単位当たりの菌糸の長さ平均
N：交点数，H：格子の全長

STEP2　土壌バイオマス

土壌バイオマスは細菌，放線菌がその大部分を占める。**直接検鏡法**では多少の熟練操作を要するが，バイオマス測定のような生化学的手法は比較的簡便で再現性も高い。この結果バイオマスは土壌微生物総量の定量的指標となる。バイオマスの測定には畑地，水田土壌ともにクロロホルム燻蒸-抽出法が有効である。これはクロロホルム燻蒸中に死滅したバイオマスの自己溶解化した菌体由来の全炭素，窒素を抽出剤を用い抽出し定量する。また，非燻蒸土壌からも同様に抽出，定量を行い，燻蒸土壌の定量値より差し引き一定係数を掛けてバイオマス炭素，窒素を求める。

バイオマス炭素の定量にはTyurin法を一部改変した重クロム酸分解法が利用される。また，バイオマス窒素の定量には抽出溶液の全窒素を分解後，**ケルダール法**で求める方法と可溶性有機態窒素の約半分を占めるアミノ態窒素量を**ニンヒドリン発色法**で求める方法がある。

実際 57

土壌のpH・ECを測る

植物を栽培する前に、成育の基盤である土壌の状態を診断しておく必要がある。土壌診断には，物理性，化学性，生物性の診断があげられるが，中でも化学性の指標となるpH（土壌酸度）とEC（Electric Conductivity:電気伝導度）は最も基本的な診断項目の一つである。

STEP1　測定の必要性

植物はその成育にとって至適な土壌pHの範囲をもっており，作付け前に圃場のpHを適正な値に矯正することは植物を正常に成育させるために重要な技術の一つである。わが国の土壌は酸性土壌が多いが，近年の石灰資材等の多投入により圃場によってはアルカリ性に傾いてきている土壌も見られる。一方、ECは土壌中の塩類濃度を示す指標の一つであり，その値が高いほど肥料分が多い土壌と診断できる。すなわち，水に塩類が多く溶けている方が電気が通りやすくなることを利用した測定方法であり，適切な施肥管理を行う上に重要な診断項目の一つである。近年，化学肥料の多投入によりハウス土壌ではきわめて高いEC値が報告される場合がある[1]。

| センサ計測器7 | pHメータ p164 |
| センサ計測器7 | ECメータ p164 |

STEP2　測定の実際

いずれの項目も土壌に適当量の蒸留水を加えた後に撹拌して，その懸濁液をpHメータやECメータで測定する。土壌：蒸留水の割合は，pHの場合は1：2.5に，ECの場合は1：5にするが，pHはその混合割合が多少変わっても値の変動が小さいので，1：5の懸濁液を準備して，pHとECを同時に測定する方法が簡便である。すなわち，供試土壌を生土で約10g採取し，100ml容ビーカーに入れ，蒸留水を50ml加えて撹拌棒で十分に撹拌しながら約1時間放置する。得られた懸濁液にpHメータの電極を浸して値が安定したらその値を記録する。次にEC電極を同様に浸して値を記録する（ECはdSm^{-1}（デシジーメンス）で表示する）[2]。なお，平面電極を用いた携帯に便利な電池式のpHメータ（堀場製作所，Twin pH B-112）およびECメータ（堀場製作所，Twin Cond B-173）（図）が市販されており，現地圃場での迅速な測定に便利である。

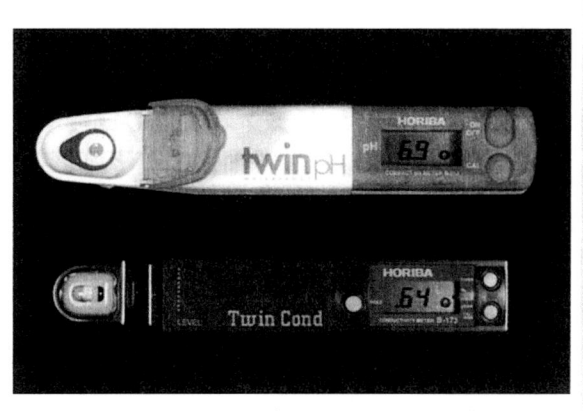

図　pHメータ（上）とECメータ（下）

ONE POINT

pH(KCl)

pHを単独で測定する場合には，蒸留水のかわりに1NのKCl溶液を用いる場合がある（蒸留水抽出の場合はpH(H_2O)，KCl抽出の場合はpH(KCl)と表示する）。この場合，土壌に吸着している酸性物質をも抽出するので，一般にその値は蒸留水抽出よりも低くなる。したがって，pH(H_2O)とpH(KCl)との値の差もそれぞれの土壌の性質を示す一つの指標となる。

実際 58 土壌の養分を測る

植物の成育は，窒素，リン酸，カリの3要素に代表される土壌中の養分によって著しく影響される。したがって，それぞれの植物において安定した成育を確保するためには，土壌中におけるこれらの養分の状態を知り，適切な施肥管理と肥料の過剰な施用を避ける必要がある。

STEP1 測定項目

Ⅰ等級～Ⅳ等級まで分級して土壌の持つ生産力の可能性を表示する場合[1]，基準項目の一つに養分の豊否があげられる。測定項目は，**置換性石灰**，**置換性苦土**，**置換性カリ**，**有効態リン酸**，**有効態窒素**，**有効態ケイ酸**，**酸度（pH）**であり，それぞれについて測定して土壌を評価する。

STEP2 全窒素および無機態窒素の分析

土壌養分の一つである窒素が植物の成育に及ぼす影響はきわめて大きい。植物にとって適切な窒素施用量を決定するためには，植物体の全窒素含有量を分析して，その植物の作付けによって収奪された窒素量を求めておく必要がある。一方，土壌中には植物の残査や土壌有機物が多く存在し，これらの窒素も微生物によって分解されて植物に吸収される。したがって，土壌の全窒素含有量とともに植物に利用され得る**無機態窒素**（**硝酸態窒素**と**アンモニア態窒素**）含有量を把握しておかなければならない。

STEP3 土壌の窒素分析の実際

センサ計測器7 ガスクロマトグラフ p167

採取した土壌を十分に混合してから風乾し，乳鉢中で押しつぶした後，2mmの篩を通してポリ瓶に保存する。この風乾細土約1gを正確に秤量して**ケルダール分解**して**アンモニア蒸留法**により全窒素含有量を測定する。また，試料を完全に燃焼させて生じたN_2ガスを**熱伝導度型検出器（TCD）**付きの**ガスクロマトグラフ**（図）で定量する機器分析もしばしば用いられる。無機態窒素は，風乾細土に2NKCl溶液を加えて振とうした後の濾過液に発色試薬を加えて**比色計**で測定するか，アンモニア蒸留法あるいは**微量拡散法**によって定量する[2)3)]。

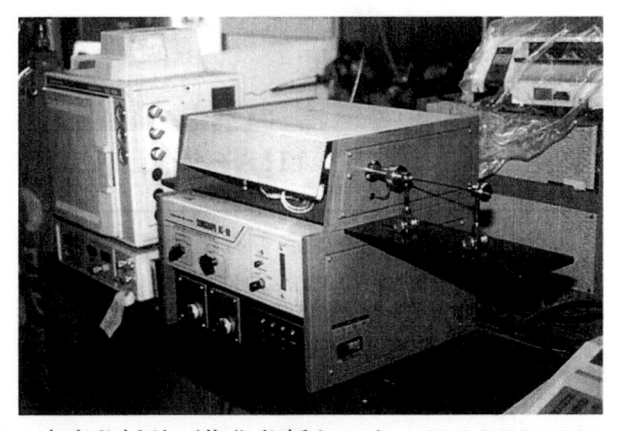

図　炭素・窒素分析計（住化分析センタ，SUMIGRAPH NC-80）

実際 59　土壌の線虫密度を測る

ネコブセンチュウやネグサレセンチュウのような植物寄生性有害線虫は作物の病原生物であり，サツマイモやラッカセイなどに大きな被害を及ぼしている（図1）。圃場やポット内土壌に生息する線虫の生息密度はベルマン漏斗法で測定する。

図1　ラッカセイにおけるネコブセンチュウ被害

図2　ベルマン漏斗法で分離したネコブセンチュウ

STEP1　測定の実際

線虫の個体数を調べるには土壌から線虫を分離して顕微鏡下でカウントする。分離法としては，土壌に水を加えて静置して下方に移動する線虫を検出するベルマン漏斗法（図3）が簡単である。すなわち，図3に示すように，直径9cmの漏斗に市販の金網をセットし，その上に約50gの供試土壌（やや乾き気味の土がよい）をティッシュペーパに包んで置き，土の厚みの半分程度までが浸るように水を加える。室内で24時間静置した後，金網ごと供試土壌を取り除き，漏斗の足に差し込んだゴム管先端の1～2mlの水（ここに線虫がいる）を残して大部分の水を除去する。次に，ゴム管のピンチコックを開き線虫の懸濁液を時計皿に集めて**実体顕微鏡**で観察する[1]。

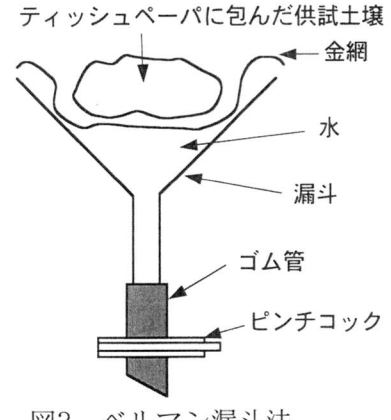

センサ	計測器
1	マイクロスコープ p141

図3　ベルマン漏斗法

ONE POINT　線虫防除

線虫防除にはクロルピクリンのような薬剤による土壌消毒が用いられるが，薬剤処理は植物残査中に残った線虫を翌年に大幅に増殖させる場合があり注意を要する。一方，チオフェンのような殺線虫物質を産生するルドベキアやクロタラリアなどの対抗植物の栽培による**生物的防除**も試みられており，その効果に期待がよせられている[2]。

STEP2　線虫の同定

線虫は病原性の悪玉ばかりでなく，健全な土壌にも多く存在し，他の微生物とともに土壌環境を保全する重要な構成要素として機能している。線虫の種類は**口針**の形や体の大きさから判断するが，実際には専門家でないとその同定は難しい。一般に，被害の大きい植物寄生性の有害線虫は口針が発達しているので，この点から寄生性と非寄生性とに分けて個体数を記録する。

実際 60

温度・水蒸気圧・湿度・飽差を測る

植物を取り巻く環境の中でも、温度や湿度は最も基本的な物理量の一つである。ここでは連続的な計測でよく用いられる熱電対を使って、温度、湿度、露点、VPDを求める方法を解説する。基本は乾球温度と湿球温度であり、これらが測定できれば計算で求めることができる。

STEP1 乾球温度と湿球温度の測定

センサ計測器4
温度・湿度のセンシングp155

　乾球温度とはいわゆる普通の状態（湿り空気）で測定した気温のことであり、湿球温度とは飽和**水蒸気圧**の下で測定した温度のことである。具体的には湿球温度は温度計（**熱電対**など）を湿ったガーゼなどで覆って測定する。乾球温度の熱力学的な理論式は対流熱伝達における伝熱抵抗r_Hと放射熱伝達における伝熱抵抗r_Rの関数になっており、理論によればr_Hを0にすると乾球温度は気温と等しくなる。それでは、r_Hを0にするにはどうすればよいのであろうか？
　r_Hは風速の関数になっており、風速が大きくなるほどr_Hは0に近づく。一方、湿球温度の場合はr_Hとr_R、r_V（蒸散抵抗）の関数であるが、結果だけ述べるとr_Rとr_Hの合成抵抗がr_Vと等しいという条件のときに乾球温度は理論値と一致する。標準の乾湿球温度計は上記の抵抗が理論値に等しくなるように設計されているが、自分で試作した温湿度計ではそのような設定は不可能である。それではどうすればよいかというと、風速を十分速くすると乾湿計定数γが0.93倍になるという結果が理論式から導かれ、多くの場合にはこれらは誤差の範囲内として扱われている。したがって、乾球温度も湿球温度も小型ファンなどを用いて十分な風速を確保すればよいわけである（図1）。

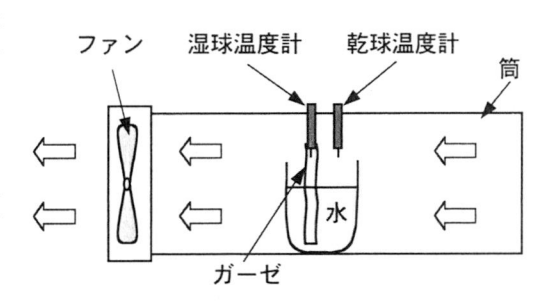

図1　風速の確保

STEP2 水蒸気圧と飽和水蒸気圧

　植物がどれだけ蒸散を行えるかは植物の周りにある空気の水蒸気圧によって決まる。それでは水蒸気圧はどうすれば求めることができるのであろうか？
　測定する項目は乾球温度（T）と湿球温度（T_W）の2つだけである。図2の湿り空気線図で説明しよう。今、求めようとしているのはA点の水蒸気圧である。まず最初にC点の飽和水蒸気圧を求め、この点から傾きγの線を引き温度Tとの交点Aを求めるという手順である。γは温度の関数であるがほぼ一定と仮定できる。計算の具体例を以下に示す。乾球、湿球温度がそれぞれ$T=32$℃、$T_W=26$℃とすると、飽和水蒸気圧e_s、水蒸気圧eはそれぞれ

$$e_{s(Tw)} = \exp\left(19.0177 - \frac{5327}{T_w + 273.15}\right) = 3.36 \ [\text{kPa}]$$

$$e_{(T)} = e_{s(Tw)} - 0.00066(1 + 0.00115 T_w)(T - T_w)P_a = 2.94 \ [\text{kPa}]$$

ONE POINT	乾球温度と湿球温度を用いて**飽差**や相対湿度を測定しているときに気をつけなければならないのが，湿球温度計の乾燥である。なんとも初歩的なミスであるが案外これに気がつかないで，飽差などが計算できないことが多い。容器に水がたくさん入っていてもガーゼの**毛管**がつまってしまうと湿球温度が測定できなくなる。したがって，湿球温度が乾球温度に近づいてきたら水位，ガーゼの状態をチェックするように心がける。
湿球温度計の乾燥	

ただし，P_aは気圧で，水蒸気の計算では101.3〔kPa〕とした。
注）ここで使用している以外にも経験式は提案されているので，それらを使っても計算できる。

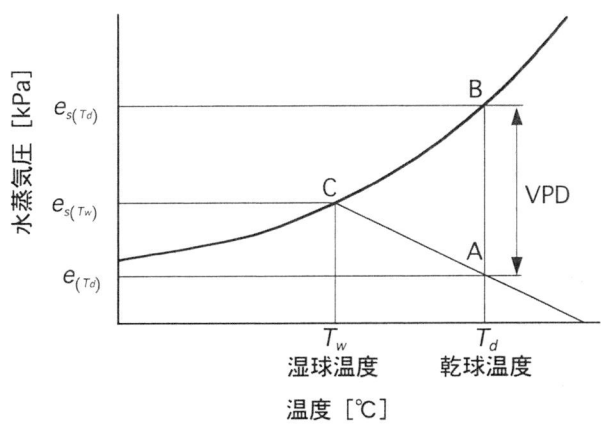

図2　湿り空気線図

STEP3　相対湿度

相対湿度は図2の点B水蒸気圧に対する点Aの水蒸気圧の割合であるから，$e_{s(Tw)}$と$e_{(T)}$が求められれば計算できる。$e_{s(Tw)}$の計算は前項ですでにできているので，あとは$e_{(T)}$を計算すればよい。前項と同じ乾球，湿球温度の条件での相対湿度の計算例は以下の通りである。

$$e_{s(T)} = \exp\left(19.0177 - \frac{5327}{T+273.15}\right) = 4.76 \ \text{[kPa]}$$

$$h = \frac{e_{(T)}}{e_{s(T)}} = 61.8 \ \text{[\%]}$$

実際　湿度を測る
61　p124

STEP4　飽差

いま，温度T，水蒸気圧eの空気があるとすると，温度Tの$e_{s(T)}$と$e_{(T)}$の差を飽差（VPD）という（図2）。もし，VPDが0〔kPa〕ならばその空気の中では植物からの水分蒸発は不可能である。一方，VPDの値が2とか3〔kPa〕などであればその空気はよく乾燥しており，植物からの蒸散は盛んに行われる。具体的に計算例を以下に示す。乾球，湿球温度がそれぞれ$T=32℃$，$T_w=26℃$とすると，前項までの計算例で$e_{s(T)}$，$e_{(T)}$は求められているので，VPDは以下のようになる。

$$VPD = e_{s(T)} - e_{(T)} = 1.820 \ \text{[kPa]}$$

実際 61　湿度を測る

施設内の温度が常に計測され，制御されるものであるのに対して，湿度が計測制御されることは，それほど多くない。しかし，多くの病気が高湿度で発生しやすく，逆に害虫やウドンコ病は低湿度で発生しやすい。また，花卉の中には低湿度や高湿度を要求するものがある。

STEP1　センサの選択

センサ計測器4　湿度センサ p157

　施設内は多くの湿度センサにとって過酷な条件である。短時間の計測なら，大差はないであろうが，長期間無保守で計測可能なものは限られる。一般的には，密閉空間で植物や湿った土壌などのため高湿側に傾きやすく，しばしば結露や霧の発生が起きる。塩化リチウムを用いたものやポリマ，半導体系のものは結露条件及びそれ以降の精度の保証がないし，毛髪などはたとえ結露しなくても高湿度で劣化する。センサにより土埃が問題になる場合もある。湿球の場合は，たとえ蒸留水の補給をきちんと行っても，次第に埃，微生物，スケールでガーゼが汚れてくる。このため**毛管**が閉塞していき，水があってもガーゼが乾いている状態になる。このとき計測値は徐々に高湿側にシフトし，完全に乾燥すると実際の湿度に関係なく，100%と計測される。これらのことから，利用可能なセンサは，防塵対策が確実で，高湿度に耐えられるものに限られる。**鏡面冷却式露点計**，高温リフレッシュ型の**セラミックセンサ**，**水晶共振センサ**，**サーミスタセンサ**が主要なものである。センサ単価の比較的低いサーミスタセンサについて以下に説明をする。

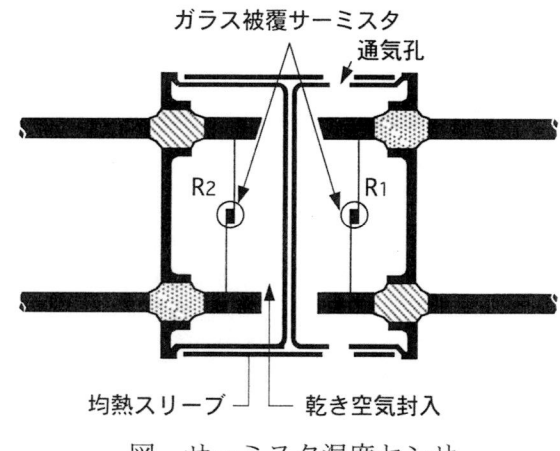

STEP2　サーミスタ湿度センサ

　サーミスタは一般に温度計測に用いられる**抵抗素子**である。温度変化を**抵抗変化**として微弱電流で検出する。微弱でない電流を流すと，抵抗により発熱し電流と放熱量で決まる一定温度になる。この時，素子周囲に気流があれば，温度低下が起きる。次項の熱量風速計はこの原理を利用している。気流が無くても，雰囲気のガス組成が変化するとガスの熱伝導率の違いにより，温度が変化する。通常環境ではガス組成の変化は水蒸気量主体であるので，温度変化は水蒸気量=湿度の変化と見なすことが出来る。実際には図のように，乾燥空気を封入した部分と，外気に開放した部分の特性の揃ったサーミスタをセンサとして湿度計測を行う。非常に多数の計測を行うのでなければ，ブリッジ回路付きのものか，**増幅器**付きのものが便利であろう。これらは，15Vの電源で，それぞれ，数mVと数Vの出力となる。センサ出力は**絶対湿度** $[g \cdot m^{-3}]$ なので相対湿度などが必要なら温度計測も同時に行う必要がある。センサ部分は施設環境で問題ないが，電子回路部は防塵，防湿対策を行う必要がある。

図　サーミスタ湿度センサ

実際 62　風速を測る

完全密閉の施設でも，太陽光等の加熱による対流，外部の風で生ずる温度差にもとづく対流などが起きている。もちろん，側窓，天窓を解放すれば，外部の風が入るし，実際の施設ではすきま風もかなりある。

STEP1　センサの種類

いわゆる風速計には，非常に多種類のものがある。しかし，その多くは，気象観測用であり，施設内のような微風域主体で正確に計測できかつセンサ部が小型なものは少ない。いわゆる熱量風速計はこの目的に合致している。よく使われるものとして，**熱線風速計**，**サーミスタ風速計**がある。通電加熱してある白金線，ニッケル線，**サーミスタ**などに風が当たると温度が下がり，抵抗値が変化するのをブリッジで検出し風速に換算する。細い金属線を使ったものは**時定数**が小さいが安定性に欠けるので，長期的な計測が必要なら，被覆した金属線を用いたものや，サーミスタを用いたものを利用する。

実際 61　湿度を測る　p124

STEP2　サーミスタ風速センサ

サーミスタは熱線風速計に比べ熱容量が大きいが，抵抗変化も大きい。したがって，見かけ上の時定数は小さくできる。実際の製品では，10 [m・s^{-1}] フルスケールを0.01 [m・s^{-1}] の**分解能**で1秒の時定数で計測可能なものがある。乱流の影響が大きい場合には，**積分回路**で時定数を大きくして，細かな変動をキャンセルできる。

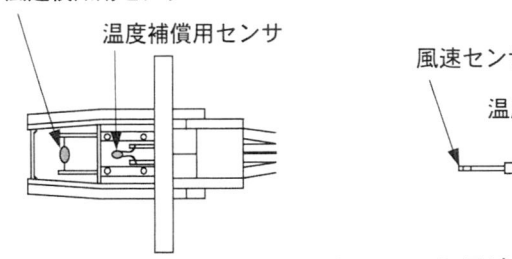

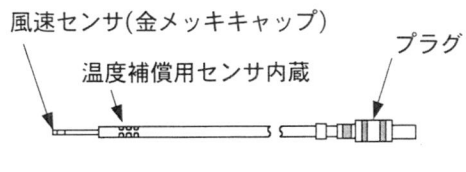

図　サーミスタ風速センサ

STEP3　計測の実際

施設内の風速の計測は屋外の気象観測とは異なり，1点のみで行うことは希である。これは，空間内に非常に大きな差があるからである。通風がある場合には，通風口，群落上空，通路，畦間，群落内の順で風速が大きい。加温や冷房の影響も大きい。実際には，施設内の代表的と思われる部分の，群落あるいはその一部を取り囲む直方体を考え，それを縦，横，高さ方向にそれぞれ適当な間隔に区切り，その格子点にセンサを設置することになることが多い。多くの場合，1本のセンサを移動して計測するが，多数のセンサを同時に設置することもある。一般の風洞実験や室内通気試験等でも多点同時計測は良く行われるので，多チャンネルの計測システムが販売されている。

実際
63

放射エネルギ・PPFを測る

植物の温度は成長に影響を及ぼす重要な要因の一つで，植物に入力されるエネルギと出力されるエネルギのバランスで決まる。これには主として放射，対流，蒸散の各エネルギが大きく関わっている。エネルギ的な温度の考察には，これらの各エネルギ量を測定する必要がある。

STEP1　放射エネルギとは

　世の中の物体は全て**放射エネルギ**を放出している。その放出量はその物体の絶対温度の4乗に比例した量である（これをStefan-Boltzmannの法則という）。同じ物体でも10度のときと20度のときでは，20度のときの方が放射エネルギは大きい。この放射エネルギは電磁波なので，接触していなくてもエネルギは伝播することになる。また，波長は低周波から高周波までが混在しているが，**ヒストグラム**は単峰形であり，1つのピークを持つ。このピークの周波数は温度に比例しており（これをWienの法則という），物体の温度が高くなると周波数は高くなり，低いと周波数も低くなる。したがって，同じ物体でも温度によって放射されるピークの周波数が異なり，もし仮に目の前の物体が300Kの室温からどんどん温度を上げて6000Kになったとしたら，太陽と同じ光を発することになる。

STEP2　短波長放射と長波長放射

センサ
計測器
4

サーモカメラp156

　放射エネルギは3000nmの波長を境にして短波長放射と長波長放射に区別される。一般的に短波長放射の範囲は400～3000nm，長波長放射は3000～10000nmとされることが多い。植物が受ける環境を考えた場合，短波長放射は太陽光や人工照明など表面温度が非常に高い（太陽の場合，5600K）物体起因する放射エネルギであり，一方，長波長放射はいわゆる普通の温度範囲に起因する放射エネルギである。したがって，植物は太陽や光源からの短波長放射と温室の屋根ガラスや構造物からの長波長放射を得て，植物自身は自分の温度に起因する長波長エネルギを放射している（植物自身が短波長の放射エネルギを発することはありえない。）

STEP3　放射エネルギのバランス

　植物が受ける放射エネルギのバランスを考えてみよう。例えば真冬のガラス温室内の植物を例に考察してみる。昼間は太陽光からの短波長放射を受けており，もし温室のガラスや構造物が植物の温度より低くても（**放射率**を考慮する必要があるが），全体としては入力されるエネルギの方が多い。しかし夜間には短波長放射はゼロになる上，ガラスや構造物の温度が植物の温度よりも低下するので植物からは放射エネルギどんどん失われ，植物の温度が低下することになる。サーマルブランケットはこれを避けるために夜間に植物と天井の間に設置して（ブランケットの表面温度は室温とほぼ同じなので）植物から失われる放射エネルギを低減するわけである。

ONE POINT 温室での測定

温室の中などで短波長放射量やPPFを測定する場合，屋外での測定値に比べて当然値が小さくなる。これはガラスやフィルムなどの被覆材の**透過率**のほかに，温室の構造材によって光が遮蔽されているからである。温室の構造にもよるが屋外の60～70%くらいが一般的である。

STEP4　PPFと短波長放射エネルギ

光合成有効光量子束密度（PPF）とは400～700nmの範囲の電磁波の単位時間・単位面積当たりの光量子数［mol］である。これをそのまま英語に直すとPhotosyhnthetic Photon Flux Density（PPFD）になり，一方言葉を忠実に解釈するとPPFは単位時間当たりの光量子数ということになるが，アメリカではPPFDの意味でPPFを使っておりPPFDとPPFの使用法が統一されていないようである。短波長放射は太陽光などに起因する放射エネルギなので，これらの間には密接な関係がある。Heinsらはさまざまな光源についてこの関係を調べ，太陽光の場合にはPPF［$\mu mol \cdot m^{-2} \cdot s^{-1}$］はSW（短波長放射エネルギ）［$W \cdot m^{-2}$］の約2倍であるとの結果を得ている。この関係を使えばいずれか一方だけを測定すれば他方も推定できる。

STEP5　放射エネルギの測定

放射エネルギは，短波長やこれに長波長を加えた上空から地上へ入射されるエネルギすべてを測定する装置，さらに地上から放射される長波長放射エネルギや，天空からの入射と地上からの放射の収支を測定するものなどがある。これらはそれぞれ**全天日射計**，**長波長放射計**，**放射収支計**と呼ばれており，出力は電圧のものが多く直接データロガに接続してデータを取得できる。

図1　放射エネルギ測定センサ

STEP6　PPFの測定

PPFの測定にも専用のセンサを用いる。これは400～700nmの光量子感度に近似した応答曲線を持っており光量子センサと呼ばれている。このセンサからの出力は電流であり個々のセンサに校正値が予め求められている（例えば-173.9［$\mu mol \cdot s^{-1} \cdot m^{-2} \cdot \mu A^{-1}$］など）ので，必ずセンサ固有の値を使わなければならない。

図2　PPF測定センサ

実際 64　培養液の組成を測る

培養液中には，植物由来のものを含め多様な物質が存在している。高速液体クロマトグラフィは，そのような複雑な組成の液体を多成分分析するのに適している。分析に要する試料量も少なく，培養途中の培地のように大量に試料を採取できない場合にも有効である。

STEP1　液体クロマトグラフの原理

センサ計測器7　高速液体クロマトグラフp168

　適当な液体（移動相）を流して，**吸着剤**を詰めた管（カラム）内で物質を移動させるとき，その速さは物質の性質によって違う。複数の物質を同時に流し始めても，吸着されやすい物質ほどカラム内を遅く移動するので出口では物質ごとに分離されていることが期待できる。このようにして物質を分離する装置が液体クロマトグラフ（LC）である。吸着の強さは，吸着剤と移動相との関係から相対的に決まる。その適当な組み合わせが見つかれば，多くの物質をよく分離することができる。

STEP2　高速液体クロマトグラフのしくみ

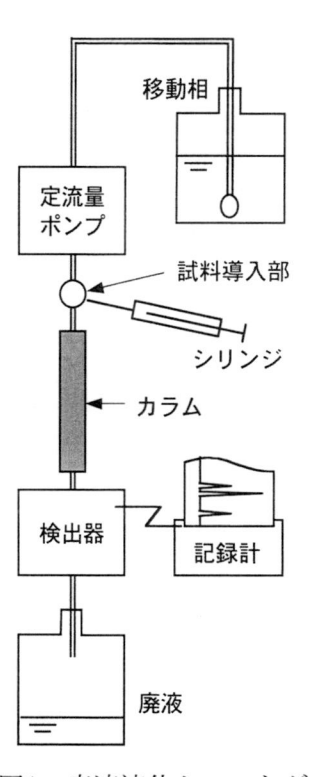

　カラムに，移動相とともに試料を通過させる（図1）。条件が一定なら，カラム中を物質が通過する時間は一定である。**検出器**からの信号の強さと物質量との関係が一定なら，同定と同時に定量が可能になる。例えば，記録計からの出力が図2であった場合，試料には少なくともA，B，Cの3種類の物質が含まれていたことがわかる。各物質の標準試料を使って，物質量とピーク面積との関係をあらかじめ求めておけば，試料中の各物質の量を正確に推定できる。

図1　高速液体クロマトグラフ

図2　記録計からの出力例

STEP3　カラムと分離条件

　測定の成否は，目的物質をいかにうまく分離するかにかかっている。測定したい物質の性質に応じて，適当なカラムを用意する必要がある。どのカラムを用い，どのような条件で分離するかについては，出版物やカラムメーカ

ONE POINT 参照先	Shodexのホームページには，初心者から熟練者まで有用な情報や分析のノウハウなどが記載されている。 http://www.sdk.co.jp/shodex/japanese/contents.htm カラムメーカのホームページには以下のものなどがある。 YMC（http://www.ymc.co.jp/） トーソー（http://www.tosoh.co.jp/hp_inx.htm）

などのホームページから調べることができる。一般的には，これらを参考にし，さらに細かな検討を加えて最適な分析条件を決定する。その場合，どのような原理で分離しているかを考え，移動相の**極性**，pH，**イオン強度**などを変更する。例えば，**有機溶媒**（メタノールなど）の濃度を高めると移動相の極性が低下する。ODSタイプと呼ばれるカラムでは，それによって極性の低い物質をより早く流出させることができるようになる。

STEP4　試料の導入

試料はメンブレンフィルタ（孔径0.45μm以下）でろ過してから導入すること。試料の導入にはレオダイン型と呼ばれる装置が広く用いられている。必ず適合した**シリンジ**で試料を導入する。再現性よく試料を導入するには，**サンプルループ**を利用する。例えば20μlの試料を導入する場合には，20μl容のサンプルループを使用する。ロード（LOAD）位置でやや多めの試料を注入し，サンプルループ内を試料で完全に置換する。次いでインジェクト（INJECT）位置にすばやく切換えると，試料が移動相中に導入される（図3）。分析中はINJECT位置にし，常にサンプルループ内を移動相が流れているようにする。

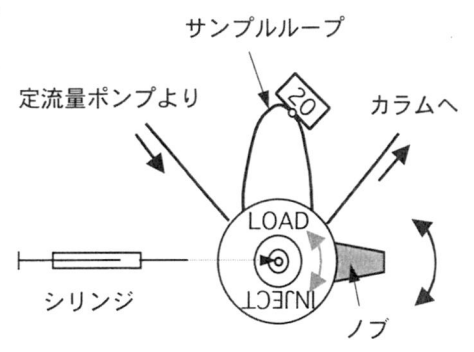

[INJECT]位置ではサンプルループ内を移動層が流れる。
[LOAD]位置ではサンプルループが流路から切り離されて中立となる。

図3　試料導入部

STEP5　トラブルの防止策

カラムの使用条件（最高**圧力**，使用可能な溶媒の種類，使用可能なpH域など）を守ること。**シリカゲル**を含んでいるカラム（ODSタイプなど）は，アルカリ下では使用できない。樹脂を基剤にしたカラムでは，使用可能な溶媒に制限がある。それら注意事項が記された書類はカラムに添付されている。分析条件確定後に生じるトラブルには，移動相に関係したものが多い。移動相，試料ともメンブレンフィルタでろ過してから使用すること，**脱気装置**を利用して移動相中に気泡が混入したり気泡が発生することがないようにすることが重要である。また，定常時の圧力を覚えておくとよい。分析中の圧力の変動は，何らかのトラブル発生（液漏れなど）の可能性を示唆するからである。ただ，長期間使用するとパッキンやシールの液漏れは避けられないので，予備部品を購入しておくとともに，メンテナンスのために機器の構造を理解しておきたい。

実際 65

ガス濃度を測る

ガス環境は，植物の成長，発育および老化に大きな影響を与える。成育中は光合成速度と関連して二酸化炭素濃度が，収穫後の貯蔵・輸送環境では呼吸活性と関連して二酸化炭素と酸素濃度が問題となる。また，エチレンはppmレベルの濃度で植物に重大な影響を与える。

STEP1　二酸化炭素，酸素，エチレンとは

実際 10	ガス交換速度を測る p28
実際 41	根の呼吸活性を測る p88
実際 25	果実・食品の匂いを測る p58
実際 26	果実の鮮度を測る p60

大気中の二酸化炭素濃度は約350ppmであるが，この濃度を高めることにより，多くの植物で光合成速度を高めることができる。半密閉状態のハウス内や完全制御型植物工場内では，二酸化炭素が植物の光合成によって吸収されるため，極端に二酸化炭素濃度が低下する場合がある。この時には，人工的に二酸化炭素を補給すること（二酸化炭素施肥）によって，光合成速度を高め，成育を促進することができる。ただし，高すぎる二酸化炭素濃度は逆に成育を阻害するので，二酸化炭素濃度を連続的に計測し，最適濃度に保つ必要がある。

収穫後の青果物の貯蔵・流通環境において，最適ガス条件は酸素濃度が2〜3％，二酸化炭素濃度は0〜3％の範囲にある場合が多い。これより酸素濃度が低下または二酸化炭素濃度が上昇すると，**無気呼吸**が誘導され障害を引き起こす。植物ホルモンである**エチレン**は，ごく微量で成熟や老化を引き起こす作用がある。バナナの**成熟誘導**やレモン，オレンジ類の**着色促進**などのために人工的にエチレンを処理する場合もあるが，流通・貯蔵環境の中でエチレンは一般に**老化促進**に働き，作目の種類によっては甚大な被害をもたらせる。エチレンはトラックの排気ガスなどの不完全燃焼ガスに含まれる他に，成熟段階に達した多くの果実類からも排出されている。また，エチレンは未熟堆肥などからも発生し，植物の成育を極端に抑制する場合がある。

STEP2　赤外線ガス分析装置による測定

| センサ計測器 7 | 赤外線ガス分析装置 p169 |

二酸化炭素濃度の連続的測定には赤外線ガス分析装置が最も適している。二酸化炭素によって特異的に吸収される波長の赤外線を**試料セル**と標準セルの両方に照射し，セルを通過した赤外線のエネルギー差を検出し，**検量線**と比較して二酸化炭素濃度を測定する。近年では20万円以下の機種も市販されており，二酸化炭素施肥と関連して，野菜ハウス栽培でも用いられている。

STEP3　ガスクロマトグラフによる測定

| センサ計測器 7 | ガスクロマトグラフ p167 |

分離用のカラムと**検出器**を適当に選択すれば**ガスクロマトグラフ**は，その名のとおり，種々のガスを分析することができる。二酸化炭素濃度の測定には**ポラパックQカラム**と**熱伝導度型検出器（TCD）**の組合せが適しており，10ppm程度までの測定が可能である。酸素濃度の測定には**モレキュラシーブカラム**と熱伝導時計が利用され，0.1％程度までの検出が可能である。ただし，モレキュラシーブカラムは二酸化炭素や水蒸気を強く吸着し，多数のサンプルを測定すると酸素に対する感度が低下する。この場合には，カラムを250℃程度の高温で保つ空焼き操作によって再生することができる。**活性アルミナカラム**と**水素炎イオン化検出器（FID）**の組み合わせを用いると，0.1ppm程度までのエチレン濃度を検出することができる。

引用文献・参考文献

2 葉の面積を測る

1) 加藤　徹：野菜の生育診断，農文協，83-305 (1983).
2) 古在豊樹，狩野　敦，蔵田憲次，北宅善昭，池田英男，大川　清，今西英雄，松井弘之，松尾昌樹，三位正洋：新施設園芸学，朝倉書店，11-37 (1992).
3) 塚本哲男：CCDの基礎，オーム社，9-125 (1988).
4) Ryan G. Rosandich: Intelligent Visual Inspection. CHAPMAN & HALL, London, 97-122 (1997).
5) Louis J. Galbiati, Jr.: Machine Vision and Digital Image Processing Fundamentals. Prentice Hall, New Jersey, 18-53 (1990).
6) Bernd Jahne: Digital Image Processing. Springer. Berlin, 18-25 (1997).
7) 八木伸行，井上誠喜，林　正樹，中須英輔，三谷公二，奥井誠人，鈴木正一，金次保明：C言語で学ぶ実践画像処理，オーム社，1-178 (1994).
8) 画像処理ハンドブック編集委員会：画像処理ハンドブック，昭晃堂，62-86 (1990).
9) 尾崎　弘，谷口慶治：画像処理，共立出版，7-111 (1993).
10) ファイトテクノロジー研究会：ファイトテクノロジー，朝倉書店，102-108 (1994).

5 葉齢を測る

1) American Journal of Botany. 44, 297-305 (1957).
2) American Journal of Botany. 65, 586-593 (1978).

6 葉緑素を測る

Takebe,M.,et al.: Spectral Reflectance Ratio of Rice Canopy for Estimating Crop Nitrogen Status. Plant and Soil,122,295-297 (1990).
渡辺　苞，ほか：ディジタル式葉緑素計の開発（第1報），日本作物学会紀事第49巻，89-90 (1980).
渡辺　苞，ほか：ディジタル式葉緑素計の開発（第2報），日本作物学会紀事第49巻，91-92 (1980).

18 植物のテクスチャを測る

1) 岩崎民平ら：新英和中辞典，1597，研究社 (1972).
2) Haralick, R.M., K. Shanmugam and Its'hak Dinstein: Textural features for image classification. IEEE Transactions on systems, man, and cybernetics, SMC-3(6), 610-621 (1973).

19 植物の分光反射特性を測る

1) 近藤　直：分光反射特性を利用した植物体各部の識別のための波長帯域の選定，生物環境調節，第26巻，第4号，175-183 (1988).
2) 稲田勝美：光と植物生育，養賢堂，8-9 (1984).
3) 近藤　直，芝野保徳，毛利建太郎，門田充司，中村　博，有馬誠一：キュウリ果実検出用視覚センサの研究（第1報）－果実の識別および認識実験－，生物環境調節，第31巻，第2号，93-100 (1993).

21 果実までの距離を測る

1) 岡本嗣男，白井良明，藤浦建史，近藤　直：生物にやさしい知能ロボット工学，41-46，実教出版(1992).

2) 近藤 直, 川村 登：マニピュレータ装着用カメラによる果実の位置検出法-果実把握のための位置検出実験と計算機によるシミュレーション-, 農機誌, 第47巻, 第1号, 60-65 (1985).
3) Y. Shirai, N. Kondo, and T. Fujiura : Machine Vision, Robotics for Bioproduction Systems, edited by N. Kondo and K. C. Ting, ASAE, 65-107 (1998).

23 果実の粘弾性を測る

1) T.R.マッカーラ著 三浦 功・田尾陽一共訳：計算機のための数値計算法概論, サイエンス社 (1986).

26 果実の鮮度を測る

1) Kato, K. : Electrical Density Sorting and Estimation of Soluble Solids Content of Watermelon. Journal of Agricultural Engineering Research, 67(2), 161-170 (1997).
2) 加藤宏郎：農産物の非破壊内部計測と品質評価-成分・構造・温度-, システム制御情報学会誌（システム／制御／情報）, 40(2), 63-68 (1996).
3) 加藤宏郎：密度によるメロンの品質測定に関する研究, フレッシュフードシステム, 26(8), 61-64 (1977)
4) 古川秀子：おいしさを測る-食品官能検査の実際-, 幸書房 (1994).
5) 川村周三：米の官能試験と機器分析,「新時代に求められる米の品質」農業施設学会技術研修会資料, 31-44 (1995).
6) Munoz, A. M., G. V. Civille, B. T. Carr: Sensory Evaluation in Quality Control. Van Nostrand Reinhold, New York, USA (1992).

27 米の食味を計る

1) 川村周三・夏賀元康・河野慎一・伊藤和彦：機器分析法と官能試験法とによる米の食味評価, 農機誌, 58(4), 95-104 (1996).
2) 夏賀元康：計測手法アラカルト(4)II近赤外線による農産物計測-穀物を中心として-, 農機誌, 58(6), 129-141 (1996).

28 穀物の水分を計る

1) 食糧庁：標準計測方法 (1988).
2) 山下律也：「穀物の含水率測定法法基準」についての提案, 農機誌, 37(3), 445-451 (1975).
3) 夏賀元康・川村周三・伊藤和彦：近赤外分光法による穀物成分測定の精度（第1報）, 農機誌, 54(1), 89-96 (1992).
4) 夏賀元康・川村周三・伊藤和彦：近赤外分光法による穀物成分測定の精度（第2報）, 農機誌, 54(6), 89-94 (1992).
5) 夏賀元康・川村周三・伊藤和彦：近赤外分光法による穀物成分測定の精度（第3報）, 農機誌, 55(1), 109-115 (1993).
6) Kawamura, S., Natsuga, M., Itoh, K.: Determining Undried Rough Rice Constituent Content Using Near-Infrared Transmission Spectroscopy. Transaction of the ASAE, 42(3), 813-818 (1999).
7) 夏賀元康：高水分小麦の近赤外域における特性を成分による仕分け, 農業機械学会アクティ21「ポストハーベストにおけるスペクトロスコピィ応用研究会」第3回研究交流会資料, 31-42 (1999).
8) 下原融：計測手法アラカルト(9)IV穀物水分の迅速測定法, 農機誌, 59(5), 123-126 (1997).
9) USDA GIPSA (FGIS): Moisture Handbook (1999).

30 穀物の圧縮特性を測る

1) 三輪・小林：穀物の力学的性質, 農産物性研究（第2集）, 農産物性研究グループ, 25-55 (1985).

31 穀物の収量・流量を測る

1) 坂口栄一郎・早川千吉郎：穀粒の流動特性に関する研究（第1報）－傾斜とい中を流れる穀粒層の速度分布測定法－，農業機械学会誌，50(6)，61-68 (1988).

32 穀物の壁面摩擦係数を測る

1) 岩尾俊男：振動ふるい上の粒子の運動と分離性能に関する研究，島根大学農学部研究報告，6 (1972).

33 根量を測る

1) Bohm, W.: Methods of Studying Root Systems. 132-135, Springer-Verlag (1979).
2) 田中典幸：根長測定法，植物栄養実験法，日本土壌肥料学会監修，46-49，博友社 (1990).
3) 山内章：根長の測定法，根の事典，根の事典編集委員会編，380-382，朝倉書店 (1998).
4) Morita, S., T. Suga, Y. Haruki and K. Yamazaki: Morphological characters of rice roots estimated with a root length scanner. Japanese Journal of Crop Science, 57(2), 371-376 (1988).
5) Morita, S., S. Thongpae, J. Abe, T. Nakamoto and K. Yamazaki: Root branching in maize. 1."Branching index"and methods for measuring root length, Japanese Journal of Crop Science, 61(1), 101-106 (1992).
6) Kang, S.Y., S. Morita and K. Yamazaki: Comparisons of three methods for estimating root length in rice. In Low-input sustainable crop production systems in Asia, ed. Korean Soceity of Crop Science, 441-449, Korean society of Crop Science (1993).
7) 筑紫二郎：画像解析による根量の把握，農業および園芸，69(5)，627-634 (1994).
8) 木村和彦：最近の画像解析による根量の把握，農業および園芸，74(1)，54-60 (1999).
9) 森田茂紀，山田章平，阿部淳：イネ根系形態の解析－成熟期における品種間比較－，日本作物学会紀事，64(3)，58-65 (1995).
10) Kang, S.Y., S. Morita and K. Yamazaki: Root growth and distribution in some Japonica-indica hybrid and Japonica type rice cultivars under field conditions. Japanese Journal of Crop Science, 63(1), 118-124 (1994).
11) Morita, S. and H.P. Collins: A method to describe root branching. Japanese Journal of Crop Science, 59(3), 580-581 (1990).

34 根系の分布を測る －フィールドでの測定－

1) Weaber, J. E.: Root Development of Field Crops. 253-261, McGraw-Hill (1926).
2) Bohm, W.: Methods of Studying Root Systems. 132-135, Springer-Verlag (1979).
3) 山崎耕宇・帰山長憲：トウモロコシ根系を構成する1次根の外部形態およびその伸長方向，日本作物学会紀事，51(4)，584-590 (1982).
4) Morita, S., H. Okuda and J. Abe: Spatial distribution and structure of wheat root system. In Low-input sustainable crop production systems in Asia, ed. Korean Soceity of Crop Science, 399-404, Korean Society of Crop Science (1993).
5) 川田信一郎，山崎耕宇，石原邦，芝山秀次郎，頼光隆：水稲における根群の形態形成について，とくにその生育段階に着目した場合の一例，日本作物学会紀事，32(2)，163-180 (1963).
6) Bohm, W.: Methods of Studying Root Systems. 132-135, Springer-Verlag (1979).
7) 安間正虎，小田桂三郎：根系調査法，作物試験法，戸刈義次他，137-155，農業技術協会 (1957).
8) 森田茂紀：根系調査，［実験］生産環境生物学，東京大学大学院農学生命科学研究科生産・環境生物学専攻編，150-152，朝倉書店 (1999).
9) 森田茂紀，山田章平，阿部淳：イネ根系形態の解析-成熟期における品種間比較-，日本作物学会紀事，64(3)，58-65 (1995).

10) Bohm, W.: Methods of Studying Root Systems. 132-135, Springer-Verlag (1979).
11) 田中典幸，窪田文武，阿比留裕之：改良コアサンプラーによる水稲根系の調査法について，日本作物学会紀事，54(4), 379-386 (1985).

35 根系の分布を測る -容器での測定-

1) Fisher, R. A., Kono, Y. and Howe, G. N.: Direct drilling effects on early growth of wheat: studies in intact soil cores. Australian Journal of Experimental Agriculture, 34, 223-227 (1994).
2) Sekimoto, H., Shibuya, K., Yoshida, A. and Itani, J.: A new root box for developing whole root systems in water culture. Soil Science and Plant Nutrition, 43, 1015-1020 (1997).
3) Kono, Y., Yamauchi, A., Nonoyama, T. Tatsumi, J. and Kawamura N.: A revised experimental system of root-soil interaction for laboratory work. Environmental Control in Biology, 25 (4), 141-151 (1987).
4) Mia, M. W., Yamauchi, A. and Kono, Y.: Root system structure of six food legume species: Inter- and intraspecific variations. Japanese Journal of Crop Science, 65 (1), 131-140 (1996).
5) Upchurch, D. R. and Taylor, H. M.: Tools for studying rhizosphere dynamics. In Rhizosphere Dynamics, eds. J. E. Box and L. C. Hammond, 83-115, Westview Press Inc., USA (1990).
6) Araki, H. and Iijima, M.: Rooting nodes of deep roots in rice and maize grown in a long tube. Plant Production Science, 1 (4), 242-247 (1998).
7) Mia, M. W., Yamauchi, A. and Kono, Y.: Plasticity in taproot elongation growth of several food legume species. Japanese Journal of Crop Science, 65 (2), 368-378 (1996).
8) Ohdan, H., Daimon H. and Mimoto, H.: Evaluation of allelopathy in Crotalaria by using a seed pack growth pouch. Japanese Journal of Crop Science 64 (3), 644-649 (1995).

36 根の伸長方向を測る

1) Oyanagi, A., T. Nakamoto, and S. Morita: The gravitropic response of roots and the shaping of the root system in cereal plants. Environmental and Experimental Botany, 33(1), 141-158 (1993).
2) Abe, J. and S. Morita: Growth direction of nodal roots in rice: its variation and contribution to root system formation. Plant and Soil, 165(2), 333-337 (1994).
3) 山崎耕宇：水稲冠根の生育を観察つるための"葉ざし"法について，日本作物学会紀事，47(3), 440-441 (1978).
4) 川田信一郎，片野学，山崎耕宇：水稲冠根の伸長方向角度と屈地性について，日本作物学会紀事，49(2), 301-310 (1980).
5) 森田茂紀，山崎耕宇：光条件が水稲1次根の伸長方向に及ぼす影響－"葉ざし"法を利用した場合－，日本作物学会紀事，61(4), 688-689 (1992).
6) Abe, J., K. Nemoto, D.X. Hu and S. Morita: A nonparametric test on difference in growth direction of rice primary roots. Japanese Journal of Crop Science, 59(3), 572-575 (1990).
7) 森田茂紀，根本圭介：水稲1次根の空間的分布を評価するための方法，日本作物学会紀事，62(3), 359-362 (1993).
8) Morita, S., K.Nemoto, J.Abeand K.Yamazaki: A Method to estimate growth direction of rice nodal roots. In Kut shera, L., E.Hubl., E.Lichtenegger, H.Persson and M.Sobotik eds. Root Ecology and its Practical Application, Proceedings of the 3rd ISRR Symposium, Wien Univ. Bodenkultur, 783-786 (1992).
9) 小柳敦史：コムギの根系，農業および園芸，70(5), 621-526 (1995). 一部改変
10) 中元朋実，辻博之：根の辞典編集委員会編　根の事典，朝倉書店，398-400 (1998).

37 根の成長を測る
1) 根研究会: 根ハンドブック，根研究会 (1986).

38 根の分枝を測る
1) Fitter, A. F.: The topology and geometry of plant root systems. Influence of watering rate on root system topology in Trifolium pratense, Ann. Bot., 58, 91-101 (1986).
2) 巽 二郎：根系のフラクタル，根の事典，朝倉書店，98-101 (1998).
3) Tatsumi, J., A.: Yamauchi and Y. Kono Fractal analysis of plant root systems, Ann. Bot., 64, 499-503 (1989).

40 根の出液速度を測る
1) 森田茂紀，阿部淳：写真で見る根の診断－色と形から根の活力を知る，現代農業，1997年8月号，180-185 (1997).
2) 森田茂紀，阿部淳：茎葉部から根系の生育を診断する，グリーンレポート，276，8-9 (1997).
3) 森田茂紀，阿部淳，山岸順子：圃場で栽培したトウモロコシの生育に伴う出液速度の推移おおび節根の数・直径との関係，日本作物学会紀事，67(別1)，70-71 (1998).
4) 森田茂紀：根系調査，［実験］生産環境生物学，東京大学大学院農学生命科学研究科生産・環境生物学専攻編，150-152，朝倉書店 (1999).
5) 森田茂紀，豊田正範：メキシコ合衆国バハ・カリフォルニア州の沙漠地域で点滴灌漑を用いて栽培したトウガラシおよびメロンの出液の速度と成分，日本作物学会紀事，65(別2)，119-120 (1996).
6) 折谷隆志，森田茂紀，萩沢芳和，阿部淳：農家水田において移植栽培した水稲の乳苗および稚苗の収量，出液速度および出液中のサイトカイニン濃度，日本作物学会紀事，66(別1)，216-217 (1997).

43 根の微生物をみる -VA菌根菌とリン酸吸収-
1) Smith, S.E. and Read, D.J.: Mycorrhizal Symbiosis 2nd ed. Academic Press (1997).
2) Phillips, J.M. and Hayman, D.S.: Improved procedures for clearing roots and staining parasitic and vesicular-arbuscular mycorrhizal fungi for rapid assessment of infection. Trans. Br. Mycol. Soc., 55 (1), 158-161 (1970).
3) Yano, K., Yamauchi, A., Iijima, M., Kono, Y. : Arbuscular mycorrhizal formation counteracts compacted soil stress for pigeon pea. Appl. Soil Ecol.,10 (1-2), 95-102 (1998).

44 根の微生物をみる -根粒の窒素固定活性を測る-
1) Hardy R.W.F., Holsten R.D., Jackson E.K. and Burns R.C.: The acetylene-ethylene assay for nitrogen fixation. laboratory and field evaluations, Plant Physiol., 43,1185-1207 (1968).
2) 浅沼修一：アセチレン還元による窒素固定能の測定，土壌微生物研究会（編）新編土壌微生物実験法，養賢堂，224-233 (1992).
3) Somasegaran, P. and H.J. Hoben: Methods in legume-rhizobium technology. Univ. Hawaii NIFTAL Project and MIRCEN, Hawaii (1985).

45 根の支持機能を測る
1) 根の事典編集委員会：根の事典，朝倉書店 (1998).
2) 尾形武文・松江勇次：北部九州における水稲湛水直播栽培に関する研究　第1報　耐倒伏性の評価方法，日作紀，65，87-92 (1996).
3) 尾形武文・松江勇次：湛水直播用水稲品種の育成・選抜における押し倒し抵抗値の効率的な測定方法，福岡農総試研報，18，5-7 (1999).

4) 滝田　正・櫛渕欽也：直播栽培適応型水稲品種育成における根の太さの選抜の意義と選抜法，農研センター研報，1，1-8 (1983).
5) 寺島一男・秋田重誠・酒井長雄：直播水稲の耐倒伏性に関与する生理生態的形質　第1報　押し倒し抵抗測定による耐ころび型倒伏性の品種間比較，日作紀，61，380-387 (1992).
6) 上村幸正・松尾喜義・小松良行：湛水直播水稲の倒伏抵抗性について，日作四国支部紀事，22，25-31 (1985).

46 土壌の基本的物理性を測る

1) (社) 土質工学会編：土質試験の方法と解説，(社) 土質工学会 (1991).

47 土壌の水分ポテンシャルを測る

1) 土壌物理性測定法委員会編：土壌物理性測定法，113-159，養賢堂 (1975).
2) 土の理工学性実験ガイド編集委員会編：土の理工学性実験ガイド，72-82，農業土木学会 (1983).
3) Iwata, S., Tabuchi, T.and Warkentin, B.P.: Soil-Water Interactions. Marcel Dekker, 6-39 (1995).

48 土壌水分量を測る

1) Topp, G.C., Davis, J.L.and Annan, A.P.: Electromagnetic detemination of soil water content: Measurements in Coaxial transmission lines. Water Resour, Rrs.,16, 574-582 (1980).
2) 堀野治彦・丸山利輔：3線式プローブによる土壌水分のTDR計測，農土論集，168，119-120 (1993).
3) 冀北平・三野徹・赤江剛夫・長堀金造：FDRによる現地土壌水分の測定，農土論集，182，207-214 (1996).

49 土壌の透過性を測る

1) 土壌物理性測定法委員会：土壌物理性測定法，養賢堂 (1972).
2) 中野政詩・宮崎毅・塩沢昌・西村拓：土壌物理環境測定法，東京大学出版会 (1995).
3) 土壌環境分析法編集委員会：土壌環境分析法，博友社 (1997).
4) A Klute: Method of Soil Analysis. Agronomy, No.9, Part 1, Second Ed., American Sosiety of Agronomy, Inc. and Soil Science Society of America, Inc. (1986).
5) 長谷川周一・加藤英孝：−0.1 MPaより乾燥領域の不飽和透水係数，日土肥講要，40，3 (1994).

50 土壌の粒度組成を測る

1) 地盤工学会土の試験実習書（第三回改訂版）編集委員会（編）：土質試験 −基本と手引き−，社団法人 地盤工学会 (2000).

51 土壌の内部構造を測る -軟X線映像法-

1) 小泉菊太：X線とソフテックス写真，共立出版 (1979).
2) 電子科学研究所：X線ハンドブック，電子科学研究所 (1998).
3) 成岡市：軟X線映像による土壌孔隙の立体計測法，農業土木学会誌，55(9)，29-35 (1987).
4) 成岡市：土壌構造と軟X線，農業土木学会誌，59(2)，1-6 (1991).
5) 日本第四紀学会（編）：第四紀試料分析法，東京大学出版会，103-108 (1993).
6) 日本非破壊検査協会：非破壊検査便覧，119-169 (1978).
7) 山崎文男（編）：放射線，共立出版，650-661 (1973).

52 土壌の内部構造を測る -X線CT法-

岩井喜典（編）：CTスキャナーX線コンピュータ断層撮影装置－，コロナ社 (1979).
A.C. Kakら：Principles of Computerized Tomographic Imaging, IEEE Press (1988).
F. Aiら： Computed Tomographic Analysis of Soil Structure, 土壌の物理性, 58, 2-16 (1988).

53 土壌の硬さと強さを測る

1) 土壌物理研究会（編）：土壌の物理性と植物生育，養賢堂，7-15 (1979).
2) 地盤工学会土の試験実習書（第三回改訂版）編集委員会（編）：土質試験 －基本と手引き－, 社団法人 地盤工学会 (2000).

54 土壌の熱伝導率を測る

Kasubuchi, T.: Twin transient-state cylindrical-probe method for the determination of the thermal conductivity of soil. Soil Science, 124, 255-258 (1977).
Kasubuchi, T. & Hasegawa, S.: Measurement of spatial average of the soil water content by the long heat probe method. Soil Science and Plant Nutrition, 40, 565-571 (1994).

55 土壌の有機物含量を測る

1) 土壌標準分析・測定法委員会編：土壌標準分析・測定法，養賢堂 (1986).
2) Walkey,A.: A critical detemination of rapid method for determining organic carbon in soil -Effect of variation in digestion condition and of inorganic soil constituents. Soil Sci., 63, 251-264 (1947).
3) 丸本卓哉・進藤晴夫・東俊雄：チューリン法による有機態炭素定量における簡易冷却器（水冷管）の公用について，日本土壌肥料学雑誌，49, 250-252 (1978).

56 土壌微生物の密度を測る

1) Jones ,P.C. and Mollison,J.E.: A technique for the quantitative estimation of soil microorganisms. J.Gen. Microbiol., 2, 54-69
2) 土壌微生物研究会編：土壌微生物実験法，養賢堂 (1997).
3) 土壌環境分析法編集委員会編：土壌環境分析法，博友社 (1997).

57 土壌のpH・ECを測る

1) 藤原俊六郎・安西徹郎・加藤哲郎：土壌診断の方法と活用，農文協 (1996).
2) 日本土壌肥料学会土壌標準分析・測定法委員会編：土壌標準分析・測定法，博友社 (1986).

58 土壌の養分を測る

1) 藤原俊六郎・安西徹郎・加藤哲郎：土壌診断の方法と活用，農文協 (1996).
2) 日本土壌肥料学会土壌標準分析・測定法委員会編：土壌標準分析・測定法，博友社 (1986).
3) 農林省農林水産技術会議事務局土壌養分測定法委員会編：土壌養分分析法，養賢堂 (1970).

59 土壌の線虫密度を測る

1) 三枝敏郎：センチュウ，農文協 (1993).
2) Daimon, H. and Mii, M.: Plant regeneration and thiophene production in hairy root cultures of Rudbeckia hirta L. used as an antagonistic plant to nematodes. Jpn. J. Crop Sci., 64(3), 650-655 (1995).

| センサ計測器 1 |

画像・光のセンシング

人間が目からの情報を最も優先して活用しているように，光は数多くの情報を含んでいる。物質は光に対して，それぞれ特有の性質を有しており，構成成分の量によって光の反射量や吸収量が異なる。この特性を利用すれば，植物の栄養状態や品質などを定量的に把握することや，作物のどの部位であるかを同定することが可能になる。

SENSOR1　色彩色差計

| 実際 4 | 葉の色を測るp16 |
| 実際 26 | 果実の鮮度を測るp60 |

　色は人間の感覚に左右される感覚値である。同じ物体を同時に見ても，それを見たすべての人間がまったく同じ物体の色を認識しているかどうかはわからない。そこで，色に対する感覚の個人差を排除して取り扱うことができるように，色を数値で表現することが必要になる。このために開発された測定器が**色彩色差計**である。

　色彩色差計では，色を人間の感覚に合わせた3個の数値で表現する。これを色の三刺激値と呼ぶ。国際照明委員会（CIE）では標準的な三刺激値としてXYZ表色系を規定している。色彩色差計では人間の目の分光感度に相当する等色関数（図1）の感度をもつ受光素子で物体から発せられる光を測定し，X，Y，Zの三刺激値を算出する。また，表色系には色差を表すために，より人間の感覚に合致した**L*a*b*表色系**（CIE 1976）や**UCS表色系**（CIE 1976）が規定されている。これらの表色系の三刺激値はそれぞれXYZ表色系から変換式により求めることができる。

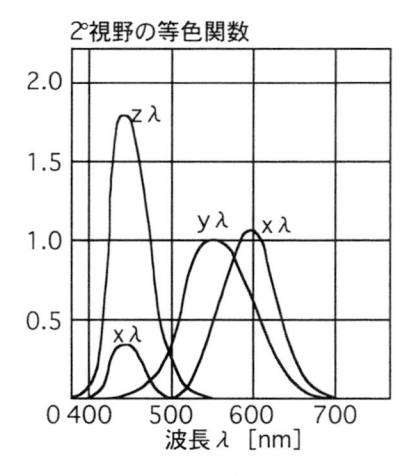

図1　等色関数[1)]

　市販されている色彩色差計は大きく2種類に分けられる。1つは測定対象物に測定器のセンサ部分を密着させて使用する形式のものである（図2）。これは主に物体表面の色を測定するために使用される。測定器内部に光源が用意されており，この内蔵光源から光を照射し，密着させた物体表面に反射させ，受光素子でその反射光をとらえる。センサ部分を測定対象物に密着させるのは外部の光の影響を消去するためである。このため測定結果は安定しており，正確な測定が可能である。ただし，対象物と密着させるため測定する範囲は限られる。測定範囲は通常円形で，直径8〜50mm程度の測定器が市販されている。

もう1つは測定対象物と非接触で離れたところから測定する形式のものである（図3）。これは主に蛍光灯やカラーテレビのブラウン管などの光源色を測定するために使用される。また，物体表面の色も測定可能であるが，この場合は周囲の照明光の条件を一定にするなどの配慮が必要である。

図2　色彩色差計[2]（ミノルタ(株)，CR-300）

図3　色彩色差計[2]（ミノルタ(株)，CS-100）

SENSOR2　光量子センサ

　光量子センサは，半導体の界面や表面に光を照射することによって半導体内電荷の分極を発生させ，起電力を生じさせる光起電力効果の原理を応用しており，**フォトダイオード**とフィルタを組み合わせた構造になっている。このフィルタは**光合成有効放射**（Photosynthetically Active Radiation：PAR）の波長領域である400～700nmの光を波長に応じたエネルギ量に換算するように設計されている。光量子センサは出力が電流であり，それぞれのセンサには**単位光量子束密度**［$\mu mol \cdot m^{-2} \cdot s^{-1}$］に対してどれくらいの電流［$\mu A$］が発生するのかをテストした**校正係数**が添付されてくるので大切に保管しなければならない。また，電圧入力のデータロガに光量子センサを接続するときには電流を電圧に変換する**シャント抵抗**を取りつける必要がある。

　光の単位にはその用途によってたくさんあるが，植物を取り扱う場合には光量子センサに用いられる光量子束密度を用いるのが適当である。古い文献などには**照度**［lx］を用いているものもあるが，照度は光エネルギを人間の目の感度（標準比視感度）で評価したものであり，この標準比視感度と植物の応答曲線（例えば，光合成感度曲線）とは全く無関係なので，照度を植物の評価指標として用いるのは不適切である。

実際63　放射エネルギ・PPFを測るp126

基本8　表示・記録機器p194

図　光量子センサ（Li Cor, Inc., LI-190SA/B）

SENSOR3　TVカメラ

実際1	茎の長さを測るp10
実際2	葉の面積を測るp12
実際7	気孔開度を測るp22
実際9	クロロフィル蛍光画像で光合成活性を測るp26
実際19	植物の分光反射特性を測るp46
実際21	果実までの距離を測るp50
基本10	画像の取り込みp197

1) TVカメラ

　TVカメラは，カメラレンズを通して画像を**撮像デバイス**である光誘電型**ビジコン**や**サチコン**などの**撮像管**やMOS型およびCCD型の**固体撮像素子**を用いて電気信号に変換するための装置である。今日ではCCD素子を用いたCCDカメラが一般的に使用される。CCDとは，Charge Coupled Deviceの略で電荷結合素子と呼ばれ光電変換機能を持った半導体センサの一種と考えらる。CCDカメラは，撮像レンズ，光学系，CCDデバイス，電子回路（CCD駆動回路，信号処理回路）からなり，ビデオカメラや**デジタルカメラ**など画像情報の光電変換装置として広く用いられ，ビデオカメラでは40万～100万画素，デジタルカメラでは150万～300万画素のCCDが使用される。

2) 原理・仕組み

　CCDは，光の強さに応じて電流が変化する微少フォトダイオード（pn接合）を配置し，**フォトダイオード**によって光電変換された電荷を電気信号として取り出すための素子を組み込んだ半導体デバイスである。入射される光の波長に対する出力の感度特性を分光感度特性といい，フォトダイオードは約500nmをピークに可視光に対して良好な特性を示す。白黒画像ではフォトダイオード1つが1画素に相当するが，カラー画像はRGBの色信号で表現されるためより多くの情報が必要になる。

　カラーカメラでは，大別するとCCDを1個用いた単板式と3個のCCDを用いた3板式がある。現在，民生用のビデオカメラには色フィルタ（イエロー・マゼンタ・グリーン・シアンの補色を用いた色差順次方式やレッド・グリーン・ブルーの原色を用いた原色フィルタ方式）を用いた単板式が用いられ，業務用にはより高画質な画像が得られる**ダイクロイックプリズム**（下図）を用いた3板式が主に使われている。

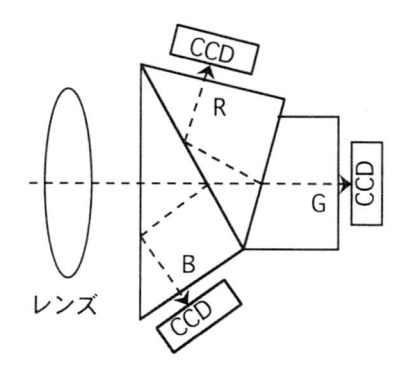

図　3板式のダイクロイックプリズム

3) 画像データ（5章「計測の基本の画像による計測」を参照）

　コンピュータに取り込んだ画像データは，JPEGなどの圧縮されたフォーマットが用いられているため，自作のプログラムで画像データを処理するときは，Adobe Photoshopなどのソフトで汎用フォーマット（1画素についてRGBの順に，左上の画素から右下の画素の順に保存）に変換して用いると良い。

SENSOR4　マイクロスコープ

　マイクロスコープは高性能なミニ顕微鏡として使える。聴診器を当てるような感覚で植物や土壌の微細な部分を観察できる。スタンドに固定すれば，**気孔**の開閉や花芽分化の様相も観察できる。

　市販されているマイクロスコープはカメラ部，本体（コントローラ）およびモニタで構成される。カメラ部は，照明ヘッド，対物レンズ，照明プローブ，およびCCDユニットからなる。本体には各社それぞれ特徴的な画像処理機能が組み込まれており，**光学顕微鏡**では不可能な鮮明な画像が得られるだけでなく，画像解析による様々な計測ができるようになっている。

　マイクロスコープには顕微鏡にない利点がいくつかある。最も大きな利点は**被写界深度**が深いことで，顕微鏡の20〜30倍を実現している。ピントの合う範囲が深くなることで，凹凸のあるサンプルでも立体感のある鮮明な画像が得られる。**実体顕微鏡**では被写界深度が浅く，高倍率な撮影では深くピントのあった写真は撮れなかった。この点の改善は非常に大きい。また，サンプルをステージに載せる必要がないため，サンプルをありのままの状態で，任意の角度から観察できることも利点である。

　レンズには固定倍率レンズとズームレンズがある。高倍率のレンズは15インチモニタ画面上で3000倍まで拡大できる。

　システム一式で販売されるマイクロスコープは，高機能であるが高価なのが難点である。予算に問題がある場合は，市販されている単品を組み合わせてシステムを作ればよい。対物レンズとTVカメラは，Cマウントの規格であれば接続できる。対物レンズには，高倍率で観察するために，**冷光照明**のライトガイドが装着できるようになっている。TVカメラからのビデオ信号を**デジタイザ（ビデオキャプチャ）**を使ってパソコンに撮り込めば，市販の画像処理ソフト（例えば，AdobeのPhotoshop）を使って，面積や長さ，色の解析ができる。気孔（10〜50μm）が見える程度の倍率のレンズとTVカメラを合わせて20万円程度で購入できる。

実際 7	気孔開度を測るp22
実際 33	根量を測る p74
実際 42	根の微生物をみる-携帯用顕微鏡-p90
実際 43	根の微生物をみる-VA菌根菌とリン酸吸収-p91
実際 4	葉の色を測るp16

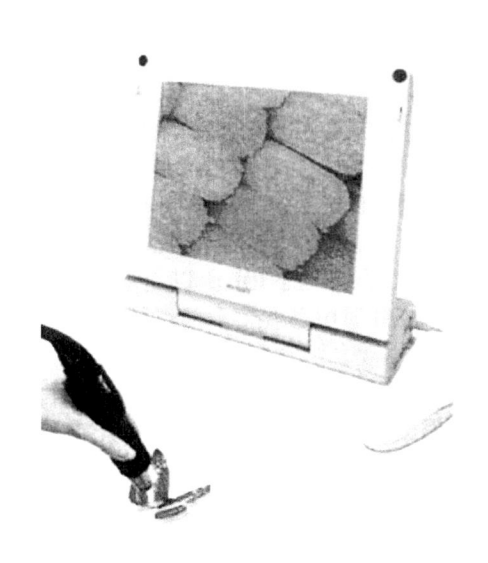

図　マイクロスコープのカメラとモニタ
　　（(株)キーエンス，VH-7000）

SENSOR 5　分光光度計

1) 分光光度計とは

平均光束が図1に示すような均一な試料を通過すると，試料による吸収は，物質の濃度cと光路長dに比例する。

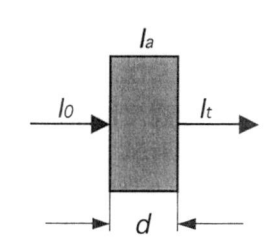

図1　試料による光の吸収

入射光の強度をI_0，透過光の強度をI_tとすると，**吸光度** $\log(I_0/I_t)$ は

$$\log(I_0/I_t) = \mu c d$$

ここで　μ：単位濃度における吸収係数

これを**ランベルト-ベールの法則**という。一般に用いられているUV（紫外）/VIS（可視）/NIR（近赤外）**分光光度計**による化学成分の測定は，この法則に基づき，所定の波長の吸光度から成分濃度を求める[3]。使用される波長はUV，VIS，NIRから成分ごとに選択される。UV，VISでは使用するのは通常1波長，多くても数波長である。

NIR分光光度計には，用途によって700〜1100nmの**拡散透過**を用いるもの（全粒の穀物用など）と，1100〜2500nmの**拡散反射**を用いるもの（粉砕した穀物，飼料など）があるが，いずれもこの間の複数の波長による**重回帰分析**やすべての波長を用いる**PLS回帰分析**，**PCR回帰分析**などの多変量統計手法で成分測定を行う。

分光光度計の主な構成要素は，光源，**分光器**，**検出器**である。可視から近赤外の光源にはタングステンランプが通常用いられる。分光器には，可視部では**プリズム**，**回折格子**などが，近赤外部では種々のタイプのフィルタあるいは回折格子などが用いられる[4]。検出器には，1100nm以下はシリコン**フォトダイオード**が，1100nm以上ではPbSが用いられることが多い。最近では1100nm以上の検出器にInGaAsフォトダイオードアレイが開発され，実用化のレベルに達してきている。1100nm以下に用いられるシリコンフォトダイオードは冷却は不要だが，1100nm以上に用いられるPbS，InGaAsフォトダイオードアレイは冷却が必要で，この冷却にはペルチエ素子が通常用いられる。

図2に示したように，分光光度計は光学系の配置によって，試料を分光系の前に置く方法（後分光：試料を透過した光を分光する）と，試料を分光系の後に置く（前分光：分光した光を試料に照射する）の2種類に分かれる[5]。市販のUV/VIS/NIR分光光度計には一般に後者の前分光方式が用いられている。測定波長範囲は190〜1100nmとするものが多い。この方式では一般に回折格子を動かして波長を決定するので，単波長あるいは数波長による定量分析には向いているが，全波長範囲をスキャンするのに数秒から数十秒かかるので，複数波長による定量分析あるいは定性分析のために高速でスキャンする必要がある分析には向かない。

後分光方式では分光器として回折格子を用いるのは前分光方式と同じであるが，こちらは分光器を動かさないので，全波長範囲が高速でスキャンできる。市販品の分光光度計の測定波長範囲は190～800nmのものなどがある。検出器を可視域にはシリコンフォトダイオードアレイ，近赤外域にはInGaAsフォトダイオードアレイを用いれば，400～2300nmの範囲を10ms単位でスキャンする事が可能である。

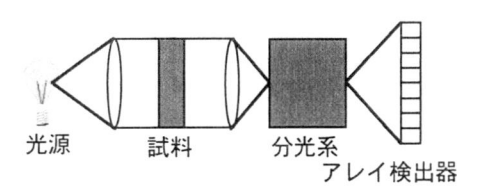

(a)試料を分光系の前に置く（後分光）

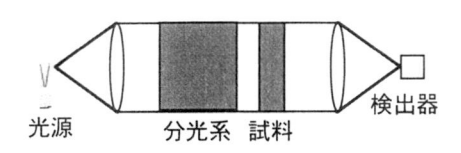

(b)試料を分光系の後に置く（前分光）

図2　光学系のレイアウト

2) 使用上の注意

ここでは通常用いられるUV/VIS/NIR分光光度計による溶液中の成分濃度を測定する際の一般的な注意事項を挙げる。
・光学系（回折格子，反射鏡など）に悪影響を与えるので，高温・高湿度の環境は避ける。
・ウォーミングアップを充分行い，光学系が安定してから測定する。
・セルは清浄に保っておく。使用後はよく洗浄してから蒸留水中に保管する。
・最適吸光度付近で測定できるように試料の調製を行う。
・吸光度に対する温度の影響はかなり大きいので，溶液の温度をできるだけ一定にして測定するとともに，測定前後の温度を必ず記録する。

3) NIR分光法（近赤外分光法）による茶生葉の成分測定

図3は，静岡県茶業試験場が静岡製機(株)と共同で開発した茶生葉成分測定装置である。茶生葉の指定複数箇所の**スペクトル**を測定し，あらかじめ入力されている**校正値**により成分値を算出する。分光法は後分光方式が採用されている。主な仕様は以下の通りである。
・波長範囲　　：400～2300nm
・検出器　　　：400～1050nm：シリコンフォトダイオードアレイ
　　　　　　　　1050～2300nm：InGaAsフォトダイオードアレイ
・測定モード：反射／透過
・測定時間　：約2分／枚
・測定成分　：タンニン，カフェインなど
・統計手法　：PLS回帰分析

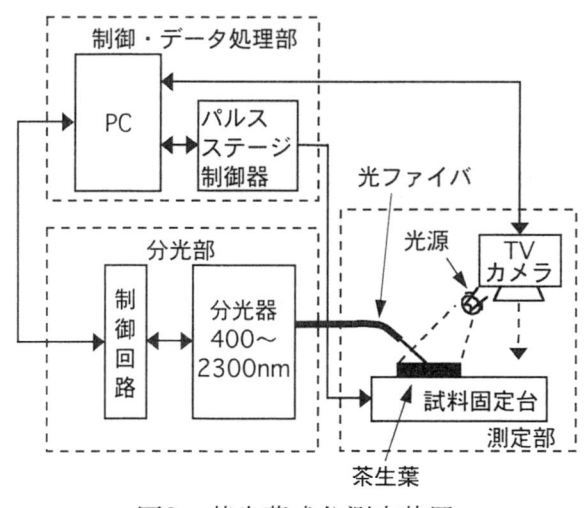

図3　茶生葉成分測定装置

SENSOR6　走査型電子顕微鏡

実際7　気孔開度を測るp22

1）走査型電子顕微鏡の特徴と利用

走査型電子顕微鏡（SEM：Scanning Electron Microscope）は試料を**電子線**で走査させ，試料表面の電子情報（二次電子線）を電流に変えて，ブラウン管上に結像させる（図1）。微細な表面構造を高い解像度で，かつ深い**被写界深度**（3次元的に）で観察できる特徴がある。生物であれば，表皮系の微細な形状を立体的に観察するのに有効である。また，花芽形成初期等の肉眼での観察が難しいステージの把握にも利用される。SEM装置には一般にカメラも装備されているので，写真も容易に撮影できる。なお，電子顕微鏡には他に**透過型（TEM）**があるが，これは薄く切った切片に電子線を透過させて結像させるタイプで，細胞内の構造観察に利用される。識別可能な最小の大きさ（**分解能**）は，人間の眼球で0.1mm，**光学顕微鏡**で$0.2\mu m$，SEMで1～10nm，TEMで0.2nmである。

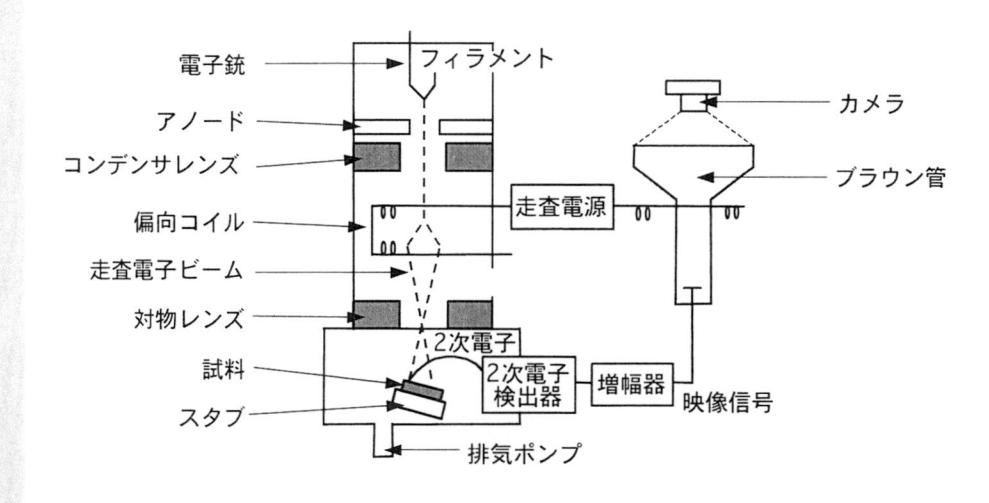

図1　SEMの構成

2）観察前の試料調整
① 試料の切り出し：観察部位を露出させた2～3mm角の試料を切り出す。
② 固定：切り出した試料をそのままの状態に保存するための操作で，固定液に浸漬する。SEM用の固定液として50mMカコジル酸緩衝液・2.5%グルタルアルデヒド溶液があるが，光学顕微鏡で使用するFAAでもよい（表1）。
③ 脱水・置換（図2）：固定した試料を蒸留水で20分ずつ3回洗い，その後30%，50%，70%，95%，100%のエチルアルコールにそれぞれ30分ずつ浸漬して脱水する。脱水を完全にするため，100%エチルアルコールを3容器に準備して浸漬を3回くり返す。次の乾燥処理に進むにはエチルアルコールを酢酸イソアミルに置換することが必要で，エチルアルコールと酢酸イソアミルの混液4種（混合比2：1，1：1，1：2，0：1）にそれぞれ15分ずつ浸漬する。
④ 乾燥：生物試料を自然乾燥させると，液体が気化する時に表面張力を生じて試料の微細構造は破壊されるので臨界点乾燥法を用いる。これは，高圧条件下で温度を臨界温度に上げると試料を浸した液体の表面張力が0となり，液体と気体の境界がなくなる臨界状態を作出し，臨界状態を保ちながら**圧力**を大気圧まで下げて乾燥させる方法である。臨界点乾燥に用いる液体はできるだけ低温・低圧下で臨界点に達するものがよく，一般的には液化二酸化炭素が用られる。
⑤ 載物：SEM用の載物台（スタブ）に乾燥した試料を固定する。スタブは導電性のよいものが市販されている。これに両面テープ等で試料を固定する。
⑥ コーティング：試料表面の導電性を向上させ，帯電を防止し，二次電子の発生を促すために，イオンスパッタコーティング装置により白金や金をコーティングする。コーティングした試料はスタブに付けた状態で**デシケータ**中に保存する。

表　固定液の作成方法

固定液	作成方法
カコジル酸緩衝液・グルタルアルデヒド溶液	① 0.2Mカコジル酸ナトリウム溶液50mlに0.2N塩酸を6.4mlを加えてpH7.2に調整し，蒸留水を加えて100mlとして0.1Mカコジル酸緩衝液を作る。 ② 8%グルタルアルデヒド10ml，0.1Mカコジル酸緩衝液16ml，蒸留水6mlを加えて固定液とする。
FAA	ホルマリン：酢酸：70%エチルアルコールを容積比で5：5：90で混合する。

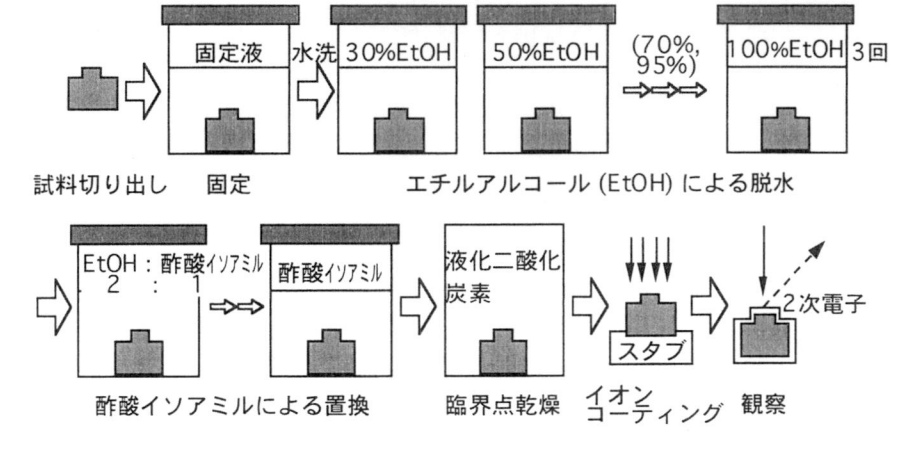

図2　SEM試料の作成手順

3) 観察（SEMの機種により若干異なるが，おおむねこの手順である）
① コーティングした試料を試料室に入れ，空気を排気する。
② 低倍率で試料をさがす。
③ 最低倍率を小さくする時は電子銃口と試料との距離を調節する。倍率は倍率調整つまみやズームにより変更する。
④ 像の明るさとコントラストを調節する。
⑤ 焦点を調節する。
⑥ 走査線の速度を調節する（ボタン等がある）。
⑦ 電子ビーム断面の補正する（非点収差補正ボタン等がある）。
⑧ 可動絞り（電子銃からの電子線が通過する孔隙）を倍率に応じて変化させる。（10000倍以上では$30\mu\phi$，10000倍以下では$50\mu\phi$，$100\mu\phi$，$200\mu\phi$）
⑨ 写真撮影。
⑩ 終了。試料室に空気をいれて，試料を取り出す。

その他

イメージスキャナ
画像処理装置
ビデオキャプチャボード
携帯用顕微鏡
光学顕微鏡
光電スイッチ
実体顕微鏡
デジタルカメラ
透過型生物顕微鏡
ファイバスコープ
葉面積計

センサ計測器2　変位・位置のセンシング

変位・位置のセンシングは接触型と非接触型とに大別される。接触型は信頼性や精度の面において比較的優位であり，各種機器の変位や位置の検出に広く用いられている。非接触型は計測対象に対する接触の影響が考えられる場合（植物体の成長のセンシングなど）や測定対象までの距離が大きい場合などに用いられる。

SENSOR1　ミニリゾトロン

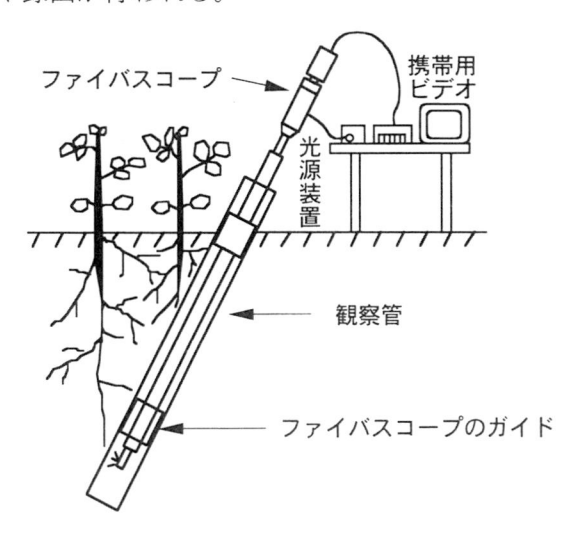

1）ミニリゾトロンとは

　ミニリゾトロン法は，野外などに成育する植物の根をそのままの状態で観察する方法の1つで，本方法ではあらかじめ土壌に透明な管（**観察管**）を埋設しておき，この管の表面に現れる根を観察する。リゾトロンが土壌断面に透明なガラスなどの窓を備えた地下道をもつ大規模な施設であるのに対して，ミニリゾトロンは大がかりな施設や装置を必要としない。本方法によって，①観察管の表面に現れている根の直径や色の測定，②根張りの深さの経時的変化の測定，③**根の分布密度**の比較，などができる。観察管を多く埋設しておけば，フィールドの多くの地点を観察に供することができ，また，得られた結果の統計的解析も可能となる。

実際37　根の成長を測るp82

2）装置の概略

　ミニリゾトロンは，図のように土壌に埋設する観察管と根を観察し記録する装置とからなる[1]。

観察管と土壌への埋設：観察管としてガラスやアクリルの円筒が多く用いられる。根が管に沿って伸びるのを防ぐため，観察管は土壌に斜めにさし込まれることが多い。フィールドでの**根の分布**の実態を把握するためには，土壌を攪乱せずに，また，観察管と土壌との間に空隙が生じないように観察管を埋設することが重要となる。管の中に光が入らないよう，地上に出ている部分は測定時以外は覆いをしておく。

根の観察と記録：根の観察には**ファイバスコープ**が多く用いられ，目的に応じて写真撮影や録画が行われる。

図　ミニリゾトロンの一例

SENSOR2　水耕式リゾメータ

　水耕液中で根を育成しながら，多数の根の成長を根端に機械的に接触せずに測定する方法である。この方法は，パソコンを活用し，何本もの根の成長を同時に長時間記録することを得意とする。

　原理は，図のように，測定槽の中に植物の芽生えや根の切片（a～d）を固定しておき，測定槽へ水耕栽培液を一定の速度で注げば，水耕液の水面は一定の速度で上昇する。そのとき水面の位置を3本の水位検出端子で検出する。水面は，低水位検出端子（L）からスタートし，測定開始水位検出端子（S）を経て満水位検出端子（F）に達すると注水を停止する。この間に，植物の根の先端が水面に接触した瞬間をコンピュータが電気信号で検出しその時刻を記録する。時刻の計測は，水面が測定開始端子に達した瞬間からミリ秒単位で計時し，各植物の根端が水面に接触した瞬間の時刻を次々と記録した後，満水位に達した時刻を記録する。

　水面が一定の速度で上昇していれば，各植物の根端の位置は，S端子とF端子の垂直距離（D）と植物の下端（根）とF端子がそれぞれ水面との接触に要した時間の比例配分の計算によって簡単に求められる。必要時間が経過した後，一旦低水位端子（L）まで排水し，再び注水して根端の位置の変化を求めると，前回の根端の位置との差で根の伸長あるいは縮みを計測できる。これらの作業はすべてパソコンがプログラムに従って自動的に行う。この装置の長所は，根の先端部に機械的な接触がないので，レタスのような細い根の伸長も記録でき，多数の根の成長を同時に記録できることである。また，コンピュータプログラムですべてを管理できるので，計測からデータ処理まで自動的に行うことも可能である。水耕系の利点を生かして，根の成長に与える種々の汚染物質や成長調節剤などの影響評価が容易にできる。欠点は，水耕栽培であり土壌中の計測ではないこと，大きな**根系**の植物には大きな測定槽が必要なこと，10分程度の時間間隔で測定するので，それ以下の短時間の計測はできないこと，根が水面に対して垂直に伸びることを前提にしているので，屈曲したものや斜めの成長は正しく計測できないこと，などである。

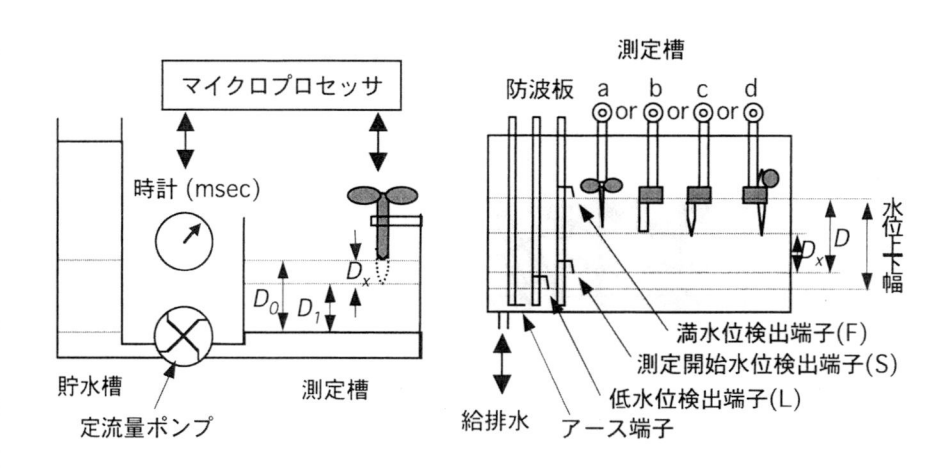

図　測定原理

SENSOR3　ポテンショメータ

ポテンショメータは高精度の**可変抵抗器**を利用した変位センサである。変位と電気抵抗（出力電圧）は比例関係にあり，出力電圧から変位を得る仕組みになっている。抵抗体の種類により，この比例関係の精度に差が出る。ポテンショメータを選ぶポイントはこの比例関係の精度である直線度（Linearity）と分解度（resolution）である。直線度は理想的な変位と電気の比例関係からポテンショメータの出力のずれを示す指標であり，通常比率で表示してある。分解度は出力電圧が1段階変化する比率である。直線度，分解度ともに小さいほど精度がよいが，高価になるので測定に必要な精度により選択すると良い。図1にポテンショメータの例を示す。変位センサとして別にエンコーダがあるが，エンコーダはデジタルで，ポテンショメータはアナログで変位を出力するという違いがある。

実際31　穀物の収量・流量を測るp70

図1　ポテンショメータ（左　(株)緑測器，CP-2FB，右　栄通信工業(株)，46HD-5）

ポテンショメータは図2(a)のように抵抗体とワイパ（ブラシ），電源から成り，ワイパ部分から電圧を出力する。一般にポテンショメータといえば回転式をさし，直線変位を計るものをリニアポテンショメータという。図2(b)のようにリニアポテンショメータは，ワイパが直線的に動くようになっている。

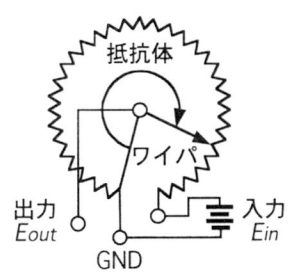

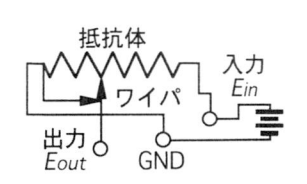

(a)回転式ポテンショメータ　　　　(b)リニアポテンショメータ
図2　ポテンショメータの原理

ポテンショメータには**接触型**と**非接触型**があり，接触型は高精度，安価であるが，寿命が短く，非接触型は低負荷で寿命は永いが，高価で高精度化が難しいという特徴がある。接触型には抵抗素子の種類により，巻き線，コンダクティブプラスチック素子，サーメット素子などを材料に使ったものがある。巻き線の場合，巻き線総数Nにより分解度が決まる。この場合，分解度は$1/N$である。また，コンダクティブ型，サーメット型については**抵抗素子**が平滑な皮膜であり，分解度は理論的に無限小である。現在はコンダクティブ型，サーメット型が主流になっている。非接触型は光学式のものや磁気抵抗素子を使ったものがある。また，構造により回転型には1回転型[2]のものと多回転型のものがある。図1の右側は，5回転型のポテンショメータの内部であり，中央部にあるのはワイパである。

SENSOR4　エンコーダ

エンコーダ（encoder）は変位（角度）情報を電気的にデジタル量に変換するセンサである（図1）。語源は入力された信号を**符号化**（encode）する変換器を意味し，デジタル回路でもしばしば使われる用語である。用途で大別すると直線変位計測用としてリニアエンコーダ，回転角度計測用としてロータリエンコーダ（シャフト・エンコーダ）がある。通常，ロータリエンコーダが一般的である。リニアエンコーダには光学式，磁気式やロータリエンコーダを利用したワイア式のものがある。光学式の場合，固定されたメインスケールと可動部分のインデックススケールにあるスリットに光を通し，その周期から変位を求める。

ロータリエンコーダには内部的に光学式，レーザ式の**非接触型**，磁気式の**接触型**がある。計測対象が高速回転する場合は非接触型を用いた方がよい。光学式は**LED**（発光ダイオード）の光を固定スリットと回転円盤上のスリット（図1右参照）を通して受光素子に作動させ，受光素子の出力を電圧比較器によって矩形波とする。磁気式は，磁気センサと磁気ドラムにより構成され磁気センサの出力を電圧**比較器**により矩形波とする。ともにシャフトの回転によりパルス信号を発生させる。

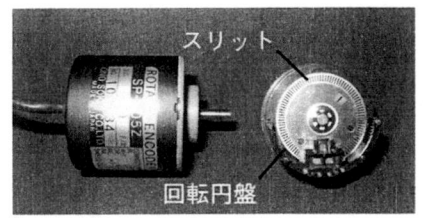

図1　エンコーダ
（(株)小野測器，SP-405Z）

また，信号出力方式でインクリメンタル型とアブソリュート型に分類され，インクリメント型は回転方向とパルス数による相対位置，アブソリュート型は絶対位置をデジタル出力する。

インクリメンタル型は，図2のようにa相，b相，z相の3つの**パルス出力相**からなっており，それぞれ，a相が基本出力，b相がa相に対して一定の**位相差**を持った信号，z相がシャフト1回転につき1パルスのリセット信号となっている。図2の場合ではa相UPパルス時にb相がHIGHであれば**CCW**（反時計回り）方向，LOWであれば**CW**（時計回り）方向回転としてカウントすればよい。

アブソリュート型は，インクリメンタル型のように**カウンタ**[3]が不要で回転途中に電源が落ちても絶対位置をそのまま出力できる。図3（$n=2$の例）のように2^0相〜2^n相までのn個の相に分かれており，1回転につきnビット（パルス）の**分解能**の出力を行える。

エンコーダの性能で重要なのは分解能であるが，これはカタログ等に記載されているは1回転中に出力するパルス数により知ることができる。例えば720pulse/revでは0.5°の分解能がある。

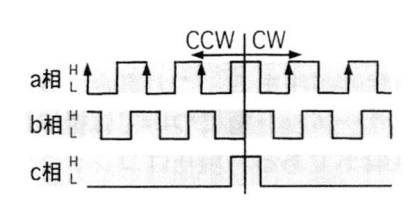

図2　インクリメンタルコード　　図3　アブソリュートコード

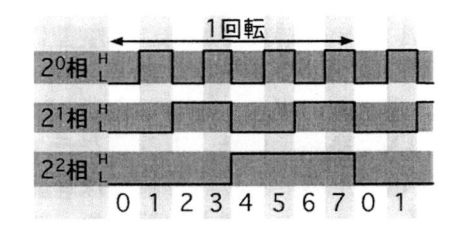

SENSOR5　GPS

　GPSは衛星によって測位（位置を測定すること）する装置である。GPSはもともと軍事用に開発されたシステムであるが，現在は民生用にも解放されていて誰でも無料で使用することができる。GPSの正式名称はNAVSTAR/GPS (Navigation System Timing and Ranging/ Global Positioning System)である。衛星の周回軌道は地上高度約2万kmのところに6つあり，全部で24個の衛星により地上を全て網羅している。GPSの管理・運用は米国国防省が行っている。

1) GPSの測定原理・精度

　民生用に開放されている信号には，衛星の軌道情報，送信された時刻が含まれている。位置が既知である4つの衛星から発射される電波の到達時間から，衛星までの距離と時計間の時差を求め，各衛星から球を描いて得られた交点が現在の位置となる（図1）。GPSで得られる情報は，緯度，経度，標高，時間である。

　もともと軍事目的であるため，民生用に開放された信号では精度を下げるための信号（SA: Selective Availability）が付加されている。測位精度は，水平方向で100m，高さは150mである。これらの精度を高めるための方法として，差分GPS（Differential GPS: DGPS）がある。DGPSは，位置が分かっている場所でGPSにより測位し，そのときの誤差を他の受信機に送信して精度を上げる方法である。カーナビなどではこの誤差をFM多重放送で受信して精度を上げており，静止状態では1～2mの精度が得られる。最近では，RTK-GPS（Real Time Kinematic-GPS）が開発され，この場合は1cm以下の測位精度が得られる。データは，早いものでは0.05秒ごとに更新される。

基本9　誤差と有効数字p196

2) 農業分野への応用

　農業分野では，主として**精密農業**への応用に用いられており，精密農法用GPS（図2　トリンブルジャパン(株)，AgGPS124）やGPSを車載した農業機械も発売されている。研究段階としては，農業用自律走行車両の航法装置として用いられている。

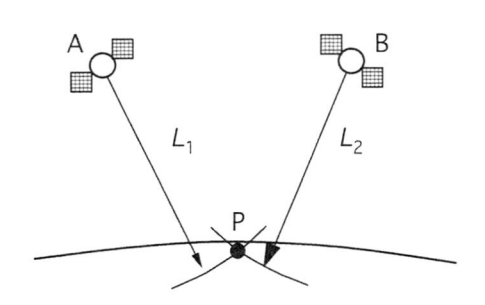

図1　GPSによる測位の原理（2次元の場合）：衛星Aから距離L_1，衛星Bから距離L_2の円弧をそれぞれ描き，その交点Pが測定点となる。実際は4個の衛星より測位する。

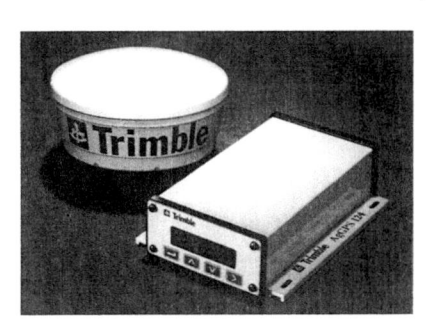

図2　精密農法用GPS
（左：アンテナ，右：受信機，提供：トリンブルジャパン(株)）

その他

差動変圧器
ダイヤルゲージ
ルートスキャナ
レーザ変位計

センサ計測器3　距離のセンシング

画像や光のセンシングでは，対象が出す信号を利用するパッシブ法が主であるが，距離のセンシングには，測定対象に音波や光を照射し，反射して戻ってくる信号を利用するアクティブ法がよく用いられている。指向性や到達距離，計測時間の面では光を用いた方法が優位であるが，コストや制御のしやすさでは，超音波センサなどの音波を利用したセンサが有利である。

SENSOR1　超音波センサ

超音波センサは，20kHz以上の音響エネルギを検出するセンサであり，音波を物体に発射して反射波が戻ってくるまでの時間を距離に換算して計測を行う非接触形の距離センサとして広く利用されている。

音響用のスピーカは磁界中の**コイル**に電気信号を送るとコーンが振動して音を発生させる。逆に，音波がコーンに振動を与えると電気信号が得られる。超音波センサには様々な種類があるが，一般には圧電効果を利用したものが多い。圧電効果とは，圧電セラミックスなどの圧電素子に電圧を加えると電圧と周波数に応じた振動が発生し，逆に，振動を加えると電気信号を発生する現象をいう。図1に圧電セラミックスを利用した超音波センサ素子の構造を示す。一般には送信素子と受信素子から構成されているが，送受信を1つの素子で行う兼用型もある。また，雨や埃の多い場所での計測用として防滴形のセンサもある。

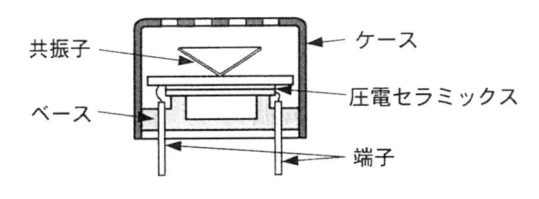

実際20　植物までの距離を測る p48

図1　超音波センサの構造

図2に超音波センサの取り付け方法の例を示す。センサの送信素子と受信素子を隣接して取り付ける場合，素子の周囲にスポンジなどの吸音材を取り付け，超音波の振動が送信素子から受信素子に直接伝わらないようにする[1]。

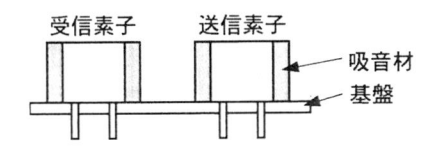

図2　センサ素子の取り付け方法

一般によく使われる超音波センサの周波数は40kHzで，検出距離は0.1～4m程度，**分解能**は1cm程度である。この他にも高周波タイプの周波数200kHz，検出距離0.1～1m程度，分解能2mm程度のようなものもある。高周波になるほど**指向性**が鋭くなり，高精度の距離検出が可能であるが，超音波の空中での減衰が著しく，検出距離が短くなる。

SENSOR2 光電センサ

|実際 21|果実までの距離を測る p50|
|基本 4|センサ・測定器の取り扱い p188|

光電センサによる測距方式には，一般的に**レーダ法**および**三角測量法**が利用されている。レーダ法は，レーザ光などの光を対象物へ向けて発光し，反射して返ってくるまでの時間から距離を算出する方法で，超音波センサの測距方式もこれに分類される。そこで，ここでは測定誤差が少ない，三角測量法を用いた光電センサについて説明する。

図に示すように，**LED（発光ダイオード）**などにより発光されたビームは，対象物表面で**拡散反射**し，受光レンズを介してPSD（位置検出素子）上に結像する。PSDは光が当たると2つの電流を出力し，結像位置によってこの値を変化させる。これらの受光電流をI_1, I_2，PSDの受光面長をLとすると，次式により結像位置xを得ることができる。

$$x = LI_1/(I_1 + I_2) \quad \cdots (1)$$

さらに投受光レンズ間の距離s，受光レンズの焦点距離fから，対象物までの距離Dは三角測量の原理を用いて次式で求められる。

$$D = sf/x \quad \cdots (2)$$

このセンサは，投光ビームをパルス変調する事により，外乱光との分離が容易で，野外での使用が可能である。また，対象物の色や材質，形状の変化による測定誤差が比較的少なく，作物にも利用できる。このため，投光ビームを走査すれば作物の三次元画像が得られ，対象作物の立体形状のみならず，その周辺との位置関係を把握することも可能となる。

一般的に投光ビームの波長は800〜900nmの**近赤外**光を使用する。これは，対象物の反射率が**可視光**よりも近赤外光の方が高いためで，より強い光をPSDで受光することができる。光が弱いと，PSDから出力される受光電流I_1, I_2が共に小さい値を示すため，ノイズの影響を受けやすくなり，測定誤差が大きくなる。この800〜900nmの波長は，作物においても高い反射率を示し，特に果実部分は高い傾向にある。しかし，作物および各部位ごとに異なる**分光反射特性**を有しており，より高い精度で距離測定するためには，使用する波長の検討も必要である。

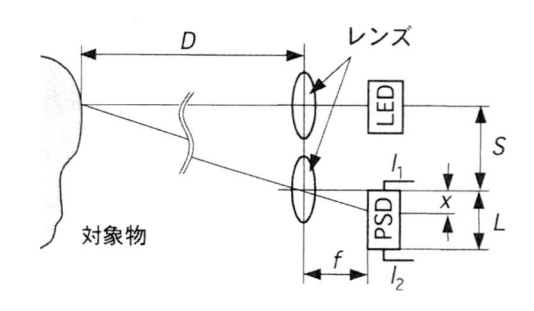

図　PSDによる距離検出原理

その他

レーザ距離計

温度・湿度のセンシング

センサ計測器 4

温度のセンシングには，膨張・圧力・抵抗・熱電気・熱放射の変化を利用して測る様々な温度センサがある。ここでは，最も広く利用されている熱電対と，2次元情報として容易に表面温度が測れるサーモカメラについて紹介する。湿度のセンシングは水蒸気圧，水の蒸発，露点温度，物質の伸縮，気体の物性，物質の電気特性などを計って直接的あるいは間接的に湿度を知ることができるが，ここでは電気的測定法に限定して素子としての湿度センサについて紹介する。

SENSOR1　熱電対

1) 原理

熱電対温度センサは，異種の金属AとBを図1のように接合し，両接合点に温度差を与えると，その間に起電力が生じ，回路に熱電流が流れることを利用したものである。これをゼーベック効果と呼んでいる。図2のように断線すると切断点に起電力を生じ，その大きさは2種の金属の種類と両接点の温度によって決まり，金属の形状や寸法，途中の温度変化には左右されない。したがって，2点間の温度差が電圧として計測できる。一般的な熱電対においては，JIS C1602-1981に規格化されている。最も広く用いられているのはT型熱電対（銅-コンスタンタン）である。

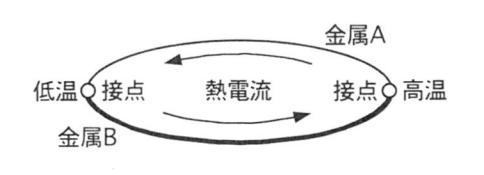

実際 8	葉温を測るp24
実際 11	植物水ポテンシャルを測るp30
実際 13	茎内流速度を測るp34
実際 54	土壌の熱伝導率を測るp114
実際 60	温度・水蒸気圧・湿度・飽差を測るp122
センサ計測器 8	サイクロメータp171
基本 4	センサ・測定器の取り扱いp188
基本 9	誤差と有効数字p196

図1　熱電対の原理

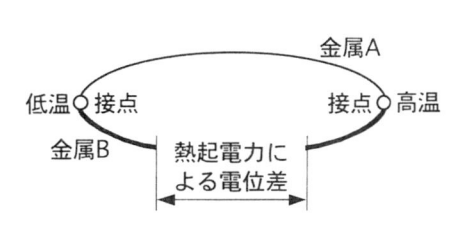

図2　熱起電力の発生と計測

2) 配線

熱電対を銅導線などで接続すると，この接続点が新たな熱電対となり，誤差を生じるので配線に注意を要する。これを回避するためには，図3のように熱電対とほぼ同じ熱起電力特性を持つ**補償導線**を用いるのが簡単である。また，起電力が非常に微少であるため，雑音を拾いやすいので，**シールド線**タイプのものを使うとよい。この場合は，シールド線は束ねて**アース**しておくと雑音対策となる。

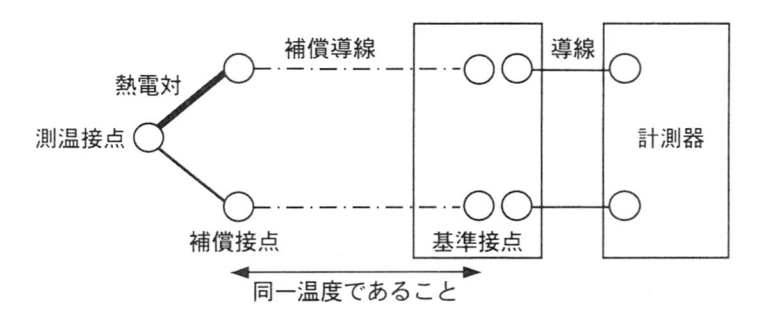

図3　熱電対の配線

ONE POINT 0点補償	熱電対の2接点の一方を氷水につけて0℃とすると，その温度差が絶対値で計測できる。この氷水に代わって0点補償回路があり，多くはデータロガなどに組み込まれている。いずれにしても起電力が微弱なため，**増幅回路**は必要である。

3) 接点

熱電対の接点は，フラックスを用いて溶接するのが一般的である。この接点の大きさが熱容量の大きさに影響を与えるので，これが大きいと温度変化が緩慢となり，応答の遅れも生じる。逆に小さいと敏感に反応する。計測の目的に合わせて熱電対の**線芯径**を選ぶことが肝要である。

SENSOR2　サーモカメラ

実際 8	葉温を測る p24
実際 63	放射エネルギ・PPFを測るp126

1) 原理

物体は，その性質と温度だけで定まる**放射エネルギ**を出している。その物体が放出する放射エネルギの強さを放射センサ素子で測定し，表面温度に変換するものが**放射温度計**で，それを2次元平面に応用したのがサーモカメラである。放射センサ素子の種類によって，測定温度範囲・距離範囲・測定利用波長帯・応答時間・**分解能**などの特性が決まる。また，物体からの放射量は，その物体特有の性質である**放射率**により異なり，正確に測るには補正が必要となる。サーモカメラの温度分解能は0.025～0.5℃である。

2) 視野

サーモカメラを含め放射温度計には一定の視野角があり，測定対象の大きさと視野角を適合させておく必要がある。サーモカメラの視野角は，水平15～25°，垂直10～20°程度である。

3) 仕様

サーモカメラは複数個のセンサを並べて計測するため，冷却が必要であったり，2次元配置することが難しい場合が多い。センサが1次元配置の場合は，走査がフレームタイムで1/30～1/10秒程度で，2次元配置のものは1/60～1/30秒程度である。非冷却のもの（図）は装置がコンパクトにできるので，軽くて携帯性がよく，手ぶれもしない。冷却タイプは三脚などに固定して使用するのが普通である。

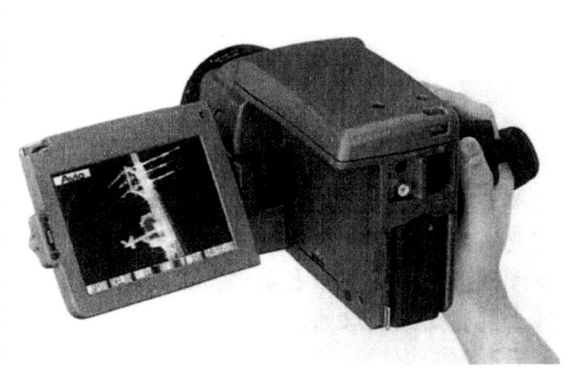

図　非冷却型サーモカメラ
（日本アビオニクス(株)，TSV-610）

ONE POINT サーモカメラの用途	サーモカメラは，研究などでの正確な温度計測や単発現象の観測では非常に扱いにくいので，静止して安定しているものに対して，おおまかに表面温度を計測するのに適している。

SENSOR3　湿度センサ

1) 原理

　一般に湿度センサと呼ばれるのは電気抵抗，静電容量または**インピーダンス**などの物質の電気的特性が湿度によって変化する性質を利用する素子で，電解質，セラミックス，高分子などが用いられる。

　基板に電解質（塩化リチュウムなど）の水溶液を塗布し，電極をつけて湿度による電極間の電気抵抗変化を測定するセンサはダンモア型素子として知られている。セラミックス湿度センサは多孔質セラミックスの気孔に水蒸気が入り微結晶粒子の表面に水分子が吸着するが，その水分子の吸脱着がセラミックスの電気抵抗を変化させる。高分子膜湿度センサは電導性高分子材料の電気的特性が，水の吸脱着によって変化することを利用したもので抵抗型と静電容量型がある。抵抗型は吸湿により高分子中の電解質が移動しやすくなり抵抗が減少するタイプである。容量型では水分が吸着すると高分子の**誘電率**が高くなるので容量変化として検出できる。

| 実際 12 | 蒸散速度を測るp32 |
| 実際 61 | 湿度を測るp124 |

2) 活用法

　ここで紹介する湿度センサは相対湿度が増大するにつれ，対数的に電気抵抗値が減少する特性がある。そのため相対湿度変化と1対1対応（線形）の電気信号として取り出すためには線形化回路が必要である。また，センサは温度依存性があるので温度補償回路も必要である。交流電圧駆動するセラミックス湿度センサの活用例をブロックダイヤグラムで図1に示す。センサによっては図1に示すような機能をもったユニットを合わせて販売しているものもある。極めて小型にユニット化された非常に使いやすい高分子湿度センサ（TDK(株)）も市販されている。図2に示すように乾電池4個で駆動でき出力も相対湿度0～100%がリニアに0～1Vの範囲で得られる。

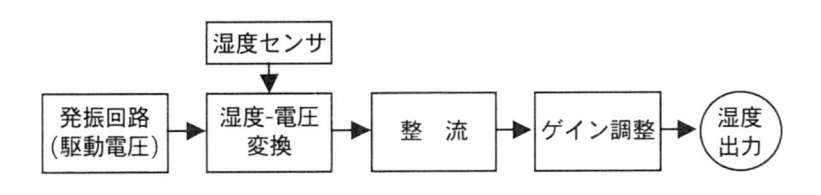

図1　セラミック湿度センサの活用例

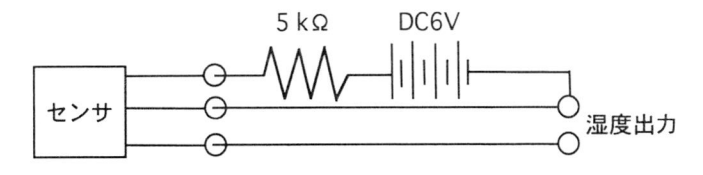

図2　便利な湿度センサユニット

ONE POINT　高湿度センシング

　これらの湿度センサの使用範囲は相対湿度10～90%である。植物の育成環境で相対湿度が90%以上の高湿度環境が問題になる場合がある。その場合には**サーミスタ**や熱電対を利用した乾湿計タイプのシステムや露点温度をセンシングするシステムあるいはサイクロメータなどを用いるなどの工夫が必要である。そのレベルの湿度計測は**水ポテンシャル**計測と考えた方が良い。

その他

温湿度計
乾湿球温度計
鏡面冷却式露点計
サーミスタ
サーミスタ湿度センサ
水晶共振センサ
ヒートプローブ
放射温度計

センサ計測器 5

力のセンシング

物体に力を加えれば，その大きさに応じて変形が生じる。この変形量をセンシングすることによって，加えられた力を知ることができる。バネの伸縮量によって力を測定する場合が一般的に多いが，微小な力を測定したり，高い精度が必要な場合には，ひずみゲージなどのセンサが用いられる。

SENSOR1　ひずみゲージ式荷重変換器

ひずみゲージ式荷重変換器は弾性論を応用した典型的な事例である。市販の荷重計のほかに，ひずみゲージと金属材料を用いて望みの荷重計を自作する場合も多い。また，計測対象とする物体にひずみゲージを直接張り付けて荷重を測定する場合もある。

実際 17　茎の強さを測るp42

実際 23　果実の粘弾性を測る p54

実際 31　穀物の収量・流量を測るp70

1) ひずみについて

金属などの材料に図1のような荷重を加えると，材料は伸びて細くなる。もとの長さに対する変形量をひずみといい，(1)式および(2)式で表される。したがって，ひずみには単位がない。一般にひずみは非常に微少量なので，10^{-6}（100万分の1）を意味するμ（マイクロ）で表される。1000μといえば1/1000のひずみを表す。図1の例では材料を引き延ばしているが，圧縮の場合も同様に考えればよい。

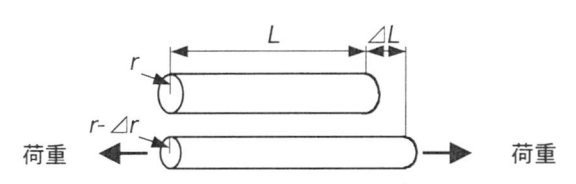

図1　材料の変形とひずみ

$$\varepsilon_1 = \frac{\Delta L}{L} \quad \cdots (1) \qquad \varepsilon_2 = \frac{\Delta r}{r} \quad \cdots (2)$$

ただし，ε_1：縦ひずみ，ε_2：横ひずみ

2) ひずみゲージの構造と原理

ひずみゲージの概略を図2に示す。金属抵抗線が抵抗体として絶縁体のベース上に接着されている。これを計測対象物に接着して，そのひずみ変化を測定する。計測対象が伸縮するとそれに応じて，ひずみゲージの抵抗体も伸縮して電気抵抗も増減する。すなわち，対象物のひずみに比例してゲージの電気抵抗が変化する。

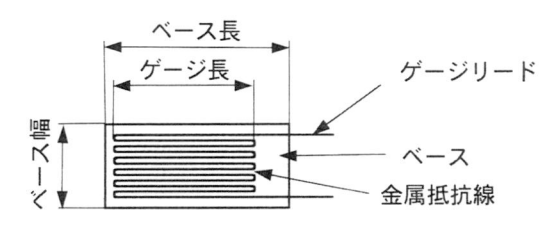

図2　ひずみゲージの構造

3) 荷重変換器の構造と原理

代表的なひずみゲージ式荷重変換器を図3に示す。圧縮／引張力が起歪部（ひずみゲージを張り付けている所）に作用すると、そこで力に比例したひずみが発生する。

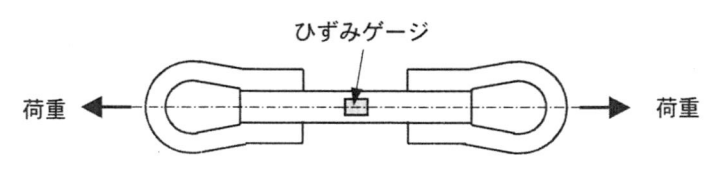

図3　荷重変換器の構造

4) 計測システムと計測の留意事項

一般的な計測システムを図4に示す。計測目的の現象が動的な場合には**動ひずみ計**を用いる。静的な場合には静ひずみ計でもよい。ファイテク関係の計測ではほとんどが動ひずみ計であろう。荷重変換器の出力は非常にわずかなので、動ひずみ計は**増幅器（アンプ）**の役割を果たす。計測直前の動ひずみ計の設定として、**零点設定、感度設定、校正信号の設定**を行う。最後の校正信号の設定がひずみゲージ式荷重変換器に特徴的な操作である。これを忘れると、得られた実験データの価値がなくなってしまうので、零点設定、感度設定とともに十分注意して行うこと。零点設定時の荷重条件、設定感度、校正信号の大きさをかならず記録しておくこと。

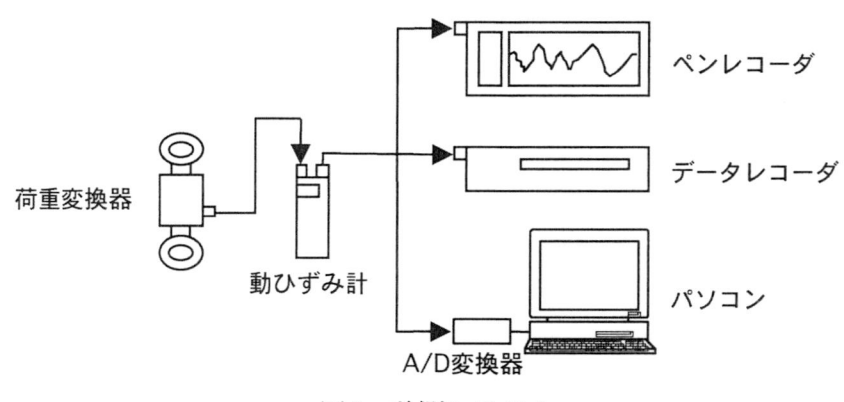

図4　計測システム

5) A/D変換器

計測したデータは、ペンレコーダやデータレコーダなどの装置で記録できるが、後のデータ処理を行うにはパソコンに取り込んでおくと便利である。しかし、ひずみゲージを含む各種センサは一般にアナログの電気信号を出力するものが多いため、デジタル信号を取り扱うパソコンに直接接続することはできない。アナログ信号をデジタル信号に変換する装置が**A/D変換器**である。複数の信号を取り扱える専用器やパソコンに挿入できるボードタイプなどがある。また、A/D変換用のICを使って回路を自作することもできる。

A/D変換器を選定する場合に重要なことは**分解能（ビット数）**である。どれくらいの精度で測定したいかを考え、その分解能が得られる機種を選ぶ必要がある。例えば、0〜+5Vの間で変化するアナログ信号を8ビットのA/D変換器でデジタルに変換すると、0.0195V（$=5V/2^8$）の最小単位で計測できることになる。さらに高い精度で計測したい場合には、これよりもビット数の多いA/D変換器（10ビット、12ビットなど）を選べばよい。

SENSOR2　倒伏試験器

　倒伏試験器（大起理化工業(株)，DIK-7400）は中山式土壌硬度計を参考にして上村ら[1]が考案したもので，抵抗値の巾は40mm，抵抗の最大値が表示できるように工夫されている（図）。測定対象とする植物によって，装着するバネは水平利用の場合の40mmのフルスケールで1，2，4kgとなる3種類のバネを用意し，測定対象の強度に応じて交換する。この試験器の本体とアタッチメントの合計の自重は約230gとコンパクトである。また，植物体に当てるアタッチメントは，株用と条用の2種類が用意されており，植物の種類や栽植様式により使いわける。

| 実際 45 | 根の支持機能を測る p93 |

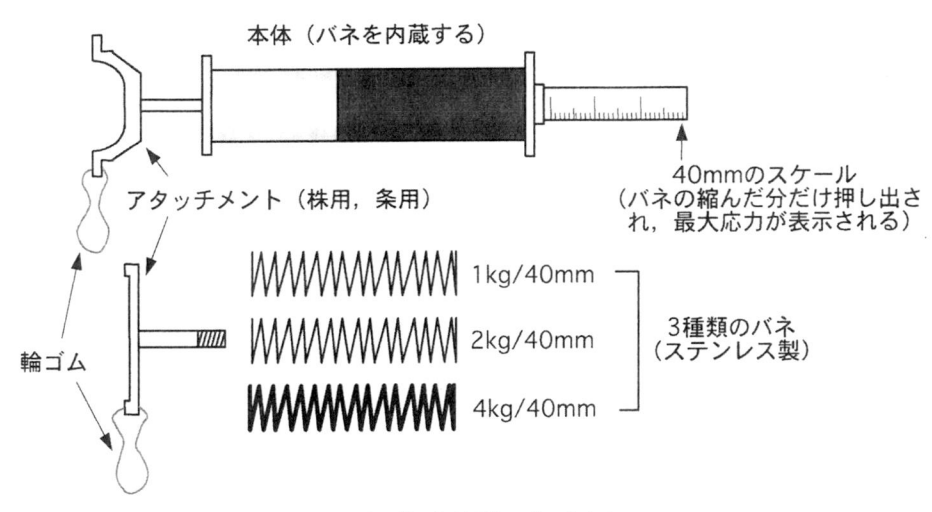

図　倒伏試験器の概念図

　イネの押し倒し抵抗値の測定は，この装置を地際から地上部10cmの部位に直角に当て，輪ゴムを引っかけて固定し，稲株に対する角度を直角に保ちながら45°に傾くまで一定の速度でゆっくりと押し，この時の抵抗値を読みとる。この押し倒し抵抗は，押し倒そうとするときに地下部の押し倒されまいとする応力，つまり**根の支持力**を表す。

その他

定荷重直接一面せん断試験装置
デジタルゲージ
レベルセンサ

圧力のセンシング

センサ計測器 6

圧力とは2つの物体間に働く押し合う力のことで（引き合う力の場合は負圧とも呼ばれる），単位面積あたりに作用する力の度合いで表される。物体に接する圧力に差が生じると，その大きさに応じて圧力の高い方から低い方へと力を受けて移動あるいは変形する。この変位量をセンシングすれば圧力を知ることができる。

SENSOR1　圧力センサ

実際 47　土壌水分ポテンシャルを測るp96

基本 5　信号の前処理と後処理 p189

　圧力センサとして一般に使用されるものにダイアフラムがある。ダイアフラムは，周辺部を固定した薄い円盤で，2つの面に作用する**圧力**の差に比例して円盤（ダイアフラム）が**弾性**変形することを利用し，その変形量から作用した圧力を測定することができる。主として流体（特に気体）の圧力の測定に使われる。ダイアフラムには，ダイアフラム部に金属を用いた金属ダイアフラムとシリコン単結晶を用いた半導体圧力センサがある。

　金属ダイアフラムは，数MPa～数百MPaまでの広範囲な圧力測定が可能である。ダイアフラム部の変形量は，ダイアフラム部に装着されたひずみゲージの電圧変化により得られる（図1）。

　半導体圧力センサは，圧力を受けると大きく抵抗が変化するという半導体のピエゾ効果を利用している（図2）。半導体圧力センサの測定範囲は1MPa～10MPa程度と小さいが，誤差レベルは±3%以下であり，高精度な圧力測定が可能である。半導体圧力センサには，ひずみゲージをはじめホイートストンブリッジ回路，**増幅器**，温度補償回路などが組み込まれており，データ測定機器などに直結することができる。

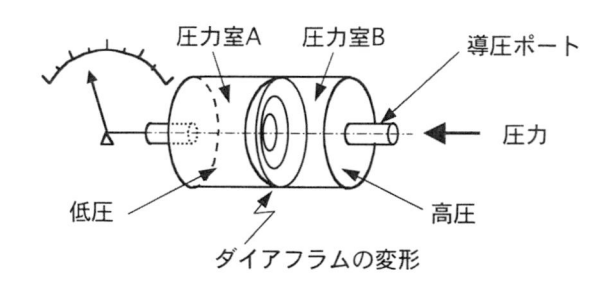

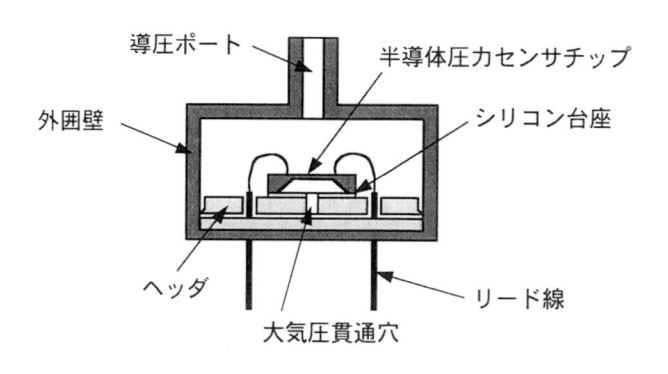

図1　金属ダイアフラム

図2　半導体圧力センサ

SENSOR2　マノメータ

　気象情報で耳慣れているヘクトパスカル（hPa）は大気圧（気圧）の単位を表すものである。気圧は静止した大気の**圧力**であり，その強さは1cm²あたり1kg重程度である。すなわち，私たちの身体は常に約2万kgの荷重を受けていることになるが，押し潰されないでいる。これは身体の構造上の問題とそれぞれの圧力が上下四方で釣り合っていることによる。海面上での平均気圧は約1013 hPa（1気圧）である。この値は，観測地点の水平面上の単位面積を底面とする気柱の全重力（空気の重さ）であり，高いところほど低くなり，100m上がると約12 hPa低くなる。気圧の測定には，水銀マノメータ（真空条件と大気圧条件における水銀柱の高さの差をセンシング）やアネロイドマノメータ（リン青銅または洋銀などの薄い金属板で作った真空空ごうの膨張と収縮の変化を感受）が用いられる。図に水銀柱の高さで気圧を計測できることを発見したトリチエリの実験装置を示す。水銀マノメータは，水銀，ガラス管，真空ポンプ，物差しがあれば簡単に作ることができる。

| 実際 10 | ガス交換速度を測る p28 |
| 実際 44 | 根の微生物を見る-根粒の窒素固定活性を測る-p92 |

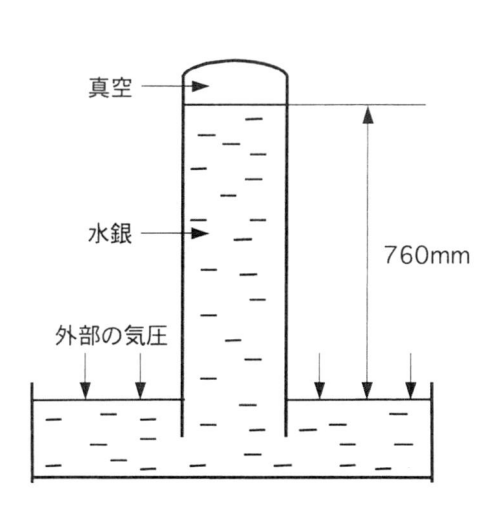

図　トリチエリの実験

センサ計測器7

化学成分のセンシング

血液を調べれば健康状態がわかるように、植物体の樹液や組織の化学成分を分析すれば植物体の生理状態がわかる。また、土壌の化学成分を調べれば、その土壌が植物の成育にとって好適なものであるかどうかが判断できる。したがって、化学成分のセンシング技術は、的確な成育診断・土壌診断のために重要である。

SENSOR1　ECメータ

| 実際57 | 土壌のpH・ECを測るp119 |
| 基本1 | 供試植物の準備p183 |

　水溶液中の電気抵抗値は、イオンの濃度が高くなると低下する。この原理を利用して、白金電極を備えたセルを溶液に浸して測定した電気抵抗値の逆数が**電気伝導度**（電導度、導電率、EC：Electric Conductivity）である。電気抵抗値と**イオン濃度**との関係は溶けているイオンの種類によってやや異なるが、イオン濃度が比較的低い場合は両者はほぼ比例するため、電気伝導度を測定すれば溶液中のイオン濃度を知ることができる。測定に際しては、**標準液**（1.41 [dS・m^{-1}, 25℃]）を用いてあらかじめ測定機器を調整する。電気伝導度は温度が1℃上昇すると約2%増加するので、測定機器に付属している温度補正表を参考にして補正する。最近は携帯に便利なカード型やペン型のECメータも市販されており、水耕液や現地における土壌浸出液の測定に利用されている。

SENSOR2　pHメータ

| 実際57 | 土壌のpH・ECを測るp119 |
| 基本1 | 供試植物の準備p183 |

　溶液の**水素イオン濃度**（pH）は、**比色測定法**や**電位差測定法**で計測する。比色測定法は、pHの変動によって色調が変化する指示薬を加えて調製した比色標準液と指示薬を加えた検液の色調を比べて評価するもので、試験紙に色素をしみこませた**pH試験紙**を用いることが多い。電位差測定法は、図に示したように、基準電極を内部に持ち、KCl飽和溶液などの電極内部液を充填したガラス電極を検液に浸し、検液の起電力に基づく両電極間の電位差を直流電流計で計測してpH値として読みとる。この原理を利用したpHメータが市販されている。計測したい検液のpHの範囲に合わせて2種類の**標準緩衝液**（6.86と4.01または6.86と9.18、いずれも25℃）を用いて測定機器をあらかじめ調整してから計測する。最近は携帯に便利なカード型やペン型のpHメータも市販されている。

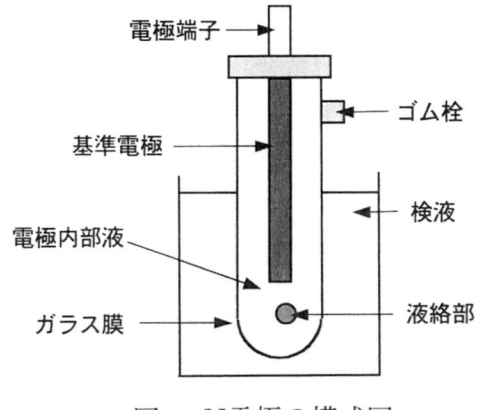

図　pH電極の模式図

SENSOR3　イオン電極

1) イオン電極の種類

　イオン電極は溶液中の特定のイオンに選択的に応答して，その濃度に相応した起電力を発生するものである。比較電極との併用によって特定イオンの濃度が測定できる。イオン電極には固体膜電極，隔膜電極，液膜電極（イオン交換型液膜電極，中性キャリア型液膜電極）および酵素固定膜電極などがあり，測定対象のイオンごとに，シアン化物，塩化物，硫化物，ヨウ化物，臭化物，銅，カドミウム，鉛，チオシアン酸，フッ化物，銀，アンモニア，ナトリウム，硝酸，カリウム，カルシウムイオン電極などがある。近年，平面型イオン電極を用いた小型軽量のポケットタイプのイオンメータが開発され，屋外でも少量の試料液量（0.1ml）でも測定できるので，作物の栄養診断・土壌診断や養液栽培の養分管理などに用いられている。

2) 特徴と測定上の注意

　イオン電極による測定濃度範囲は各電極ごとに異なるが，数ppmから数千ppmの範囲にあり，比較的高濃度の測定には適しているが，低濃度の測定には不都合な場合がある。また，イオン電極は共存イオンの影響を受けやすく，共存イオンが未知の試料液では測定値に大きな誤差が入る。したがって，イオン電極の測定対象イオンと共存イオンの選択係数を取扱説明書で確認するとともに，試料中の大まかなイオン組成と濃度を把握しておく必要がある。その他，測定に際しては標準液による調整を行うこと，**標準液**と試料液の温度を一定にすること，直射日光のもとでの使用は避けることなどの注意が必要である。イオン電極はpHや温度の影響を受けるので，測定にあたっては取扱説明書で確認し，適正な範囲に調整する。

ONE POINT　イオンの濃度と活量（activity）

　溶液中では，イオン間の相互作用によってイオンの運動が束縛を受けるので，実際の有効な濃度と添加したイオン濃度とは異なる。イオンの運動を考慮したものが**活量**（activity，活量＝実在イオン濃度×**活量係数**）であり，起電力を表すネルンストの式では，溶液中のイオンは活量で表示する。本来，イオン電極はイオンの活量に相応する起電力を測定するので，測定できるのはイオン活量である。しかし，私たちが通常知りたいのはイオンの濃度であって活量ではない。**イオン濃度**を直接求めるためにはイオン濃度既知の標準液で**検量線**を作成しなければならない。一般に**イオン強度**が大きくなると同一のイオン濃度でもイオン活量は小さくなるので，このとき，イオン強度を考慮する必要があるが，イオン強度の小さい希薄溶液では活量係数がほとんど1になるので，希薄なイオン濃度**標準液**で検量線を作成してよい。実用的には，標準液による調整だけでイオンの濃度が測定できるようになっている。

　植物の養分吸収の研究では，培地（水耕液）に添加したイオン濃度ではなく，イオンの活量を考慮しなければならない。この場合，イオン電極は有効なツールとなる。

SENSOR4　酸素電極

実際41　根の呼吸活性を測る p88

1) 酸素電極の構造

　酸素電極は，**ポーラログラフ法**に基づく酸素濃度の測定装置である。すなわち，酸素を白金電極で電解還元すると，次式のようにOH^-にまで還元される。

$$O_2 + 2H_2O + 4e^- \rightarrow 4OH^-$$

この反応を利用して，電極での$4e^-$のやり取りを電流として検出する。

　酸素電極には**ガルバニ電池**型とClark電極型の2種類があるが，光合成や呼吸の測定など生物学分野でよく利用されるのはClark電極である。この電極は，白金の陰極（指示電極）と電解液のKCl溶液およびAg/AgClの陽極（参照電極），電極膜からなる複合電極である（図）。電極膜は酸素透過性のよいポリエチレンやテフロンの薄膜で，酸素はこの電極膜を通して電極上で反応する。電極膜は測定試料液と電極との隔膜でもあり，そのため溶存酸素濃度測定中に試料液の対流などの影響は受け難い。また，電極膜は気体（溶存酸素）だけを透過させるので，試料液中に共存する還元性物質の妨害や電極表面の汚染から電極を保護する役目も担っている。

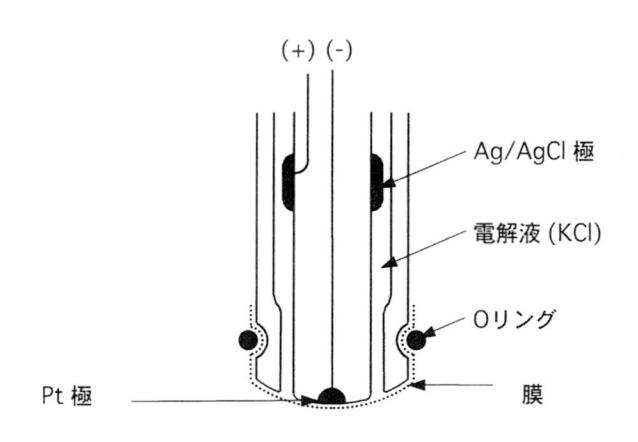

図　Clark酸素電極の基本構造

2) 特徴と測定上の注意

　酸素電極で酸素を測定するには，一定の電圧を電極に与える印加電圧源と電流記録計が必要である。電流記録計で電流の変化を連続的に記録できるので，溶存酸素濃度が時間的に変化する試料に対して有効である。そのため光合成の測定法として利用されるが，溶存酸素濃度は温度と**分圧**の影響を受けるので，測定システムには光源，断熱用のフィルタおよび試料用の反応槽（スターラを含む）としての専用セルが取り付けられている。酸素濃度の絶対値を知るには標準溶液を用いて**校正**を行う必要がある。その場合は，セルに緩衝液を適当量満たし，25℃に設定した後，スターラで撹拌して酸素を通気する。測定電圧が一定になるまで放置し，これを**溶存酸素飽和濃度**（1気圧25℃で，250μM）とする。つぎに窒素を通気し，同様の手順で酸素濃度0の時の電圧値を得れば，両者の差が，250μMのO_2濃度に相当する。

SENSOR5　ガスクロマトグラフ(GC)

　GC法は，多くの成分が混合している試料の中に含まれる特定の成分を，移動相として気体を用いるカラムクロマトグラフ法によって分離した後，測定する分析法である。

　この方法は，化学成分の分析に長い歴史を持ち，多様な**分離カラム**や**検出器**が開発された結果，現在では，極めて多くの成分の分析に適用することができる。また，検出感度が高いことが特徴であり，目的の成分によっては1pg程度の微量な量でも検出可能である。GC法ではその名のとおり，分析対象が分離，検出温度でガス体であることが必要である。このため，そのままではガス化しない分析対象では，TMS化（糖などの水酸基をトリメチルシリル基に変換し，沸点を下げる）などの前処理によってガス化しやすい誘導体に変換する必要がある。

　図1の導入部から入れられた混合試料は，移動相のガスに押されて移動するが，各成分によって**カラム**内の充填剤に対する親和性が異なるため，検出器に到達するまでに時間差が生じ，分離される。その結果，検出器の出力では，各成分ごとに図2のように各ピークが試料中の各成分に対応するクロマトグラムが現れる。試料の導入からピークまでの時間（保持時間）を標品と比較することによって各成分の同定を行い，ピークの高さ又は面積によって定量する。

　GC法に用いられる検出器には，適応範囲が広い**熱伝導度型検出器（TCD）**，有機化合物に高感度をもつ**水素炎イオン化検出器（FID）**，残留農薬の検出に使われハロゲン化合物に高感度を示す**電子捕獲型検出器（ECD）**および**フレーム光度型検出器（FPD）**などが用いられる。分離カラムにはO_2やN_2分析に用いられるモレキュラーシーブ，活性炭，CO_2やH_2Oの分離に適するポラパックQおよびクロモソルブなどに各種の**液相**をコーティングした各種のカラムが用意されている。性質のよく似た多種類の混合試料を分析する場合には，キャピラリーカラムが適している。分析成分の性質，夾雑物の種類などに合わせて，カラムの種類と温度，検出器，移動相のガスの種類，前処理の方法を適切に選択する必要があり，詳しくは実験書[1]-[3]を参考にされたい。

実際10	ガス交換速度を測る p28
実際25	果実・食品の匂いを測る p58
実際26	果実の鮮度を測る p60
実際44	根の微生物をみる-根粒の窒素固定活性を測る- p92
実際58	土壌の養分を測る p120
実際65	ガス濃度を測る p130

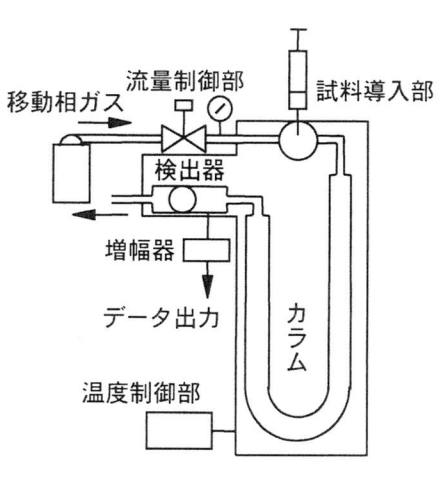

図1　ガスクロマトグラフの模式図

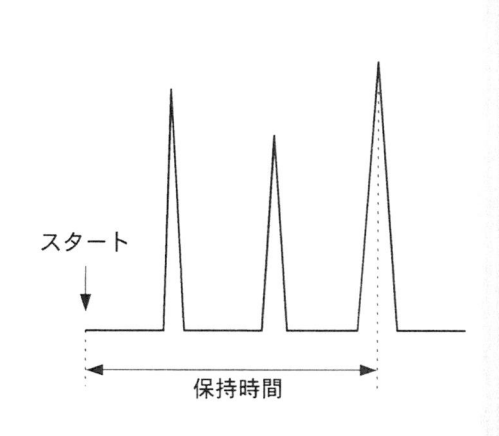

図2　クロマトグラムの例
（検出器の出力）

SENSOR6　高速液体クロマトグラフ(HPLC)

実際64	培養液の組成を測る p128
センサ計測器1	分光光度計 p142
センサ計測器1	ECメータ p164

HPLC法は移動相に液体を用いるクロマトグラフ法であり，適当な溶媒に溶けるものは，どのような試料でも分析の対象となる。

HPLC装置は高圧送液ポンプ，**カラム**および**検出器**からなり，微量の試料を迅速，簡便かつ高精度で再現性よく分析できる。図に示したように，混合試料は送液ポンプで加圧された溶離液の流れに押され，カラムに導入される。カラムを通過する各試料成分は，充填剤に対する親和性の違いによって検出器への到達時間が異なるため分離する。分析対象の分子量，**極性**，電荷などの性質によって移動相や分離モード（使用カラム），検出器を選択する。移動相には試料の溶解性に応じて，水系として水や緩衝液，**有機溶媒**系としてクロロホルムやアセトニトリルなどが用いられる。分離モードには，分析対象成分を分子量の違いから分離するゲル濾過，イオン性によって分離するイオン交換，極性の違いによって分離する分配，特定の充填剤へ吸着性によって分離する吸着モードなどがあり，分離モードに合わせてカラム充填剤を選択する。検出器としては，多様な成分に適用できる**分光光度計**，糖分析に用いられる**示差屈折計**，適用成分は限られるが高感度の**蛍光光度計**，イオン性によって検出する電気伝導度計（ECメータ）など，多様なものが利用できる。これらの溶離液，カラム充填剤および検出器の選択には実験書[3][4]を参考にされたい。

一般にHPLCで得られるピークは広がりを持つので，クロマトパックなどを用いてピークの面積を基にしてデータ処理を行う。試料の導入は手動でも可能だが，オートサンプラを用いた自動分析によって1日に100検体の分析も可能である。なお，アミノ酸組成の分析に用いられる**アミノ酸分析装置**もイオン交換樹脂カラムを用いたHPLCであり，試料の分離後，ニンヒドリンと反応させ，その発色を分光光度計で測定している。

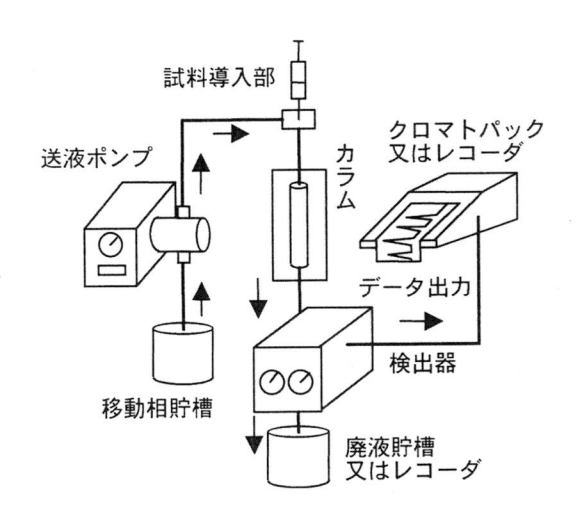

図　HPLC装置の概念図

SENSOR7　赤外線ガス分析装置

　赤外線ガス分析装置とは，CO，CO_2，CH_4，H_2O，NH_3，NO，N_2O，SO_2などのガスが特定波長の赤外線を吸収する性質を有することから，この性質を利用し，試料ガスの濃度を連続的に測定する装置である。

　装置には図のように**試料セル**と**比較セル**が並列におかれ，試料セルには試料ガスが導入され，比較セルには赤外線を吸収しない窒素が封入されている。光源から照射された赤外線は試料セルおよび比較セルを通って**検出器**に入る。このとき，試料セル内のガスによって赤外線が吸収されるため，ガス濃度が高いほど検出器に届く赤外線は減少する。検出器内には測定対象のガスと同種のガスが封入されており，両セルを通過した赤外線は検出器に入り，検出器内のガスにより特定波長の赤外線が吸収され，熱エネルギに変化する。検出器は試料側検出層と比較側検出層に分かれており，両セルを通過した赤外線の差により両検出層間に圧力差が生じ，このため両検出層の間にある金属薄膜が変形する。金属薄膜は一種の**コンデンサ**であり，その変形は静電容量の変化として検出され，これがガス濃度に換算される。

　試料ガス中に赤外線の吸収波長が重複するガスが含まれる場合は，正確な測定が行えないことから，**光学フィルタ**を両方の光路に組み込んで重なる波長を除去したり，吸収剤などを用いて干渉ガス成分を除去したりする必要がある。例えば，CO_2の測定においては，2.5〜3μmの波長域でH_2Oと吸収波長が重複していることから，試料ガスを分析装置に導入する前に除湿することになる。

　また，植物の光合成速度の測定において，上記のように窒素が比較セルに封入されている場合は，**同化箱**の入口と出口のCO_2濃度の絶対値をそれぞれ測定し，その差から**光合成速度**を算出する。また，同化箱の入口の空気を比較セルに，出口の空気を試料セルに流すと，両者のCO_2濃度差が測定できる。

実際10　ガス交換速度を測る p28

実際65　ガス濃度を測る p130

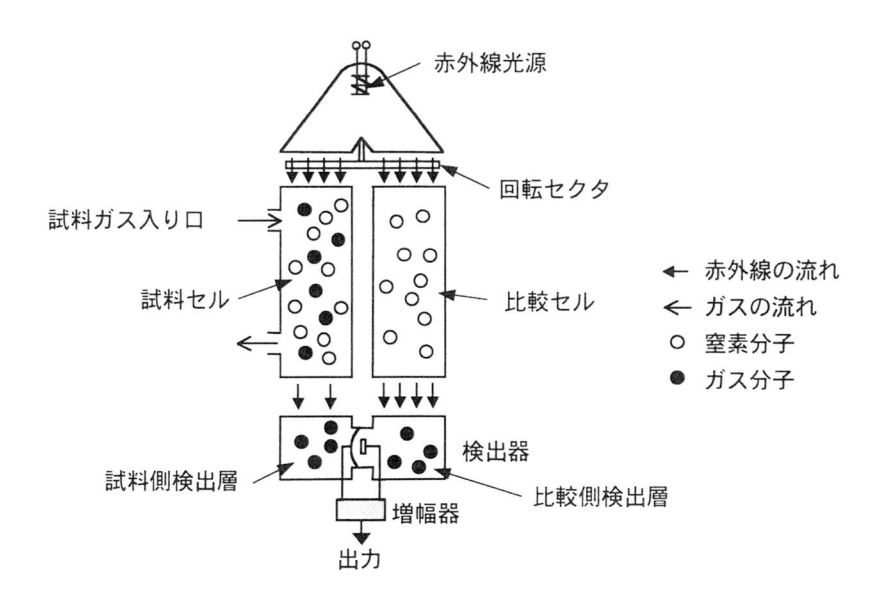

図　測定原理

その他

- O₂アップテスタ
- 酸素センサ
- SPADメータ（デジタル式葉緑素計）
- ガスセンサ
- 近赤外（NIR）分析計
- 固定干渉フィルタ型分析計
- 全粒透過型NIR分析計
- 走査型分光光度計
- 透過型NIR分析計
- 糖度計

センサ計測器 8

土壌の水分と水分ポテンシャルのセンシング

土壌間隙に保持されている水分量（土壌水分）と，土壌の渇きの程度（土壌水分ポテンシャル）を測定する。これには実験室規模と野外規模に対応した様々な測定方法がある。

SENSOR1　サイクロメータ

サイクロメータは土壌，植物，大気中の**水ポテンシャル**を測定する装置である。ここでは，サイクロメータによる土壌中の水ポテンシャルの測定について述べる。土壌水のポテンシャルは，土壌水の存在状態を表す最も重要な指標である。同時に土壌水ポテンシャルは低い領域から高い領域まで幅広く変化する。吸引法，土柱法，加圧板法などを含め，サイクロメータ法はこの幅広い領域中の−0.1〜−100MPa間の**マトリックポテンシャル**を測定する。

実際 11	植物水ポテンシャルを測るp30
実際 47	土壌水分ポテンシャルを測るp96
実際 48	土壌の水分量を測るp98
センサ計測器 4	熱電対 p155

1）サイクロメータとは

サイクロメータは，測定対象の試料の土壌水と平衡状態にある空気の相対湿度の測定から，土壌水の全ポテンシャルを求める装置である。装置は，サイクロメータ，試料チャンバと測定・出力部から構成される（図1）。実測するときには，サイクロメータ定数を決める校正用飽和塩溶液と試料容器が必要である。

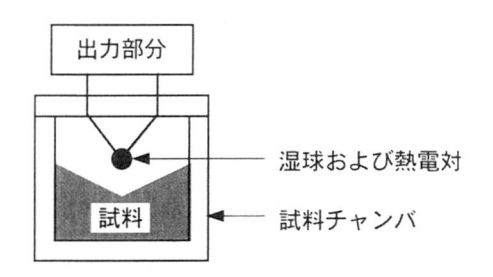

図1　サイクロメータのイメージ図

2）測定原理

サイクロメータの測定原理は，試料チャンバ内の大気と試料の相対湿度が平衡に達しているときに，湿球と熱電対によって湿球の温度低下（$\triangle T$）を測定し，(2)式で大気の相対湿度（P/P_0）を計算し，(1)式で試料の土壌水全ポテンシャルを求めるものである（図1）。平衡状態において，チャンバ内の土壌水全ポテンシャル（ϕ）と空気の水蒸気のポテンシャル（ϕ_a）は等しくなる。両者と大気の相対湿度との間には(1)式の関係がある。

$$\phi = \phi_a = \frac{RT}{M} \ln\left(\frac{P}{P_0}\right) \quad \cdots (1)$$

M：水の分子量　[0.018kg・mol^{-1}]
R：気体定数　[8.31J・K^{-1}・mol^{-1}]
T：絶対温度

なお，大気中の相対湿度は湿球の温度低下で表すと，次式になる。

$$\frac{P}{P_0} = 1 - \left(\frac{s+\gamma}{P_0}\right)\Delta T = 1 - C\Delta T \quad \cdots (2)$$

　γ：見かけのサイクロメータ定数
　s：飽和水蒸気と温度曲線のΔT区間の平均勾配
　C：サイクロメータの感度

3) 操作手順
① **校正**：サイクロメータの感度は，チャンバ，試料，湿球の大きさ，形，配置に左右される。そこで，ポテンシャルの分かってる溶液を使って，サイクロメータの定数などを決める必要がある。具体的に，チャンバの中に相対湿度の既知の標準飽和溶液（NaCl，0.755；KCl，0.86；MgCl，0.33など）と濾紙を設置し，上述した式を用いて，サイクロメータの定数など（γ, s, C）を求める。
② 試料の設置：試料はすり鉢状に詰め，容器上部に純水を付けた湿球を設置する。チャンバを密封して，試料チャンバの温度を均一にするため，20～30分置く。
③ 出力記録：湿球の温度が低下し，ほぼ一定になったときに，湿球の温度低下量（出力電圧）を読み取り，チャンバの温度とともに記録する。
④ 試料の含水比の測定：試料容器をサイクロメータから取り出して，試料の湿土重を測った後に炉乾法で含水比を測定する。
⑤ 測定結果：以上の①，②，③によって，試料の土壌水全ポテンシャル（ϕ）が計算できる。これから浸透ポテンシャル（ϕ_0）を引くと，マトリックポテンシャル（ϕ_m）が得られる。マトリックポテンシャルと試料含水比の関係をプロットすると，土壌の水分特性曲線が求められる。

ONE POINT
測定上の注意点

・サイクロメータの精度を高めるために，測定における良好な温度環境が要求される。チャンバの温度を均一に保つのが重要である。
・サイクロメータの測定結果は，土壌水の全ポテンシャルである。マトリックポテンシャルと混同しないこと。

SENSOR2　現場土壌水分計（TDR・FDR）

実際48　土壌の水分量を測る　p98

　現場における土壌水分量の測定法としては，TDR（Time Domain Reflectometry）とFDR（Frequency Domain Reflectometry）が最も有望であるといえる。TDRとFDRの測定原理については，3章「土壌の水分量を測る」の中に詳しく述べているので，ここでは主に現場におけるその応用について述べる。
　TDRとFDRはユーザにとって，主に測定本体と土壌センサ（プローブ；電極）の2つの部分に分けられる。本体はメーカによって，土壌**誘電率**を出力する装置と土壌体積含水率を出力する装置の2種類がある。後者の場合には，メーカ側の土壌誘電率と含水率の**校正式**の処理手法に関して，注意を要する。土壌センサ部分はユーザにとって重要であり，以下のような選択方法が考えられる。

1) 差込センサ

　最も単純であり直観的な測定法である。センサを土壌に差し込むだけで，本体に土壌誘電率，あるいは体積含水率が表示される。ただし，測定結果はセンサ長さに対する平均値なので，表層以下の土壌水分量を測定する場合には，土壌断面を作成し，差し込む必要がある。

2) 組合せセンサ

　特定の深さの水分量を測定できれば，実際への応用においてそのメリットは非常に大きい。図1に示すように，ロッドの長さの異なる2つのプローブを組み合わせることで，土壌構造を破壊しなくても特定の深さの平均含水量の測定が可能になる。2本の電極（それぞれ長さL_1，L_2）の長さの差を$\triangle L$とすると，それぞれの電極の周波数間隔$\triangle f$と誘電率εの関係は，次式で表される。

$$\varepsilon = \left[\frac{C_0\left(\frac{1}{\Delta f_1} - \frac{1}{\Delta f_2}\right)}{2(L_1 - L_2)}\right]^2 = \left[\frac{C_0(\Delta f_2 - \Delta f_1)}{2\Delta f_1 \Delta f_2 \Delta L}\right]^2 \quad \cdots (1)$$

　L_1，L_2とC_0は既知なので，**同軸ケーブル**内の電圧のスペクトルを測定し，$\triangle f$（すなわち，$\triangle f_1$，$\triangle f_2$）を求めれば，特定の深さL_2からL_1までの間の平均的な誘電率εの値を決めることができる。なお，誘電率と含水率の検量式を用いて，特定深さ$\triangle L$領域の体積含水率が求められる。

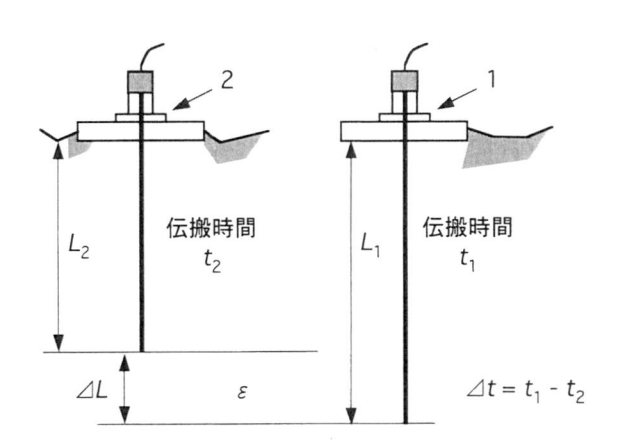

図1　組合せセンサによる深さごとの水分測定図

3) 移動式センサ

　図2のように，あらかじめ土壌中に測定用のパイプを埋め込んで，センサを上下移動させて土壌水分を測定する。注意すべきことは，凍上・高温などによってパイプが変形したり，内壁の物質（塩分など）の付着などによって測定精度が低下することである。

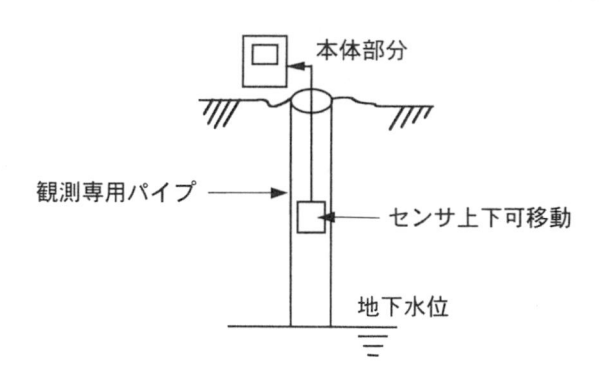

図2　移動式センサの測定イメージ図

> **ONE POINT**
> **測定上の注意点**
>
> 　組み合わせ電極法によって精度の良い測定結果を得るための留意点として次の2点がある。
> ・組み合わせ電極法において，電極長さの差△Lを4cm以上とすること。
> ・2つのプローブの間隔を4cm以上に設置すること。土性，水分量，印加する電磁波の強度などにも関係するが，平行して2本の電極を挿入すると，互いに干渉して感度が低下する場合がある。

SENSOR3　テンシオメータ

実際47	土壌水分ポテンシャルを測るp96
実際48	土壌の水分量を測るp98
実際49	土壌の透過性を測るp100

　土壌水が受けている**圧力**（吸引圧；負圧）を測定する計器で，土壌中の水分状態を経時的に測定することができる。テンシオメータの基本構造は素焼の円筒カップ（**ポーラスカップ**）と圧力計およびこれらをつなぐビニールパイプとから成る（図）。カップに水を満たし土壌によく接するように埋設すると，土壌が水を吸い出そうとする力とカップ内の水圧とが平衡に達するまで水は吸い出される。このときの水圧を測定すればカップ周辺土壌の吸引圧すなわち**土壌水分張力**を知ることができる。理論上の測定限界は，負圧が-1気圧となるpF3.0であるが，実用上の測定範囲は飽和水分状態からpF2.7～2.9程度までで，測定限界近くまで乾燥が進むと溶存空気の気化・体積膨張，計器の接続部分やポーラスカップを通して空気が侵入し測定継続が困難になる。使用する水は負圧条件下での溶存空気の気化を防ぐため，煮沸ないし真空ポンプによる脱気水を用いる。水銀柱上昇による水銀溜内の水銀面の変動は無視できるものとすると，土壌水分張力は次式により計算できる。

$$13.6 \cdot h = h + a + H \quad \cdots (1)$$

$$H = 12.6 \cdot h - a \quad \cdots (2)$$

$$\therefore pF = \log_{10} H = \log_{10}(12.6 \cdot h - a) \quad \cdots (3)$$

ただし，H：土壌水分張力，水柱 [cm]
　　　　h：水銀柱上昇量 [cm]
　　　　a：ポーラスカップ中央より水銀溜内の水銀面までの鉛直距離 [cm]

| センサ計測器6 | マノメータp163 |

　最近では水銀マノメータの替わりに，負圧センサを取り付けて自動測定が行われている。

テンシオメータで得られる値は土壌水分張力であり水分含量ではない。水分含量を知るには，あらかじめ同じ土壌の脱水過程のpF-土壌水分量曲線を作成しておき，水分張力を水分含量に読み替える方法が一般に採られている。

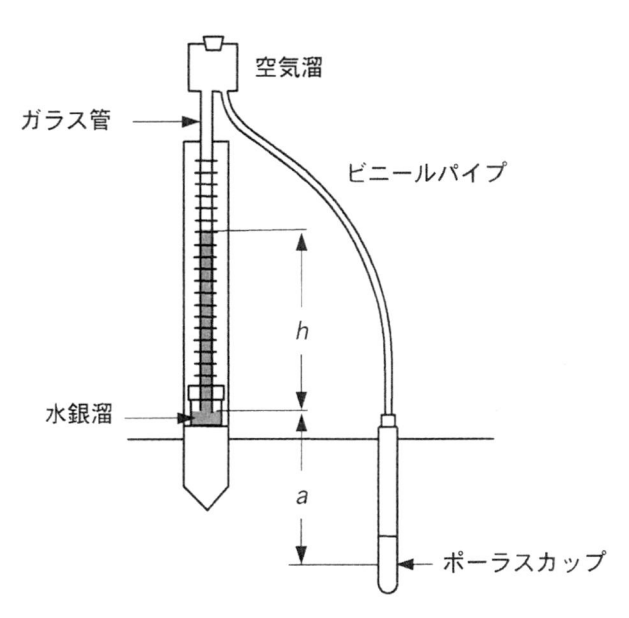

図　テンシオメータの構造と計算諸元

その他

圧膜装置
吸引装置
高速遠心器
ハイグロメータ

センサ計測器9　土壌の構造と透過性のセンシング

土壌は，無機物や有機物の諸成分からなる粒子や団粒が様々に集合・結合した骨格構造を持っている。この骨格と間隙の配列様式のことを土壌構造といい，固相（骨格），液相（土壌水分），気相（空気，ガス）の三相系をなし，水やガスの透過性や保持能力に大きな影響を与える。土壌を壊さず採取し，土壌密度，間隙率，三相割合，透過性などを測定する方法，ならびに土壌構造を直接映像化あるいは測定する方法がある。

SENSOR1　試料円筒（100ml）

実際46　土壌の基本的物理性を測る p94
実際49　土壌の透過性を測る p100

100ml型の試料円筒は，内径5.0cm，高さ5.1cmの金属製の無底円筒で，両端に蓋がついている（図）。この試料円筒に対しては，**実容積試験**，**透水試験**，**pF試験**，**通気性試験**などの試験装置が市販されており非常に便利である。また，この試料円筒を用いると，**撹乱土**，**未撹乱土**を問わず土壌を充填できる。現地の土壌を乱さずに採取する場合は，**採土器**などの補助器具を用いるとよい[1][2][3]。

図　100ml試料円筒（大起理化工業(株)，DIK-1800，DIK-1801）

採土の個数は，通常一つの土層から2〜3個である。なお，**粒度分析**や**土粒子密度測定**など他の実験用試料としてビニール袋に適量の土壌採取をあわせて行うとよい[2]。

試料採取地点や採取すべき土層の決定は，通常の土壌調査，土壌断面調査法などによって行えばよい。また，土層の分化が明らかでない場合は，土層を10cmごとに区分して採土を行うと便利である。

採土の手順は，以下の通りである。
① 採土時の内壁の摩擦抵抗による土壌の破壊を防ぐために，試料円筒の内壁に薄くグリースを塗る。
② 試料円筒を採土器に取り付け，試料円筒を土壌面に垂直に押し込む。土が硬く試料円筒の挿入が困難な場合には，試料円筒が左右にずれないように注意しながら採土器の頭部を木槌などでたたいて押し込むとよい。
③ 押し込む深さは，5.2〜5.3cmにする。
④ 採土器を引き抜かずに1回転させ，その後引き抜く。
⑤ 採土器から試料円筒をはずし，試料円筒の両端を円筒の縁に合わせてカッターナイフなどで断面を整形する。整形の際に試料面にへこみが生じた場合は，それがあまり大きくなければ，土を加えて平らに直すとよい。
⑥ 試料円筒の両端に蓋をし，円筒の外側についている土壌をブラシで取り除き，蓋と円筒の境目をビニールテープでシールする。
⑦ 試料円筒は実験室に持ち帰った後，湿潤密度，乾燥密度，体積含水率，含水比などの測定，または実容積試験，透水試験，pF試験，通気性試験などの各種試験装置にセットして目的の物理量の測定を行う。この際，試料は一度**炉乾燥**してしまうと，pF試験など他の目的での使用が不可能になるので注意する。

SENSOR2　土壌三相計

土壌は，**固相**，**液相**，**気相**から成り立っており，それらが占める体積の割合を三相分布という。土壌三相分布の測定は，土壌の固相，液相，気相それぞれの容積割合を明らかにすることである。

土壌三相分布それ自体は，**保水性**，**透水性**，通気性など，土壌のもつ機能を的確に表すものではないが，例えば降水に対する水分貯留能力や，透水の良否などは土壌の気相容積と関係する基礎的な要因となり，植物の成育に必要な水分の供給は液相部分が支配的な役割を担っている。また，土壌三相分布を明らかにすることは，土壌生産力を研究するうえできわめて基本的な課題であったため，種々の作物に対する理想的な三相分布が研究されてきている[2]。

土壌三相計（図）はその三相分布に含まれる実容積（固相と液相）を測定する機器である。実容積を測定する機器には，土壌三相計のほかに実容積測定装置があり，前者は一空気系のみを用いて実容積を測定しようとするもので単子型とよばれ，後者は二空気系を用いて実容積を求めるので双子型とよばれている。測定の基本原理は，土壌試料中の土壌空気の容量をボイル-シャルルの法則を利用して測定するもので，温度が一定の条件において気体の体積と**圧力**の積が一定であるという性質を利用する[3]。

測定方法は，以下の通りである。
① テストピース（50mlと30ml）を用いて基準圧力を決定する。
② 平圧コックが開いていることを確認する。
③ 操作ハンドルが始動点にあることを確認した後，試料円筒に採取した試料をアミ板，受け皿とともに試料室にセットして蓋をする。
④ 平圧コックを閉め，操作ハンドルをゆっくり操作し，圧力計の数値が①で求めた基準圧力になる様にする。この時，ボリュームゲージの示す値を読みとる。
⑤ 一つの試料に対して，②〜④の操作を5回程繰り返して行い，その平均値を実容積とする。

実容積の測定が終わった試料については，最後に全重量を測定する。

実際46　土壌の基本的物理性を測るp94

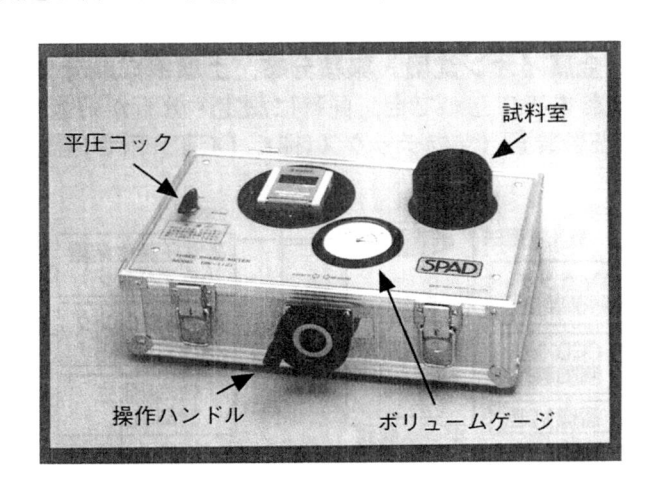

図　土壌三相計（大起理化工業(株)，DIK-1121）

三相分布を求めるために100ml試料円筒などを用いて現地で採土する場合，特に注意しなければならないことは，どうしても亀裂とか植物の太い根などを避けて採土する傾向が強いため，その結果として実際の圃場より気相が少ない三相分布が求まってしまうことである。このことに十分注意して，ランダムな採土を行うように心がけるとよい[3]。

SENSOR3　軟X線撮影装置

実際51　土壌の内部構造を測る-軟X線映像法-p106

軟X線撮影装置は，種々の物質が集合・重畳している土壌の3次元的内部構造を不攪乱/非破壊で透視または計測するのに最適である。軟X線撮影法には，**単純撮影（造影剤を使わない）** と造影撮影のほかに，**立体撮影（ステレオグラフィ）** や **断層撮影（トモグラフィ）** などの応用もある。ここでは，軟X線撮影装置の初歩を紹介する。

1) 装置の構造と原理

軟X線撮影装置の基本部品は，X線管球，変圧器（高電圧発生），制御装置（管電圧，管電流，照射時間などの調整），完全防護箱（X線漏洩防止）などからなる。必要に応じて，管球冷却装置（X線の安定的発生），試料移動装置（試料の位置を遠隔移動する），軟X線ディテクタ（軟X線カメラなど）などを追加することができる。いずれも放射線障害などに対して十分な安全対策がとられている。X線発生条件は，電圧，電流，時間（対陰極の材質や構造）の3要素からなる。X線の波長は電圧で変化し，高い電圧ほど短い波長のX線が発生する。照射線量は電流で変化し，大きな電流ほど線量が増加する。その両者の積分量を時間で調整する。特に「軟X線管球」と呼ぶものは，X線放射窓にX線吸収の少ない金属ベリリウムの薄い板をつけている[1]。

この軟X線撮影装置は，草花のような柔らかい被検体から，土壌のような様々な物質で複合的に構成される被検体まで，幅の広いコントラストを持つ透過映像を得ることができる。土壌は原子番号，密度，重量割合などX線吸収度合の異なる物質で構成されているが，この軟X線撮影装置によれば土壌内部の**堆積様式**，**密度分布**，**粒子配列**，**粒状性**，**団粒配列**，**団粒の平均直径**，**間隙構造**，**金属イオン沈殿・集積分布**，**土壌構成成分分布**などを不攪乱・被破壊で撮影することができ，同時に測定・分析が可能である[4)-6)]。図は最新型軟X線撮影装置（ソフテックス(株)，DCTS-7003型）の模式図である。

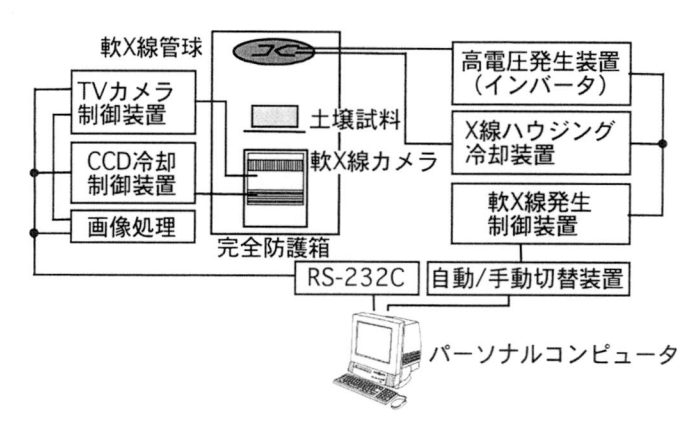

図　最新の軟X線撮影装置模式図

2）土壌試料の作成から撮影まで

・試料：攪乱試料はX線吸収度合の少ないアクリルなどの容器に充填し，不攪乱試料は円筒または型枠内に打ち抜く。試料の寸法は，軟X線照射軸に直交する平面で40〜70mm角，照射軸方向（X線透過）で30〜50mm厚程度で所定精度の撮影ができる（3章「土壌の内部構造を測る−軟X線映像法−」を参照）。精度が劣っても全体像を映し出したい場合は，撮影限度いっぱいの寸法をとればよい。

・撮影：土壌用造影剤（表1）を使用する場合（造影剤の入れ方には，圧入法，乾燥法，重力・毛管力法などがある）と未使用の場合の2種類がある。これらは撮影目的によって使い分ける。フィルム撮影をする場合は，工業用レントゲンフィルムや軟X線フィルムが市販されている（表2）。撮影条件は，最大電圧60kV，最大電流3mA，焦点・フィルム間距離（FFD）500mm程度を目安とする。フィルム現像は，自動現像装置があれば約5分間で完了するが，手現像の場合は，現像・停止・定着・水洗・水切・乾燥の順におよそ1〜2時間（定着までは十数分）を要する（表3）。

表1　土壌間隙の映像化に適した造影剤の例

種別	浸剤法	名称	化学式	比重	水に対する溶解度	別名・特徴
高粘性剤	圧入法	酸化亜鉛	ZnO	5.78	0.42mg/100g(18℃)	「Zinc White(亜鉛華)」無害,耐カビ性,高粘性,油絵具
〃	〃	塩基性炭酸鉛	$2PbCO_3/Pb(OH)_2$	6.5	0.1mg/100g(20℃)	「Silver White(鉛白)」中毒性あるが通常使用では安全,高粘性,油絵具
低粘性剤	乾燥法 重力・毛管力法	ジヨードメタン	CH_2I_2	3.32	70倍容の水に溶解	「ヨウ化メチレン」刺激臭,透明液体,廃液処理注意,試薬として市販
〃	〃	トリブロムエタン	$CHBr_3$	2.62	約800倍容の水に溶解	「ブロモホルム」甘い臭,透明液体,廃液処理注意,試薬として市販
水溶性剤		ギ酸第一タリウム	$Tl(HCO_2)$	3.40 20℃水溶液		透明液体,廃液処理注意,試薬として市販,吸湿性に富む

表2　土壌の軟X線撮影に適した フィルムの例

種類	名称	特徴	相対感度
工業用レントゲンフィルム（ノンスクリーンタイプ）	#50	極超微粒子 高コントラスト 高鮮鋭度	35
	#100	超微粒子 高コントラスト	100
	#150	高感度 微粒子 高コントラスト	200
	FR	高分解能 高コントラスト	20
軟X線フィルム（ノンスクリーンタイプ）	#100	工業用と同じ	100

資料：富士フイルム(株)，データシート
寸法は，四切（252×303mm），キャビネ（120×165mm）

表3　手現像（バット現像）の順序

工程	処理剤	温度	時間
1.現像	レンドール	20℃	5 min
2.停止	酢酸(50%)60ccに対して水1000ccの溶液	18〜22℃	30 sec
3.定着	レンフィックス	18〜22℃	5〜10 min
4.水洗	流水(2〜4 L/min)	18〜22℃	50 min
5.水切	ドライウェル	18〜22℃	30 sec
6.乾燥		<50℃	

・計測・分析：フィルム影像は，ブラウン管に映し出された走査線像などと比べて，階調が豊か（情報量が多い），解像力が優れている，影像が安定している，記録に残すための保存性が高い，情報伝達に便利，などのメリットがある。このフィルム像を読影し，測定し，分析することで，土壌構造の解明を進めることができる。

ONE POINT 装置の操作と管理の要点

・市販の標準型軟X線撮影装置は安全に操作できる。
・電離放射線障害防止規則により，標準型軟X線撮影装置は管理区域およびX線作業主任者資格の必要がない。

その他

X線CTスキャナ
圧密試験装置
一面せん断試験機
三軸圧縮試験機
シリンダインテークレート測定装置
浮ひょう
山中式土壌硬度計

その他のセンシング

センサ計測器 10

A/D変換器
AE（アコースティック・エミッション）センサ
オシロスコープ
茎流センサ
サーミスタ風速計
収量センサ
スーパーポロメータ
デジタルマルチメータ
電気抵抗式水分計
動ひずみ計
ニオイセンサ
熱線風速計
ポロメータ
マイクロ波水分計
マイクロボルトメータ
誘電率式水分計
流量センサ

引用文献・参考文献

1 画像・光のセンシング
1) ミノルタ(株)：カタログ色計測機器
2) ミノルタ(株)：産業用計測機器総合カタログ（ダイジェスト版）(1992).
3) 中原勝儼 編：分光測定入門 日本分光学会測定法シリーズ13, 学会出版センター (1994).
4) 大井みさほ 編：光学素子の基礎と活用法 日本分光学会測定法シリーズ33, 学会出版センター (1996).
5) 尾崎幸洋・河田聡 編：近赤外分光法 日本分光学会測定法シリーズ32, 学会出版センター (1996).

2 変位・位置のセンシング
1) Hirasawa T., Takei M. and Ishihara K. : A minirhizotron method for measuring root system of soybean plants growing in the field. Jpn. J. Crop Sci., 64 (1), 78-85 (1995).
2) 増田良介：はじめてのセンサ技術, 日本工業学会 (1998).
3) 谷腰欣司：DCモータの制御回路設計, CQ出版 (1985).

3 距離のセンシング
1) 谷腰欣司：超音波とその使い方 －超音波センサ・超音波モータ-, 日刊工業新聞社 (1994).

5 力のセンシング
1) 上村幸正・松尾喜義・小松良行：湛水直播水稲の倒伏抵抗性について, 日作四国支部紀事, 22, 25-31 (1985).

7 化学成分のセンシング
1) 河合 聰：ガスクロマトグラフィー入門, 三共出版 (1980).
2) 荒木 峻：ガスクロマトグラフィー, 東京化学同人 (1975).
3) 泉 美治・小川雅彌・加藤俊二・塩川二郎・芝 哲夫 監修：機器分析のてびき2, 化学同人 (1980).
4) 波多野博行・堀 正剛・六鹿宗治・村上文子：液体ガスクロマトグラフィーとその応用, 講談社 (1974).

9 土壌の構造と透過性のセンシング
1) 中野政詩・宮崎 毅・塩沢 昌・西村 拓：土壌物理環境測定法, 東京大学出版会 (1995).
2) 土壌物理性測定法委員会 編：土壌物理測定法, 養賢堂 (1978).
3) (社)農業土木学会編：土の理工学性実験ガイド, (社)農業土木学会 (1989).
4) 土壌物理性測定法委員会 編：土壌物理測定法, 養賢堂 (1978).
5) 小泉菊太：X線とソフテックX線とソフテックス写真, 共立出版 (1979).
6) 成岡 市：軟X線映像による土壌孔隙の立体計測法, 農業土木学会誌, 55(9), 29-35 (1987).
7) 成岡 市・本間秀明：土壌構造と軟X線, 農業土木学会誌, 59(2), 1-6 (1991).
8) 日本第四紀学会 編：第四紀試料分析法, 東京大学出版会, 103-108 (1993).

基本1 供試植物の準備

植物は，遺伝的変異や環境の変化によって，その成育の様相を著しく変化させる。植物の特性を「見る」・「測る」場合には，それぞれの実験処理区の供試植物集団における，個体間の変異幅を小さくしておくことが肝要であるとともに，変異のある集団であることを認識しておくことも重要である。

STEP1　実験のために植物を育てる

農作物や園芸作物を供試する場合には，しばしば生産現場での慣行栽培法との対比が重要視されるが，実験を行う際には慣行法とは異なっていてもそれぞれの目的に応じて「見たい」ものを見易く，「測りたい」ものを測り易く育てる工夫が必要である。一方，生産現場で立毛個体あるいは抜き取り個体について計測を行う場合（**フィールド調査**），ランダムに10〜20個体の草丈や葉数を予め測定して，その平均値に近い個体を抽出して供試するとよい。

STEP2　変異の大きい量的形質

成育に関連する諸形質には，相対的性格が強いものと，絶対的性格が強いものがある。各形質の変異係数［％］は個体間の**変異**の大きさを示すが，一般には，形態にかかわる形質（絶対的形質）はその値が小さく，収量にかかわる量的形質（相対的形質）はその値が大きい。例えば，開花期，出穂期，百粒重等は変異係数が比較的小さく，分枝数，分げつ数，着果数，穂重等は大きい。絶対的性格の強い形質については，多少ラフに実験を行っても比較的高い再現性が得られる。一方，供試する植物の種類によってもそれぞれの形質の変異の大きさは異なる。一般に，栽培条件が水によって均質化される夏作の水稲は，水分管理が難しく越冬する畑作物の麦類に比べて変異が小さい[1]。

STEP3　種子（苗）の入手と保存

供試品種には，実験の繰り返しを考慮して，入手しやすく，**遺伝的背景**の明らかな**保存品種**（比較的最近の品種が良い）を選択すべきである。種子の分譲については，農林水産省や都道府県の農業試験場に所定の手続きを経て依頼することも可能である。入手した種子は，通気性の良い袋に入れて5〜6％の水分含有量まで低温で乾燥させ，**シリカゲル**を入れた**デシケータ**中で低温保存（−1〜5℃）する。地下茎や球根で増殖する栄養繁殖性の植物は，相互に混在しないようにそれぞれの株を隔離（板やブロックで仕切りを設ける）して育てる。

STEP4　播種

播種前に種子消毒を行う。市販の種子では殺菌処理してある場合もある。イネでは，種もみをベンレートT水和剤の200倍液に24〜48時間浸してから

32℃で10〜15時間**催芽処理**をする。この際，**寒冷紗**等で作った袋に消毒した種もみを詰めてガーゼ等で袋全体を覆い，ガーゼの端を水に浸し，袋を水中に置かないように注意する。催芽種子は育苗用培土（ふるいをかけた水田の土：**ピートモス**=2：1，NPKを施肥（pH5.0）または市販の育苗用培土）にピンセットを用いて**鞘葉**の方向を一定にして播種し，砂等を軽く覆土する。急ぐ場合は催芽処理した種もみをベンレートT水和剤20倍液に10分間浸してから播種する。マメ類では，栽培前歴のないほ場や培土で成育させる場合には，播種時や移植時に市販の**根粒菌**を接種する（種子にふりかけるか水と混ぜた液に根部を浸す）。接ぎ木苗や挿し木苗を用いる場合には，十分量を確保して均質な苗を選んで供試する。

STEP5　栽培管理

ポット試験

　1/5000aや1/2000aの**ワグナポット**に土壌を充填するが，畑作物の場合は側面のゴム栓を抜き，底に**鋸歯管**をおいてから土を詰める。素焼き鉢は，成育は良いが重いので移動に労力がかかる。供試土壌はガラス室内で風乾してからふるいにかける。肥料はポット当たりの施肥量を計量して土に混合してからポットに詰める。予備試験で適当な施肥量を決めるとよいが，一般には面積換算ではあまり効果が現れないので単位面積当たりの施肥量の2〜10倍程度を用いる。潅水を考慮してポット上面から2〜3cm程度に土壌表面が位置するように土の量を調整する。栽培環境にもよるが，ポットの設置位置による成育の差異を軽減するために定期的にローテーションを行う。加温温室では冬期の床面の温度は設定温度よりも著しく低くなる場合があるのでベンチを設置する等の工夫をする。

潅水

　ポット試験では潅水が成長に及ぼす影響は大きい。厳密には重量法等による管理も必要であるが，一般には，少量の水を常時与えるのではなく，潅水時にはポットから排水されるまで大量に与えるのが良い。自動潅水装置を設置する場合には，過湿と潅水チューブの目詰まりに注意する。

病害虫防除

　数に限りがあるポット試験では，出芽直後のナメクジやヨトウガによる食害には特に注意を要する。昼間には目視しにくいので，予め播種（移植）時に殺虫剤を置くと良い。アブラムシ，ダニ，**スリップス**等の虫害，**ウドンコ病**，**さび病**，**灰色カビ病**等の病害はしばしば見られるので適切な薬剤散布が必要である。線虫害や土壌伝染性の病虫害が多発する場合には，供試土壌を予め消毒（**オートクレイブ処理**や**土壌混和薬剤散布**）してから用いる。

水耕栽培

　ワグナポットや市販のプランタにざるや金網を組み合わせて簡易な水耕装置を作製することができる。地下部は必ず遮光する。ホーグランド溶液（一般畑作物）や春日井（イネ）の水耕液を用い，畑作物の場合は観賞魚用のポンプ等で通気する[2]。pHとECの経時的な調査は必須である。

| センサ計測器7 | pHメータ p164 |
| センサ計測器7 | ECメータ p164 |

基本2 実験計画法

取り上げる要因が多い実験を行う場合，どのような形で行えば実験回数が少なくて正しいデータが多く得られるのか？実験データには必ず誤差が含まれているが，正しい結論を導く為にどのように解析すれば良いのか？といった問題が起こる。このような要求に応える為の手法が実験計画法である。

STEP1　実験計画の原則

フィッシャーの実験計画の3原則とは，「繰り返し」，「無作為化」および「局所管理」である。「繰り返し」とは，同条件下で実験を繰り返すことである。この処理によって信頼できる母平均μと母分散σ^2の推定ができる。誤差のばらつきの評価ができる。「無作為化」とは，実験の条件処理をすべてにむらなく無作為的に割り付けることである。実験結果に偏りを引き起こす誤差（定誤差）を克服する。「局所管理」とは，ある1つの条件下にあるものは，その条件内で処理するようにすること。ブロックを設け，各ブロック内で条件が均一になるように管理する。定誤差の除去が可能となる。

基本9　誤差と有効数字p196

STEP2　実験のレイアウト

完全無作為法

「繰り返し」と「無作為化」を考慮して，各処理区を無作為的に配置する最も簡単な実験計画法。3処理区（t=A, B, C）と7回繰り返し（r=7）を無作為的に全実験区画（$N=t\times r=21$）に割り付ける。たとえば，乱数列，07, 54, 15, 24, 09, 34, 96, 83, 23, 05, 71, 79, 31, 54, 21, 81, 74, 54, 60, 56, 04, 85, 27, 38, 76, 36, 19, 43を得たとする。07はプロット番号7と一致し，A処理をまず割り当てる。22〜42の数は21を引いて1〜21にあてはめる。同様に，43〜63と64〜84も1〜21に一致させる。85以上の数や同数は無視する。そうすると，上記乱数列は7, 12, 15, 3, 9, 13, 20；2, 5, 8, 16, 10, 21, 18；11, 14, 4, 6, 17, 19, 1 となる。1〜7のプロットにA処理を，8〜14にB処理を，15〜21にC処理を割り当てる（図1）。

1	2	3	4	5	6	7
A	B	C	A	B	B	C
8	9	10	11	12	13	14
A	A	B	C	B	C	C
15	16	17	18	19	20	21
B	B	A	A	C	C	A

図1　3処理区，7回繰り返しの完全無作為法によるレイアウト

乱塊法

完全無作為法に「局所管理」を加えた方法。複数のブロック（r）を設け，ブロック内で各処理が無作為になるように配置する。実験ほ場の地力に一定の方向がある場合は，その中に均一な小区画（t）を設定して，それをブロックとして管理する。全実験区画（N）は$t×r$となる。5処理区，4ブロックの乱塊法は，まず，1, 2, 3, 4, 5の無作為な数字を得る。処理A, B, C, D, Eをブロック I, II, III, IVに割り当てる。数字の無駄をなくすために6から9および0を，それぞれ，6を1, 7を2, 8を3, 9を4および0を5にあてるようにする。いま得た乱数列1620860372943678897735は11253, 153224, 4312, 3342235となる。最初の5数字は11253だから12534を第1ランダム順列とする。次に153224は 15324；4312 は 43125；3342235 は 34251を与える。アルファベットに変えると12534はABECDになり，他はAECBD, DCABEおよびCDBEAとなる（図2）。

ブロック				
I	A	B	E	C	D
II	A	E	C	B	D
III	D	C	A	B	E
IV	C	D	B	E	A

地力の方向 ↓

図2　5処理区，4ブロックの乱塊法によるレイアウト

STEP3　データの解析

データの視覚化

データを何らかの形でグラフ化して，視覚的に理解しやすくする。**ヒストグラム**を描くと，分布の型やひずみの傾向を知ることができる。また，2変量の場合は，**散布図**を描くことによって直感的に両者の関係が理解できる。データ数が少ない場合は，**ドットプロット**で左右対称性を大まかに把握することができる。

基礎記述統計量の計算

データが得られたら，1つの代表値によって一群のデータの重要な特性を要約する。平均値，中央値，最頻値などを代表値として使うことが多い。また，代表値を中心にして，データの広がりの度合を**標準偏差**や範囲で示すとよい。

コンピュータを利用したデータの統計処理

汎用性統計ソフト，SASやSPSSには，あらかじめ実験計画に基づいた統計処理プログラムが組み込まれていて，簡単に統計的仮説検定ができるようになっている。同じ品種の植物のグループを施肥条件だけを変えてほ場で栽培試験を行い，収量を比較したいときなどは，2群の差の比較ではt検定を用い，多群の差の比較では分散分析を行うとよい。

基本 3　測定法の基礎

植物の成長や成育環境の変化などの自然現象や物理現象を定量的に記述するためには，これらの現象に関連する量を数値で表さなければならない。この行為が測定である。ここでは測定に関しての基本的な項目について述べる。

STEP1　測定の尺度

ある現象の量を数値で表現するには両者の間にはある規則に基づいたルールが必要となる。このルールには物理的な意味のあるものやないものなどいくつかの種類がある。例えば長さという量を数値で記述する場合，20cmは2cmの10倍であり，この10という数字には物理的な意味がある。一方，温度の場合には2℃は20℃の10倍であるが，この10という数字には物理的な意味はない。何故なら温度とはそもそもエネルギの一形態であるので，2℃という温度が持つエネルギを10倍しても20℃が持つエネルギにはならない。このように測定の尺度にはいくつかの種類があるが，いずれも量と数値が1対1で対応している。

STEP2　直接測定と間接測定

測定する量には上述の長さのように直接測定できるものと，目的の量を直接測るのではなく別の量とある物理法則を利用して間接的に測定するものがある。植物に関連するものとしては草丈や節間長など長さに起因する量はもちろん直接測定であり，別項で解説している相対湿度，**水蒸気圧**，**飽差**などを湿球温度，乾球温度から測定する場合は間接測定になる。その場合，測定した量と目的とする量の間に正しい法則が成立していることが前提となる。法則の式の中に近似式が用いられている場合はもちろん，測定という行為には必ず誤差が伴うので，統計的処理により真値を推定する作業が必要となる。

| 実際 60 | 温度・水蒸気圧・湿度・飽差を測るp122 |
| 基本 9 | 誤差と有効数字p196 |

STEP3　偏位法，零位法，補償法

バネ秤で植物の重さを測るとき，植物の重さが原因となってバネが伸び目的の重さがわかる。このように測定される量が原因となってその直接の結果として生じる指示から測定量を得る方法を偏位法という。一方，天秤で植物の重さを量る場合，分銅の組合せを微妙に調節しながら未知の植物重量と分銅をつりあわせ分銅の総量が植物重量となる。このように測定量と独立に調節可能な既知の量を準備して，既知量を測定量に平衡させてそのときの既知量から測定量を求める方法を零位法という。一般に零位法は足したり引いたりして調整する**フィードバック**操作が加わるので，偏位法に比べて精度のよい測定が可能である。零位法で植物重量を測定する場合には，分銅の組合せをいくら調節しても必ず植物重量と釣り合うとは限らない。そこで，天秤の腕の傾きと重さの関係を求めておけば，さらに精度のよい測定が行える。このように測定量から既知の量を引き，その差を測って測定量を得る方法を補償法という。

基本 4　センサ・測定器の取り扱い

色々な現象を計測する時にノイズを拾うと，何を測定しているのか分からなくなる。ノイズの性質を知り，伝送路のインピーダンスマッチングを取ったり，アースの取り方や配線を工夫することで現象中に混入するノイズを減らすことができる。

STEP1　ノイズとアース

関連項目:
- センサ計測器3　光電センサ p154
- センサ計測器4　熱電対 p155
- 基本5　信号の前処理と後処理 p189

ノイズ源には定電圧性のものと定電流性のものがある。ノイズを防ぐには，S/N比（信号とノイズの比）を大きくすることが基本で，ノイズが存在しても信号電圧または電流が相対的に大きければ問題にはならない。

ノイズは，①**能動素子**から発生するもの，②電界や磁界の影響によるもの，③素子の動作電流の変動によるもの，④**アース**の取り方や配線方法によるものに大別できる。これらのノイズ対策の概要を図1に示す。

①に対してはNF（Noise Figure：雑音指数）の小さい素子を選べば良い。②に対しては，回路全体を銅またはアルミ製（鉄製はダメ）のケースに入れる電磁遮へいや，電源線に**フェライトコア**や**高周波チョーク**による**トラップ回路**を入れること，信号の入力部を10〜100pF程度の**コンデンサ**でアースするか，または，アースで囲む**ガードリング**が有効である。③に対しては，＋または−の電源線とアース線に太めの線材を用いて**インピーダンス**を下げるとともに，電源の接続場所に10μF程度のアルミ電解またはタンタルコンデンサを，また，能動素子毎に0.01μFのセラミックコンデンサをバイパス・コンデンサとして取り付ける。④の中でアースの方法については，ケースをアース電位にして最短距離で接地するニアバイアースが良い。なお，アナログ系とデジタル系の回路が混在する場合は，別々にアースを配線し，最後に入力部でケースに一点アースする。基板を用いる場合も同様である。配線方法としては，入力から出力に向かう流れに沿った配線，配線の交差は直角にすること，ケース内の信号線はケースから放して配線する等の対策が必要である。但し，ノイズ対策はケースバイケースで異なり，これが決め手というものはなく上述の対策を行っても，ノイズがゼロになるわけではない。

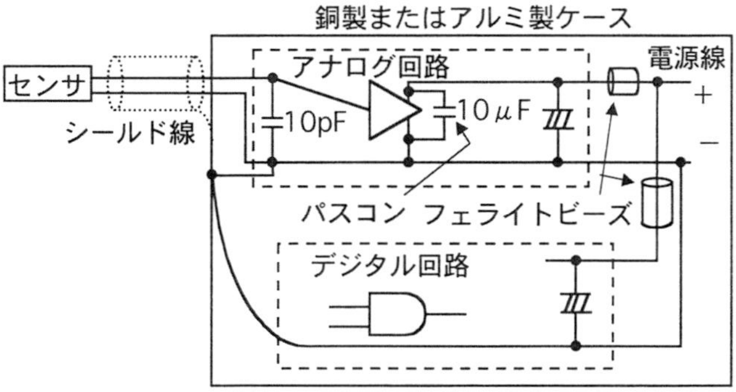

図1　ノイズ対策の概要

STEP2　インピーダンスとマッチング

センサからの信号は直流成分に交流成分が**重畳**している場合が多い。センサが電流出力型の場合は比較的入力インピーダンスを低く，電圧出力型の場合は，測定誤差を避けるために入力インピーダンスを高く設定するのが普通である。**インピーダンスマッチング**とは，送りのインピーダンスと受けのインピーダンスを等しくすることで，これが狂うと交流では**定在波**が生じ，電力の授受にロスを生じる。

基本5　信号の前処理と後処理

センサの検出信号の利用には，一定レベルまで増幅することが必要である。増幅は検出部の付近で行い，低インピーダンスで送り出すことが基本である。フィルタが必要なら増幅後に挿入するが，折点周波数では位相差が生じることに注意すべきである。

STEP1　信号の増幅・分圧と簡単な回路

既製品の**増幅器**を使わずに信号を**増幅**したい時は**OPアンプ**を用いるのが簡単である。OPアンプによる増幅回路では，電流入力型の**反転増幅器**，電圧入力型の**非反転増幅器**，それらを組み合わせた**差動増幅器**が用いられる。その回路図と**ゲイン**の計算法を図1に示す。また，**積分回路**や**微分回路**とともに用いて**アクティブ・フィルタ**を構成したり，**サンプル・ホールド回路**，**発振器**や**比較器**や**関数発生器**にも応用できる。OPアンプの使用では，**位相補償**，**ドリフト**や**オフセット**の打消し，ゲインの調整が不可欠であるが，OPアンプの構造により対応策が異なる。詳しくは，参考文献を参照のこと。

次に，センサの検出信号を増幅しても，A/D変換器や他の測定器に入力する際には，ゲインの調整や簡単な**分圧**回路を付けることが必要になる。**分圧比**が既知の場合はOPアンプの出力に分圧回路を付け，増幅率1の非反転増幅器（**ボルテージ・フォロワ**と呼ぶ）を**緩衝増幅器**として置く。分圧回路を可変抵抗に変えれば，ゲインを連続的に変えることができる。バッファを付けないと，次段の抵抗が分圧抵抗と並列に入るために**分圧比**が変わるし，ゲイン調整の場合は変化が**非線形**になる。

センサ計測器5　ひずみゲージ式荷重変換器p159

センサ計測器6　圧力センサp162

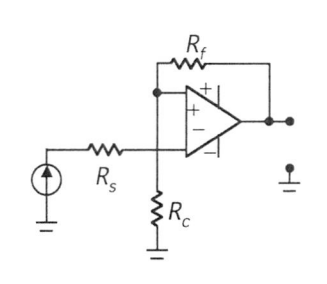

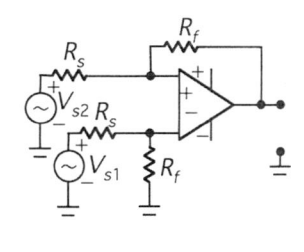

反転増幅回路　　非反転増幅回路　　差動増幅回路

反転増幅回路	$Gain = -\dfrac{R_f}{R_s}$	$R_c = \dfrac{R_s \cdot R_f}{R_s + R_f}$
非反転増幅回路	$Gain = 1 + \dfrac{R_f}{R_s}$	
差動増幅回路	$Gain = (V_{s2} - V_{s1})\dfrac{R_f}{R_s}$	

図1　OPアンプによる基本的な増幅回路と利得の決定法

STEP2　電子部品の基礎知識

電子部品の内の**受動部品**は抵抗，**コンデンサ**，**コイル**である。これらの値はJISで規定され，抵抗ではE24系列（**誤差**±5%）とE96系列（誤差±1%）が，コンデンサとコイルではE12系列（誤差±10%）とE24系列が用いられる。値の表示は，抵抗はカラーコードが，コンデンサとコイルは数字が用いられる。図2はE24系列の値とカラーコード，およびpF表示のコンデンサの値の例と読み方である。部品には色々な材料が用いられるため，用途に合ったものを選ぶ必要がある。

抵抗では，一般の用途には炭素皮膜抵抗を，温度の影響を少なくしたい場合は金属皮膜抵抗を用いる。コンデンサでは，高周波域やバイパスコンデンサにはセラミック型が，容量が問題になる場合はフィルムまたはスチロール型が，温度の影響を少なくしたい場合は温度補償型を用いればよい。詳しくは，参考文献を参照のこと。

コンデンサの値の読み方

コンデンサの数字表示では，表面に104Jとか201Kと印刷されている．これは左から2桁がE6系列の値をpFで表示したもの，3桁目は10のべき乗（例えば4なら10^4）の値，JまたはKは誤差（J=±5%，K=±10%）を示す。

抵抗の値の読み方

カラーコードによる表示では，抵抗の表面に4本または5本の色帯が表示してある．読み方は，金または銀の帯が右側に来るようにして，左から2本の色帯がE12またはE24系列の2桁の値，3本目は10のべき乗，4本目は誤差である。E96系の場合は数値の色帯が3桁になり，あとは1桁ずつずれることになる。一目で判断するためには，3本目の色帯に着目し，よく使う範囲の色を覚えればよい．例えば［茶］なら100～910Ωの範囲になる。同様に［赤］なら1～9.1k，［橙］なら10k，［黄］なら100kΩのオーダとなる。

表1　E系列の値

系列	値
E6系列	1.0, 1.5, 2.2, 3.3 4.7, 6.8
E12系列	1.0, 1.2, 1.5, 1.8, 2.2, 2.7, 3.3, 3.9, 4.7, 5.6, 6.8, 8.2
E24系列	1.0, 1.1, 1.2, 1.3, 1.5, 1.6, 1.8, 2.0, 2.2, 2.4, 2.7, 3.0, 3.3, 3.6, 3.9, 4.3, 4.7, 5.1, 5.6, 6.2, 6.8, 7.5, 6.2, 9.1

表2　カラーコードの値

色帯	黒	茶	赤	橙	黄	緑	青	紫	灰	白	金	銀	無
数字	0	1	2	3	4	5	6	7	8	9	–	–	–
10^n	0	1	2	3	4	5	6	7	–	–	-1	-2	–
誤差 (%)	–	1	2								5	10	20

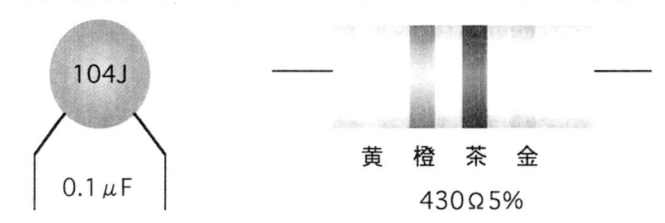

104J → 0.1μF

黄　橙　茶　金
430Ω 5%

図2　カラーコードと数値表記によるパーツの値の読み方

STEP3　差動・シングルエンドドライブ回路

　信号の伝送には図3に示すように，信号の送り側，受け側とも信号ラインの中点が**アース**となる**差動型**（平衡型）と，信号の－側がアースラインと兼用の**シングルエンド型**（不平衡型）の2種類が用いられる。差動型は**2心シールド線**が必要で，回路が複雑になるがノイズを引きにくい特徴がある。差動型伝送では信号の－側がアースラインから浮くため，シールド線は両端でアースし，受け側には差動増幅器を用いて，信号線に**重畳**する**コモンモードノイズ**を打ち消す。シングルエンド型は回路が簡単で，普通の**同軸ケーブル**や単心シールド線が使えるが，シールド線の両端をアースすると，信号線側のアースラインがループ接続になり，重畳するコモンモードノイズを打ち消すことができない。従って，通常は，インピーダンスが規定されているBNC接栓（Z=50Ω）と同軸ケーブルを用いて，**インピーダンスマッチング**を取って伝送し，更に，ケースのアースを別線で取ることが多い。

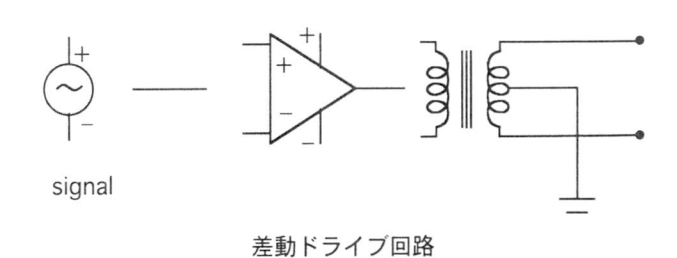

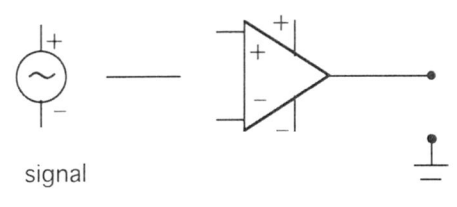

|基本4|センサ・測定器の取り扱いp188|

差動ドライブ回路

シングルエンドドライブ回路

図3　差動およびシングルエンド伝達の違い

基本 6

アナログとデジタル

センサからの出力は連続波形であるアナログデータで出力される。近年，コンピュータを使用して計測・解析することが一般的である。センサ出力をコンピュータに取り込む場合，アナログ信号に増幅などの前処理をしたあと，離散的なデジタル信号に変換する必要がある。

STEP1　アナログとデジタルの違い

基本5　信号の前処理と後処理 p189

基本8　表示・記録機器 p194

　温度，力などを計測するセンサは一般に電圧変化などの形態で，連続に連なった値で出力される。このような連続した変化の情報のまま計測することをアナログ計測，そのデータをアナログデータと呼ぶ。たとえば，センサ出力を**増幅器**で**増幅**して，ペンオシログラフなどに直接書き出す方式はアナログ計測の一例である。これに対して連続した変化の情報をある一定の時間間隔で離散的な値として読みこみ，計測する方法をデジタル計測，そのデータをデジタルデータと呼ぶ。コンピュータなどを用いて直接計測する場合がこのデジタル方式にあたる。

STEP2　デジタル計測のメリット

　一般にセンサからの信号は微弱で雑音を含んでいるために，増幅器による増幅と雑音除去が必要である。このような信号の処理は従来すべてアナログ回路によって処理され，記録されていたが，近年のコンピュータの発達・普及に伴い，デジタル計測が広く使用されるようになってきた。デジタルデータとしてセンサ出力を扱うことによって，コンピュータでデータを一括処理できるので，融通性が高く，処理変更も容易であるといった長所を有する。また，データの時間的な劣化が少なく，機器に組み込んで計測と制御を同時に行うことも容易に実現できるといったメリットもある。このような理由から，最近の多くの計測器は，センサ出力をデジタル変換してGP-IB，RS-232Cなどの通信インタフェースを介してデータをコンピュータに転送できる機能を有している。

STEP3　デジタル化のための前処理

　センシングデータのデジタル化によるメリットは上述したとおりである。しかし現実にはアナログ信号からデジタル信号に変換する前処理としてアナログ処理も広く行われる。一般にセンサ出力は微弱な電圧であり，変換可能なレベルまで増幅する必要がある。さらに，アナログ信号の段階で信号に混入した雑音を除去することもよく行われる。高い周波数領域の信号だけを通過させる**高域フィルタ**，逆に低い周波数の信号だけを通過させる**低域フィルタ**などがあり，一般にデジタル変換される前に施される。また，ここまではセンサ出力が電圧変化で出力されるものを対象にして議論してきたが，センサの中には電流，抵抗，静電容量，インダクタンスなどが変化するものもある。このような場合，デジタル変換を施すために，電流−電圧変換回路を用いて，デジタル変換できるような前処理が行われる。

| 基本 7 | A/D変換 |

アナログ信号をデジタル信号に変換することをA/D変換という。アナログデータのような連続量から離散的なデジタルデータへの変換には，信号の時間軸方向と振幅方向の両方の離散化が必要である。この理解が不足したままデジタル計測するとデータの誤った評価につながる。

STEP1　標本化・量子化

A/D変換ではアナログデータは時間軸の**量子化**によってサンプリング（**標本化**）され，縦軸の計測値はその時間間隔のパルス値として量子化・系列化される。すなわち，連続信号を時間間隔Δtで標本化する場合，Δt間の計測値の変化は無視され，信号の瞬時値が保持（サンプルホールド）される。したがって，この計測値のパルス列に，どの程度もとのアナログ波形を忠実に表現する情報がのっているかは検討を要する。当然のことながら，サンプリング間隔Δtを微細にしていけば，アナログ波形データを忠実に表現できる。しかし，データ数が膨大になり，コンピュータのメモリへの負担が増大してしまう。したがって，元のアナログ波形の必要な情報を失わないでかつ，**オーバサンプリング**にならない適切なサンプリング間隔Δtの選定は，A/D変換する上で重要である。

センサ　ひずみゲー
計測器　ジ式荷重変
5　　　換器p159

STEP2　サンプリング定理

サンプリング間隔Δtの決定法として，サンプリング定理がある。サンプリング定理は，サンプリングされたデジタル信号を復元するための最大のΔtを理論的に与える。標本化するアナログ信号に含まれる最高周波数をf_{max}とすると，採用すべきΔtは次式のように与えられる。

$$\Delta t \leq \frac{1}{2f_{max}}$$

もし，上述のサンプリング定理を満たさないΔtを用いてA/D変換した場合，元のアナログ波形は再現されずに，波形に誤差を含むことが証明されている。この誤ったサンプリング間隔によって生じる計測誤差のことを「エリアシング誤差」と呼ぶ。

STEP3　サンプリング定理の取扱い注意

われわれのもつ実際の計測波形は，最高周波数f_{max}が正確に規定できないことが多い。このような場合，サンプリング定理を用いてもエリアシング誤差の混入は避けられない。また，一般にセンサ信号波形には広帯域の不規則雑音が乗っており，計測対象とする現象とセンサの応答性だけから決定されたΔtではエリシング誤差が生じてしまうことも多い。

このような場合，「アナログとデジタル」の項で論じたデジタル化の前処理としてのアナログ処理が重要な役割を果たす。A/D変換をする前に観測したい周波数域と一致する**低域フィルタ**を用いて高周波数域の雑音を除去して，エリアシング誤差を生じないような対策を施す。それ以外に留意すべきこととして，サンプリング定理で決定されたΔtよりも若干短い**サンプリング周期**で計測する，すなわちオーバーサンプリングを行うことが安全な計測法である。

基本 8　表示・記録機器

表示は，センサからの結果を人間に対して出力するモニタリング機能であり，記録はセンサ出力データを保存して解析するために必要である。近年この両者が一体になったものが多い。使い易さとともに，測定したい現象の周波数レベルを把握して，適切な機器を選定することが肝要である。

STEP1　表示機器の機能

オシロスコープや多く記録機器に装備されているモニタリング装置は，センサの原波形をそのまま表示できる。さらにデジタル処理を行う表示機器の場合，早い現象のデータを一時格納した後，時間を引き延ばして表示することで，人間の過渡現象の認識・理解を助けるものもある。さらに進んで人間にとってわかりやすい表示にデータを一次加工して結果を表す表示機器もある。

STEP2　記録機器の種類

計測器メーカから数多くの記録機器が製品化されているが，ここでは一般的なものを分類して説明する。

ペンオシログラフ

従来アナログ記録計として主流であった。センサの電気信号を直接ペンによって移動する記録紙上に書かせる方式の記録装置である。応答性が低いこと（DC～120Hz），デジタル化するためには，記録紙を**デジタイザ**で読み込む，もしくは人間がデータを直読して，コンピュータに入力するなどの手続きが必要である。以上のような問題のため今日では使用は少ない。

デジタルオシロレコーダ

デジタルでデータを記録し，従来の**ペンオシログラフ**のようなアナログ的にも出力できる記録・表示機器がある。アナログ記録として多色のペン書きや感熱記録紙を使用したものが一般的である。ゆっくりとした現象が直感的にわかるといったペンオシログラフの長所を踏襲した記録機器である。一方，デジタルデータはGP-IB，RS-232Cなどのインタフェースを介してコンピュータにデータ転送することができる。この種の機器はデジタル計測を基礎にしているので，20kHz以上の**応答周波数**を有している。

データロガ

表示機能はデータ解析を行うコンピュータに任せて，データの記録に機能を限定したデジタル記録機がデータロガである。従来遅い現象を長時間計測する場面に主に使用されてきたが，デジタル技術の急速な発展で大容量メモリが低価格になったことに伴い，遅い現象から1MHz程度の早い現象までの記録機として使用できるようになってきた。

> **ONE POINT**
> 記録機器の今後
>
> 近年の表示・記録機器は高機能化が著しい。表示・記録と同時にFFTなどの解析機能を有しているものも珍しくない。さらに，解析に使用されるパーソナルコンピュータとの通信機能が一段と強化されている。遠隔操作を可能にするためのLAN対応や電話回線を使用したモデムなどが標準で装備されている。今後，この種の機器は本来の記録機能のほかに処理・転送機能がさらに強化され，計測の多点計測の自動化・遠隔化が容易にできるようになる。

コンピュータ

最近の計測システムにはパーソナルコンピュータを含んでいるものも少なくない。センサ出力を上述の記録機器を介さずに直接A/D変換して取り込み，デジタルデータとしてコンピュータのHD，MOなどに記録するタイプである。計測環境を完全に自動化するLA（Laboratory Automation）を構築する場合には，このような記録方式が一般的である。近年のコンピュータの低価格化と高性能化により，このような記録方法がますます普及すると考えられる。

STEP3　表示・記録装置の周波数特性

表示・記録機器のもっとも重要な要件は，機器へのセンサ入力がどんなに時間的に速く変化しても表示・記録がその変化に追従できることである。このような特性を評価する上で表示・記録機器の**周波数特性**は重要である。表示・記録機器にはその周波数特性が「DC～20kHz」というような表記で記載されている。これは，20kHzの変動現象まで忠実に表示・記録でき，逆にそれ以上の周波数の変化に対しては表示・記録が追従できないことを意味している。具体的には，上限周波数以上の入力に対しては減衰して記録されることになる。

STEP4　表示・記録機器の選定・使用法

表示・記録機器の選定で留意すべきことは，上述したような機器の応答周波数と入力信号の電圧レンジである。特にアナログ方式の場合，記録機の応答性が低いため，早い現象の変化を記録できないことが多い。デジタル記録機の場合も応答周波数と連続観測したい時間を考慮して選定する必要がある。

一般に，搭載されたメモリ容量の制限から，サンプリング時間を短くすると連続計測時間は反比例して減少する機器が多い。さらに，記録のためのデータ**サンプリング周期**はユーザが任意に選べる機器が一般的であるが，データサンプリング周期の設定は，「A/D変換」の項でも述べたように，エリアシング誤差と関連するため機器を使用する際に注意を要する。したがって，表示・記録機器は，センサの応答周波数，前処理に使用される**増幅器**などの応答周波数よりも高い周波数特性を有したものを選定するのが安全である。

基本9 誤差と有効数字

計測データには必ず誤差を含んでいる。データの計測時にも，使用するセンサの精度を十分に把握しておかないと，計測データが全く意味を持たない事態に陥る可能性もある。センサの取扱説明書などに記載されている誤差・精度や有効数字について十分な配慮が必要である。

STEP1　誤差の定義

われわれはどんな精密な測定を行っても真値を得ることはできない。すなわち，必ず誤差を含んだ計測値を知ることになる。真値 ζ の近似値を x とするとき，以下のように誤差が定義できる。

$$\varepsilon = |x - \zeta|, \text{もしくは}, \varepsilon = x - \zeta$$

ε を誤差（Error）という。近似値 x はセンサによる計測値とみることもでき，ε の大小でセンサを評価することができる。また，あるセンサを用いて一試料に対して，n 個の標本データ x を計測し，その計測値の統計量として**母平均** u，**標準偏差** σ と**標本平均** u_s を定義すると，センサ精度に関する以下の3特性値を定義することができる。

$$偏差(deviation) = x - u$$
$$残差(Residual) = x - u_s$$
$$偏り(Bias) = u - \zeta$$

これらの値は小さいほどセンサ精度が高いことになる。また，センサのもつ「精密度」も重要なセンサ性能である。すなわち，計測データの再現性である。誤差の分布があまり広がらないこと，すなわち標準偏差 σ が小さいこともセンサの精度の一側面である。

STEP2　絶対誤差，相対誤差の違い

上述した誤差は絶対誤差と呼ばれるものであるが，相対誤差 r としても誤差を定義することができる。以下のように相対誤差は誤差 ε の真値 ζ に対する割合として定義される。

$$r = \varepsilon / \zeta, \text{もしくは}, |r| = |\varepsilon|/|\zeta|$$

この相対誤差を用いた方が絶対誤差よりも，センサ精度をあらわすには適切である。なぜなら，500kg±0.05kgの方が，5kg±0.05kgの計測よりもセンサ精度は高いと判定されるからである。また，相対誤差の逆数を単純に「精度」と呼ぶこともあるが，上述したようなセンサの統計的精度も考慮する必要がある。

STEP3　有効数字

以上のように，計測する場合には必ず誤差が含まれる。誤差を含む計測値に，ある数字を掛けたり，割ったりすると，桁数は見かけ上増えるがその積や商には無意味な数字が含まれることがわかる。したがって，多くの桁数を表示することと高い計測精度とはまったく別問題であることには注意を要する。誤差の点から考えて有効と思われる数字を**有効数字**と呼ぶ。誤差の絶対値が，その桁の1/2単位以下ならば有効数字とするという基準によって最下位の有効数字を決めるのが一般的である。計算では例えば有効数字の最小桁数が3桁なら，途中は4桁で計算し最後に4桁目を四捨五入して3桁の結果を出す。

基本10　画像の取り込み

画像計測を行うには，まず画像をコンピュータに取り込む必要がある。一般的な画像取込みはデジタルカメラやスキャナ，キャプチャーボードなどを用いることが多い。これらの特徴について述べる。

STEP1　デジタル撮影機器による取り込み

簡単。連続は無理。

デジタルカメラやスキャナを使えば簡単に誰でもコンピュータに画像を取り込むことができる。取り込まれた画像は取り扱いを容易にするため圧縮処理してファイルサイズを小さくしてあるため，画像情報が失われており，一つ一つの画素情報を必要とする処理は不可能となるが，市販のグラフィックソフトなどでも複数の処理を組み合わせれば葉面積の計算程度は可能である。

実際1　茎の長さを測るp10

実際2　葉の面積を測るp12

STEP2　キャプチャボードによる取り込み

プログラム必要。連続・自動など好みの処理ができる。

ビデオキャプチャボード（画像ボード，フレームグラッバとも呼ばれる）とはコンピュータに画像を取り込む専用ボードのことで，コンピュータのマザーボード上のスロットに差込むタイプが多い。画像の濃度値がそのままメモリ上にストアされるので，圧縮操作などによって失われる情報がなく，メモリ上の数値（濃度値）を目的に応じて処理すればよいので，上記のデジタルカメラやスキャナよりも計測の自由度は非常に高い。たとえば，10分毎などの一定時間間隔で画像を自動的に取り込み植物の葉面積や伸長量など連続的な計測が可能となる。しかし，これらのプロセスを実現するにはC言語やBASIC言語などでプログラムを作らなければならないのでこちらの知識も必要となる。なお，コンピュータの機種によっては画像ボードなしで直接コンピュータに画像を取り込めるものもある。

実際3　茎の形状を測るp14

実際4　葉の色を測るp16

STEP3　キャプチャボードの購入

キャプチャボードを用いて自分でプログラムを作る際，キャプチャボードに付属しているサンプルソフトだけでは不十分な場合が多い。一般にサンプルソフトは実行型（拡張子がexe）のファイルのみの場合が多く，ソースファイル（実行型ファイルの元になるC言語やBASIC言語などのコードが記述されているファイル）が添付されていないとボードをコントロールする方法がわからない。たとえば画像をボードに取り込むときにはA番地のアドレスの**Bビット**目に1を入れるというような操作が必要なのであるが，このA番地とかBビット目の具体的な値がわからないと手も足もでないわけである。したがって，キャプチャボードを購入するときにはこのような情報が入手可能かどうか（サンプルソフトとは別にProgrammers Development Kitなどを発売していることもある）をメーカに確認してから購入しないと，自分でプログラムが組めないことになってしまう。

基本 11 照明・光学フィルタ

画像を用いて何らかの計測を行う場合，まずはじめに画像を取り込まなければならない。この取込み画像の質はその後の処理の手順に大きな影響を与え，処理過程全体がシンプルになったり複雑になったりする。したがって質のよい画像を得るための努力を惜しんではならない。

STEP1　質のよい画像とは？

　質のよい画像とは最終的な目標に達するまでのプロセスが簡単になるような画像のことである。例えば葉の複雑度を用いて種を認識する場合，面積と周囲長を測定する必要がある。この測定には葉を背景から分離した二値画像（葉が黒，背景が白という濃度値が2つだけの画像）に変換してから，黒の画素数をカウントして面積を測定し，黒と白の境界線の長さを測定して周囲長を求めるのが一般的である。しかし，取込画像の濃度値に傾斜がついている（右から左にいくにしたがって画像全体が暗くなっているなど）と，まずこれを補正する処理を加えなければならないが，画像取込みの段階で照明を工夫するなどして濃度傾斜のない画像を取込んでいればこのような処理をする必要はなくなる。

　一般的にこれが質のよい画像であるというものはなく，計測の目的に応じていろいろと工夫しなければならない。

STEP2　照明・対象物・カメラの位置

　形状の取込みに主眼が置かれている場合，対象物と背景のコントラストが強調されるような取込み方法を採用する。具体的には，①対象物の後方から照明を当てるバックライト法による照明，②対象物の後方に空間的余裕がある場合には，**可視光**波長を吸収する黒色の背景を用いれば対象物が浮かび上がらせることが可能，などが考えられる。

　また，鏡などを用いることによって同一の対象物の画像を異なる方向から取り込むこともできる。

STEP3　干渉フィルタ・カラーフィルタ

　赤外や可視光あるいは**紫外線**など特定の波長領域の画像を取込むには，レンズの前に**干渉フィルタ**やカラーフィルタを設置する。例えば夜間に植物の画像を取込む際には，光合成への影響を避けるために赤外領域の照明を当てIRパスのフィルタを取付ける。ただし，**赤外線**が形態形成など光合成以外の生理反応への影響を事前に調べておく必要がある。

STEP4　照明光源の波長

　対象物に照射する光源が有している波長を積極的に利用することにより，取込画像の質を向上させることも可能である。対象物と背景がともに吸収してしまう波長領域を多く含む光源を用いてもコントラストのよい画像は得られないことなどに注意が必要である。

基本12 画像の前処理

一連の画像処理の中でどこまでが前処理であるかははっきりとした定義はないが、主要な処理の準備段階であり、取込画像の鮮明化やノイズ除去など画像の質を高め、後の処理を容易にするのが目的である。ここでは紙面の都合上、前処理の代表的な手法を2つだけ紹介する。

STEP1 濃度変換

画像を取込む際には照明や**光学フィルタ**を工夫してできるだけ質の良い画像が得られる努力をするが、実験条件により必ずしも良質の画像が得られるとは限らない。

例えば、薄暗い栽培条件の下で撮影しなければならない場合、図1のように一部の濃度しか使っていない画像になってしまう。人間にとってこういう画像は濃淡が非常に見分けにくいため、濃度変換によってコントラストのよい画像に変換し、後の処理の作戦をたてやすくするのが一般的に行われる手順である。もちろん、何も決まった手順があるわけではないが、取込んだ画像をじっくりと観察することは重要なことである。

濃度変換には多くの手法があるが、一番簡単なのは図に示したように濃度値を左右に引伸ばす方法である。この引伸ばし方も数多く提案されているが、自分でいろいろと工夫して一番よい結果がえられるものを作ればよいのである。

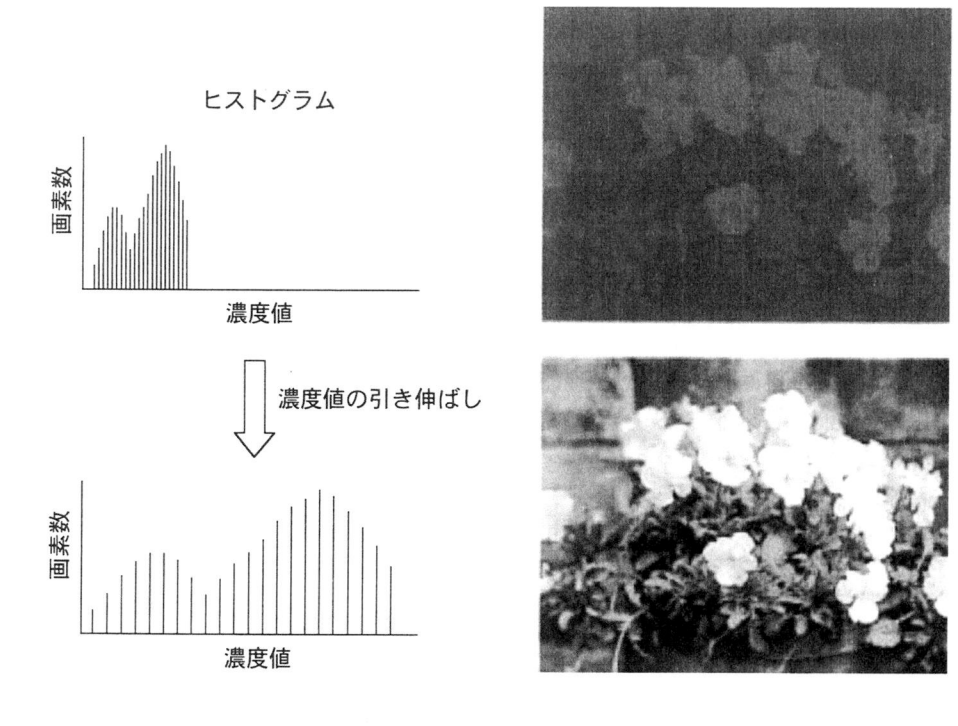

図1 引き延ばし法による濃度変換

> **ONE POINT**
> **数式は怖くない**
>
> 画像処理の本は行列やΣ，などの記号がたくさん出てくるものがあるが，大体2次元のものなので，記号をバラバラにして紙の上に書いてみると全然ややこしくない。一度要領がわかればもう大丈夫。初めから諦めずにトライしてみよう。

STEP2　ノイズ除去・平滑化

　濃度変換は画素1つを対象としてある決まったルールで濃度値を変換して，また元の場所に戻すという作業であったが，ノイズ除去や平滑化は1つの画素とそれを取囲んでいる4つや8つの画素を使って処理をする場合が多い。これらの代表的な手法としては**マスク処理**がある。

　例えば縦横3×3の正方形の枠に図のような数字を入れ，これを対象画像に重ね濃度値と枠の数字を掛け，9つの掛けた値を足して得られた数字を枠の中心にある画素の濃度値とする。この処理を画像のすべての点について行う。

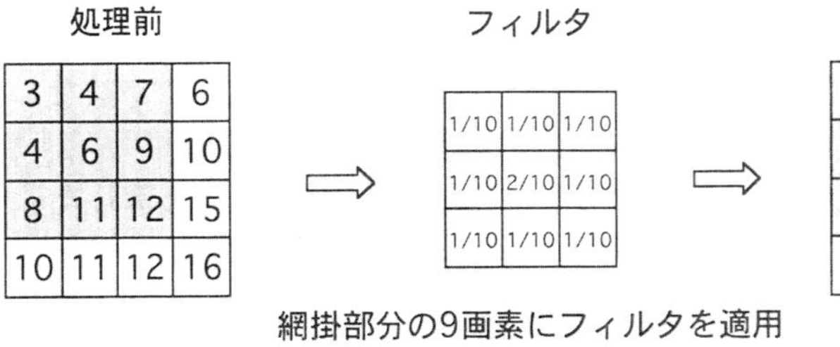

図2　平滑化処理

　図2に平滑化フィルタによる処理の一例を示す。左の4×4の枠と数値が処理される画像（原画像）の一部である。16個の四角枠のそれぞれが画素であり，その中の数値がその画素の濃度値である。中央の3×3の枠と数値は平滑化フィルタであり，これを左の画像の網掛け部分に適用する場合を考える。このフィルタでは9個の原画像の濃度値を利用して平滑化処理をし，原画像の空間的に中央の位置にある画素の1個の濃度値を得る。具体的な計算方法は，原画像の濃度値とフィルタの係数の積の総和である。左上から右方向に計算すると

$$\frac{1}{10}\times 3+\frac{1}{10}\times 4+\frac{1}{10}\times 7+\frac{1}{10}\times 4+\frac{2}{10}\times 6+\frac{1}{10}\times 9+\frac{1}{10}\times 8+\frac{1}{10}\times 11+\frac{1}{10}\times 12=7$$

となる。これで原画像の左上の3×3の領域の画素に対する処理が完了である。次に網掛け部分を一枠分だけ右にずらして同様の処理をし，以後全画像領域について繰り返す。

　したがって，3×3のフィルタでは上下左右端の画素には処理が施されず，処理後の画像の大きさはその分だけだけ小さくなる。

　プログラムの作成上で注意しなければならないのは，処理の結果得られた濃度値（図2の例では7）は全ての処理が終了してから置き換えるということである。つまり，図2で，網掛け部分を一枠右にずらしたときに左上から2行2列目の位置にある画素の濃度値は7ではなく，あくまでも6を使用しなければならない。

　図2の数字では平滑化処理が施されるが，これ以外に鮮鋭化や縦線・横線のみの強調，高域周波数の強調などいろいろな処理が可能である。この手順は表計算ソフトでも模擬的にできるので一度試されると処理の内容が良く理解できる。

基本13 簡単な画像処理

画像処理には，決まった手順というものはない。最終的に得たい情報に応じて処理内容は異なるが，複数の処理を組合わせて画像を加工するのが一般的である。ここでは簡単な例として，花の輪郭を抽出するという目標を設定し，二値化とフィルタによる処理結果を示す。

STEP1 画像処理とは

画像処理の対象となる画像は**デジタル画像**である。デジタル画像とは画像全体を碁盤目で仕切って（碁盤目の1マスを画素と呼ぶ），それぞれの画素が1とか2とかの数値（これを濃度値と呼ぶ）を持っている。碁盤目の数が多いほどキメの細かい画像となり（斜めの線などがジグザグでなく滑らかになり），濃度値の数が多いほど濃度の変化が自然に近くなる（濃度値が0と1だけであると白と黒だけの画像となり影絵みたいになる）。乱暴な言い方をすると画像処理とは濃度値をある一定のルールで変換することである。ここでは例として二値化とエッジ検出について簡単に述べる。

STEP2 二値化

対象物（図1）の形状に着目している場合には濃度値は不要なので画像を白と黒の二値にする（二値化処理）のが一般的である。この処理は濃度値がある値（これをしきい値と呼ぶ）より大きければ白にして小さければ黒にするという操作を画像全体に行って，最終的に白黒の画像い変換する（図2）。ここで問題となるのはしきい値をどのように決めるかであるが，モード法や判別しきい値法など多くの手法が提案されている。

図1 取込画像（原画像）　　図2 二値化処理

STEP3 エッジの検出

対象物と背景のコントラストが大きくなるように画像を取込むことができれば，対象物と背景の境界部分の濃度値が急激に変化することになる。このような部分をエッジと呼び，画像の前処理の項で述べた**マスク処理**によってエッジを検出することができる（図3）。

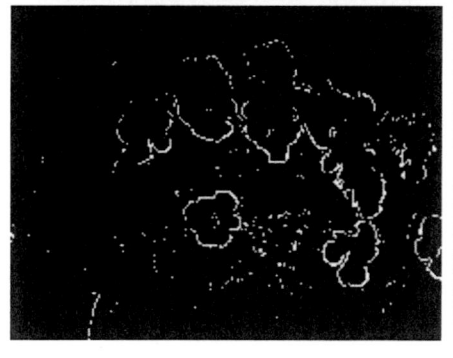

図3 エッジ検出処理

計測の基本

引用文献・参考文献

1 供試植物の準備
1) 堀江正樹：圃場試験法の歴史と課題，農業技術，41，88-93 (1986).
2) 大崎　満：水耕栽培法，植物細胞工学，5，130-136 (1993).

2 実験計画法
Clarke,G.M.: Statistics and experimental design 3rd edition., Edward Arnold (1994).
鷲尾泰俊：実験の計画と解析，岩波書店 (1988).

4 センサ・測定器の取り扱い
永田　穣(監修)，大橋伸一，村田良三(共著)：実用基礎電子回路，コロナ社 (1988).

5 信号の前処理と後処理
岡村廸夫：定本　OPアンプ回路の設計，CQ出版社 (1990).
トランジスタ技術編集部(編)：電子回路部品活用ハンドブック，CQ出版社.
薊　利明，竹田俊夫(共著)：わかる電子部品の基礎と活用法，CQ出版社.
トランジスタ技術special No.40：電子回路部品の活用ノウハウ，CQ出版社.

SI単位系

1969年国際度量衡総会で，従来使われていたMKS単位系を改正し，国際単位系（SI：International System of Unit）が制定された。日本では1974年4月1日より，JIS（Japanese Industrial Standards：日本工業規格）でSI単位系使用に移行した。

STEP1　SI単位の構成

基本単位：7個（m, kg, s, A, K, mol, cd）
補助単位：2個（rad, sr）
組立単位：17個以上（Hz, N, Pa, J, W, C, V, F, H, Wb, T, Ω, S, lm, lx, Bq, Gy, ··）
接頭語：16個（E, P, T, G, M, k, h, da, d, c, m, μ, n, p, f, a）

基本単位

量	単位の名称	記号	備考
長さ	メートル	m	光が真空中を$1/(3.00 \times 10^8)$秒間に進む距離
質量	キログラム	kg	国際キログラム原器による
時間	秒	s	セシウム133の放射振動周期に基づく
電流	アンペア	A	電流を流した2本の平行導線間に作用する力に基づく
熱力学温度	ケルビン	K	水の3重点（氷，水，水蒸気の共存点）温度の$1/273.15$
物質量	モル	mol	0.012kgの炭素12の中に存在する原子数と等しい要素粒子（原子，分子，イオン，電子等）の量
光度	カンデラ	cd	540×10^{12}Hzの単色光の放射強度が$1/683$W・sr^{-1}の時の光度

補助単位

量	単位の名称	記号	備考
平面角	ラジアン	rad	円の半径に等しい長さの弧を切り取る中心角
立体角	ステラジアン	sr	球の半径の2乗に等しい面積を球面で切り取る立体角

接頭語

累乗	呼び方	記号	累乗	呼び方	記号	累乗	呼び方	記号
18	エクサ	E	2	ヘクト	h	-9	ナノ	n
15	ペタ	P	1	デカ	da	-12	ピコ	p
12	テラ	T	-1	デシ	d	-15	フェトル	f
9	ギガ	G	-2	センチ	c	-18	アト	a
6	メガ	M	-3	ミリ	m			
3	キロ	k	-6	マイクロ	μ			

組み立て単位

量	単位の名称	記号	他のSI単位による表記	基本単位による表記
周波数	ヘルツ	Hz		s^{-1}
力	ニュートン	N		$kg \cdot m \cdot s^{-2}$
圧力・応力	パスカル	Pa	$N \cdot m^{-2}$	$kg \cdot m^{-1} \cdot s^{-2}$
仕事・熱量	ジュール	J	$N \cdot m$	$kg \cdot m^2 \cdot s^{-2}$
電力	ワット	W	$J \cdot s^{-1}$	$kg \cdot m^2 \cdot s^{-3}$
電気量	クーロン	C		$A \cdot s$
電圧	ボルト	V	$W \cdot A^{-1}, A \cdot \Omega$	$kg \cdot m^2 \cdot s^{-3} \cdot A^{-1}$
静電容量	ファラッド	F	$C \cdot V^{-1}$	$kg^{-1} \cdot m^{-2} \cdot s^4 \cdot A^2$
インダクタンス	ヘンリー	H	$Wb \cdot A^{-1}$	$kg \cdot m^2 \cdot s^{-2} \cdot A^{-2}$
磁束	ウェーバ	Wb	$V \cdot s$	$kg \cdot m^2 \cdot s^{-2} \cdot A^{-1}$
磁束密度	テスラ	T	$Wb \cdot m^{-2}$	$kg \cdot s^{-2} \cdot A^{-1}$
抵抗	オーム	Ω	$V \cdot A^{-1}$	$kg \cdot m^2 \cdot s^{-3} \cdot A^{-2}$
コンダクタンス	ジーメンス	S	$A \cdot V^{-1}, \Omega^{-1}$	$kg^{-1} \cdot m^{-2} \cdot s^3 \cdot A^2$
光束	ルーメン	lm		$cd \cdot sr$
照度	ルクス	lx	$lm \cdot m^{-2}$	$cd \cdot sr \cdot m^{-2}$
放射能	ベクレル	Bq		s^{-1}
吸収線量	グレイ	Gy	$J \cdot kg^{-1}$	$m^2 \cdot s^{-2}$

STEP2　SIと併用される単位

時間単位：分（min），時（h），日（d）
平面角度単位：度（°），分（'），秒（"）
体積単位：リットル（l）（数字の1と紛らわしい場合はL）＝$1 \times 10^{-3} m^3$
質量単位：トン（t）＝1000kg
エネルギ：エレクトンボルト（eV）
濃度：ピーピーエム（ppm）＝1/10000％＝1/1000000（割合のため質量比か体積比か不明確）
面積：アール（a）＝$100 m^2$，ヘクタール（ha）＝100a

STEP3　表記の仕方および注意点

　表記は，「SI接頭記号＋その時の基本単位」が基本となるが，全体として見た場合に，接頭語でくくった方が見やすく，理解しやすいのであれば，ゼロをとって代わりに接頭記号を使う。つまり，接頭語は10^3ずつの桁で設定されてはいるが，0が3つ続いたら必ず接頭語を切り替えなければならないと言うことではない。
　組み合わせ単位は，「・」（掛ける意味）や「／」（割る意味）を用いて繋ぎ表記する。「／」を使うときには何処までが分母なのかを明示するために（）でくくると良い。本書では「・」で統一した。また，分母に接頭語を置いてはいけない。
　その他，単位にはMKS単位系（メートル，キログラム，秒）とCGS単位系（センチメートル，グラム，秒）とがあり，感覚的にわかり易いものとして用いるのが通常である。kgfなどに代表される工学単位系などもあるが，一般的にはMKS単位系が用いられる。

STEP4　単位換算表

農学に関係の深いものを抜粋した。有効数字は4桁で，相互関係がある単位については分数表記とした。

長さ

	m メートル	cm センチメートル	μ ミクロン	Å オングストローム	in インチ	ft フィート	yd ヤード	mile マイル
m	1	100	1×10^6	1×10^{10}	39.37	3.281	1.094	6.214×10^{-4}
cm	0.01	1	10000	1×10^8	0.3937	0.03281	0.01094	6.214×10^{-6}
μ	1×10^{-6}	1×10^{-4}	1	1×10^4	3.937×10^{-5}	3.281×10^{-6}	1.094×10^{-6}	6.214×10^{-10}
Å	1×10^{-10}	1×10^{-8}	1×10^{-4}	1	3.937×10^{-9}	3.281×10^{-10}	1.094×10^{-10}	6.214×10^{-14}
in	0.02540	2.540	2.540×10^4	2.540×10^9	1	1/12	1/36	1/63360
ft	0.3048	30.48	3.048×10^5	3.048×10^{10}	12	1	1/3	1/5280
yd	0.9141	91.41	9.141×10^5	9.141×10^{10}	36	3	1	1/1760
mile	1.609×10^3	1.609×10^5	1.609×10^9	1.609×10^{13}	63360	5280	1760	1

長さ

	m メートル	尺 しゃく	寸 すん	分 ぶ	間 けん	町 ちょう	里 り	尋 ひろ
m	1	3.3	33	330	0.55	9.167×10^{-3}	2.546×10^{-4}	0.5468
尺	1/3.3	1	10	100	1/6	1/360	1/12960	0.1657
寸	1/33	0.1	1	10	1/60	1/3600	$1/(1.296 \times 10^5)$	0.01657
分	1/330	0.01	0.1	1	1/600	1/36000	$1/(1.296 \times 10^6)$	1.657×10^{-3}
間	1/0.55	6	60	600	1	1/60	1/2160	0.9942
町	109.1	360	3600	36000	60	1	1/36	59.65
里	3.926×10^3	12960	1.296×10^5	1.296×10^6	2160	36	1	2.147×10^3
尋	1.829	6.035	60.35	603.5	1.005	0.0168	4.657×10^{-4}	1

面積

	m² 平方メートル	a アール	ha ヘクタール	坪 つぼ	反 たん	町 ちょう
m²	1	0.01	1×10^{-4}	1/3.306	1.008×10^{-3}	1.008×10^{-4}
a	100	1	0.01	30.25	0.1008	0.01008
ha	1×10^4	100	1	3.025×10^3	10.08	1.008
坪	3.306	0.03306	3.306×10^{-4}	1	1/300	1/3000
反	991.8	9.918	0.09918	300	1	0.1
町	9918	99.18	0.9918	3000	10	1

体積

	m³ 立方メートル	l, L リットル	gal (us) 米ガロン	barrel (us) 米バレル	石 ごく	斗 と	升 しょう	合 ごう
m³	1	1000	264.2	6.290	180.4	1.804×10^3	1.804×10^4	1.804×10^5
l, L	0.001	1	0.2642	6.290×10^{-3}	0.1804	1.804	18.04	180.4
gal (us)	3.785×10^{-3}	3.785	1	1/42	0.6828	6.828	68.28	682.8
barrel (us)	0.1580	158.0	42	1	28.68	286.8	2868	28680
石	5.544×10^{-3}	5.544	1.465	0.03487	1	10	100	1000
斗	5.544×10^{-4}	0.5544	0.1465	3.487×10^{-3}	0.1	1	10	100
升	5.544×10^{-5}	0.05544	0.01465	3.487×10^{-4}	0.01	0.1	1	10
合	5.544×10^{-6}	5.544×10^{-3}	1.465×10^{-3}	3.487×10^{-5}	0.001	0.01	0.1	1

質量

	kg キログラム	oz オンス	lb ポンド	t トン	car, ct カラット	貫 かん	匁 もんめ
kg	1	35.27	2.205	0.001	5000	0.2667	266.7
oz	0.02835	1	1/16	2.835×10^{-5}	141.8	7.561×10^{-3}	7.561
lb	0.4535	16	1	4.535×10^{-4}	2268	0.1209	120.9
t	1000	35270	2205	1	5.0×10^7	266.7	2.667×10^6
car, ct	2×10^{-4}	7.054×10^{-3}	4.41×10^{-4}	2×10^{-7}	1	5.333×10^{-5}	0.05333
貫	3.75	132.3	8.269	3.75×10^{-3}	18750	1	1000
匁	3.75×10^{-3}	0.1323	8.269×10^{-3}	3.75×10^{-6}	18.75	0.001	1

速度

	m/s メートル毎秒	km/h キロメートル毎時	mph (mile/h) マイル毎時	kn ノット	M (mach) マッハ
m/s	1	3.6	2.237	1.944	295.2
km/h	0.2778	1	0.6214	0.5400	1062
mph	0.4470	1.609	1	0.8690	661.2
kn	0.5144	1.852	1.151	1	575.6
M	3.388×10^{-3}	9.416×10^{-4}	1.512×10^{-3}	1.737×10^{-3}	1

圧力

	Pa パスカル	bar バール	atm 気圧	torr トル mmHg 水銀ミリメートル	mmH$_2$O 水柱ミリメートル	kgf/cm^2 重量キログラム毎平方センチメートル	psi (lbf/in^2) 重量ポンド毎平方インチ
Pa	1	1×10^{-5}	9.869×10^{-6}	7.501×10^{-3}	10.20	1.020×10^{-5}	1.450×10^{-4}
bar	100000	1	0.9869	750.1	1.020×10^{4}	1.020	14.50
atm	1.013×10^{5}	1.013	1	760.1	1.033×10^{4}	1.033	14.69
torr mmHg	133.3	0.001333	1.316×10^{-3}	1	13.60	1.360×10^{-3}	0.01934
mmH$_2$O	9.807	9.807×10^{-5}	9.678×10^{-5}	7.356×10^{-2}	1	1×10^{-4}	1.422×10^{-3}
kgf/cm^2	9.807×10^{4}	0.9807	0.9678	735.6	1000	1	14.22
psi	6.895×10^{3}	0.06895	0.06805	51.73	703.1	0.07031	1

仕事率・工率

	W ワット	PS (仏) 馬力	kgf・m/s 重量キログラムメートル毎時
W	1	1.360×10^{-3}	0.1020
PS	735.5	1	75
kgf・m/s	1.356	1/75	1

温度

	K ケルビン	℃ セルシウス度	°F ファーレンハイト度
K	t	t−273.15	(t−273.15)・9/5+32
℃	t+273.15	t	t・9/5+32
°F	(t−32)・5/9+273.15	(t−32)・5/9	t

仕事・熱

	J ジュール	erg エルグ (CGS単位)	kgf·m 重量キログラムメートル	W·h ワット時	PS·h (仏) 馬力時	cal カロリー	btu 英熱量	eV 電子ボルト
J	1	1×10^7	0.1020	2.778×10^{-8}	3.778×10^{-7}	0.2389	9.478×10^{-4}	6.241×10^{18}
erg	1×10^{-7}	1	1.020×10^{-8}	2.778×10^{-11}	3.778×10^{-14}	2.389×10^{-8}	9.478×10^{-11}	6.241×10^{11}
kgf·m	9.807	9.807×10^7	1	2.724×10^{-3}	3.703×10^{-6}	2.342	9.292×10^{-3}	6.119×10^{19}
W·h	3.600×10^3	3.600×10^{10}	3.671×10^2	1	1.360×10^{-3}	8.958×10^2	3.413	2.247×10^{26}
PS·h	2.647×10^6	2.647×10^{13}	2.700×10^5	7.355×10^2	1	6.324×10^5	2509	1.652×10^{25}
cal	4.186	4.186×10^7	0.4270	1.116×10^{-3}	1.581×10^{-6}	1	3.967×10^{-3}	2.612×10^{19}
btu	1.055×10^3	1.055×10^{10}	107.6	0.2930	3.986×10^{-4}	252.1	1	6.585×10^{21}
eV	1.602×10^{-19}	1.602×10^{-12}	1.634×10^{-20}	4.451×10^{-27}	6.053×10^{-26}	3.828×10^{-20}	1.519×10^{-22}	1

角度

	rad ラジアン	° 度	′ 分	″ 秒
rad	1	$180/\pi$ =57.30	$10800/\pi$ =3438	$648000/\pi$ =206300
°	$\pi/180$ =0.01745	1	60	3600
′	$\pi/10800$ =2.909×10^{-4}	1/60	1	60
″	$\pi/648000$ =4.848×10^{-6}	1/3600	1/60	1

時間

	s 秒	min 分	h 時間	d 日
s	1	1/60	1/3600	1/86400
min	60	1	1/60	1/1440
h	3600	60	1	1/24
d	86400	1440	24	1

索引・用語解説

10g粒-135℃-24hr法（oven method (10g whole-grain-135℃-24hr)） 64
2波長吸光度差測定法（dual wavelength difference photometry） 21
3原色（three primaries） 13
　　光は3つの基本的な色（赤，緑，青）に分解できる。色の3原色は赤，黄，青。
3板式（triple plate） 140
4要素モデル（Four-parameter model） 55
5g粉砕-105℃-5hr法（oven method (5g-105℃-5hr)） 64
A/D変換（analog-to-digital convert） 37,160,193,195
A/D変換器（analog-to-digital converter） 55,71,160,181,189
　　連続的に変化するアナログ信号をデジタル信号に変換する機器。
AEセンサ（AE sensor） 83,181
　　アコースティックエミッションを検出するためのセンサ。
ATP（adenosine triphosphate） 28
　　アデノシン三リン酸。
BNC（bionet connector） 191
　　ラインインピーダンスが50Ωに設定された同軸ケーブル用コネクタ。コネクタのインピーダンスも50Ωである。
CCD（charge coupled device） 12,13,140,141,178
　　光電変換機能を持った半導体センサの一種。
CCW（counter clock wise） 150
　　反時計回り。
CIE（国際照明委員会）（Commission International de l' Eclairage） 138
　　本部はウィーンに置かれている。L*a*b*表色系など，色に関する測定の基礎として用いられる多くの標準を定めた組織である。
Ci（キュリー）（curie） 37
　　かつての放射能の単位で，ベクレル（Bq）が浸透するまでの暫定単位（$1Bq=1Ci \times 3.7 \times 10^{10}$）。
clark（クラーク）電極（clark cell） 166
　　標準電極の一種。カドミニウム標準電池のカドミニウムを亜鉛に，硫酸カドミニウムを硫酸亜鉛に変えたもの。
CO_2　28,29,36,88,116,167,169
CT法（Computed Tomography） 107,109
　　コンピュータ断層撮影法。被検体に対して複数方向から透過して取得した一次元情報を二次元あるいは三次元映像として再構築する方法。医療用と工業用のシステムがある（CTスキャナ）。
CW（clock wise） 150
　　時計回り。
EC（電導度；導電率；電気伝導度）（Electric Conductivity） 119,164,184
　　土中の養液濃度を表す電気伝導度のこと。EC値が高いほど塩類などの養分濃度が高い。
ECメータ（EC meter） 119,164,168
FDR（Frequency Domain Reflectometer） 98,99,172
FDR法（Frequency Domain Reflectometry） 98,99
GC法（gas chromatograph analysis method） 167
GP-IB（general purpose interface bus） 192,194
　　計測器同志または計測器とコンピュータを接続するためのインタフェイス規格。8bitパラレルのハンドシェーク転送のプロトコルを用いる。
GPS（global positioning system） 71,151
　　衛星を利用して地球上の諸情報（位置など）の常時把握・監視等を行うシステム。

英

HPLC法（high performance liquid chromatograph analysis method）168
in vivo 26
 生体内のこと。
JPEG（Joint Photographic Experts Group）140
 静止画像データ圧縮方式。高品質で高圧縮が可能であるが，データを間引くため普通は元の状態には戻せず，画像処理には使えない。
L*a*b*表色系（L*a*b* color system）138
 CIE（国際照明委員会）が1976年に定めた均等色空間の一つ。
LED（発光ダイオード）（light-emitting diode）12,20,150,154
 順電圧を加えると発光するダイオード。
N 119
 この場合1規定を表す。溶液濃度の表し方で，1g当量の溶質が1L中に溶けている状態。当量濃度。
O_2 28,29,88,92,166,167
O_2アップテスタ（O_2 up tester）88,89,170
 BOD（Biochemical Oxygen Demand：生物化学的酸素要求量）測定器（BODテスター）の名でタイテック社より発売されており，試料液中の生物（組織）による溶存酸素消費量を簡易に測定する装置。
OPアンプ（オペアンプ）（operational amplifier）71,189
 負(−)端子と正(＋)端子を入力に持つ増幅器。元々は，アナログ計算機の主要要素であった。回路の構成により，−端子に流れ込む電流の加算や，−端子と＋端子間の差の増幅等アナログ量の演算機能を持つためにこう呼ばれる。
PCR回帰分析（PCR regression analysis）142
 PCR回帰分析は，主成分（Principal Components Regression）回帰分析のことで，主成分分析で得られた成分のスコアを説明変数として，重回帰式を算出する方法。そのスコアを使用してモデルが構築される。構築されたモデルを使用することで，未知サンプルの予測が行なえる。
pF 95,96,98,174,175
 水柱cmで表した負の圧力（張力あるいは吸引力）。水頭の常用対数をとったもの。
pF試験（pF test）176
 土壌から水を吸引するのに必要な力を求める試験。土壌水分吸引張力を水柱高［cm］で表し，これを常用対数にしたもの。土柱法，吸引板法，加圧板法，加圧膜法，遠心法，蒸気圧法，氷点降下法，サイクロメータ法などの方法がある。
pH（水素イオン濃度）（pH (hydrogen (ion) exponent)）119,129,145,164,165,184
 溶液の水素イオン濃度を表す指数。$pH=-\log_{10}[H^+]$で0〜14の値を取り，7を中性として小さいと酸性，大きいとアルカリ性を示す。
pH試験紙（pH test paper）164
 pHの変動によって色が変わる試験紙
pHメータ（pH meter）119,164
PLS回帰分析（PLS regression analysis）62,64,142,143
 PLS法とは，Partial Least Squares Regressionの略で，多変量解析法の一種で，重回帰分析等の変種に当たる。基本的にはある変換を行うことによってデータ数を減らし重回帰分析を行うもの。
PSD（位置検出素子）（position sensitive detector）154
RGB（red, green, blue）140
 光の三原色で，適宜の強さに調節して加法混色すれば，ほとんどすべての色を合成することができる。
RS-232C（recommended standard 232 C）192,194
 EIAが制定したデータ端末と回路と回線終端装置間でシリアル通信を行うためのインタフェイス。パソコンと計測器間の通信によく使われる。
RTK-GPS（real time kinematic-GPS）151
 基準局と利用者局双方で同時に搬送波位相積算値データを取得し，基準局はそのデータを利用者局へ伝送する。利用者局ではそのデータを利用し，実時間で利用者局位置の測位計算を行い，その結果を出力する。
SA（selective availability）151
SPADメータ（SPAD meter）20,21,170

Stefan-Boltsmann（ステファン－ボルツマン）の法則（the law of Stefan-Boltsmann）126
　　放射フラックスは射出面の絶対温度の4乗に比例する。$Q=esT^4$　（Q：放射量，e：射出率，s：ステファンボルツマン定数，T：表面温度）。

TDR（Time Domain Reflectometer）98,99,172

TDR法（Time Domein Refractometry）98,99

TVカメラ（television camera）11,23,26,47,50,51,140
　　CCDカメラはTVカメラの撮像形式の1つを表したものなので，本書では呼称をTVカメラに統一した。

UCS表色系（UCS color system）138
　　色度図上のすべての箇所において，頻度の等しい色の感覚差が図上の幾何学的距離にほぼ比例するように意図して目盛を定めた色度図。

VA菌根菌（Vesicular-arbuscular mycorrhizal fungi）91
　　*Glomales*目に属する糸状菌の一群で，*Glomus*属・*Gigaspora*属などに分類される。これらの菌が全て根内部にのう状体を形成するわけではないため，最近ではアーバスキュラ菌根菌という呼称が多くなってきた。

Wienの法則（the law of Wien）126
　　単位波長あたりの放射エネルギが最大になる波長（λ_{max}）は温度の低下につれて次第に長くなる。$\lambda_{max}=2897/T$。

XYZ表色系（XYZ color system）138

X線吸収係数（X-ray absorption coefficient）109,110,111
　　X線が物質を透過するとき強度が弱められる現象の係数。

X線CTスキャナ（computer tomography scanner by X-ray）109,110,180
　　X線の透過率を測定することにより，内部構造が観察・測定できる機器。

γ線（gamma rays）70,98
　　原子核から飛び出す一種の電磁波でガンマ線は電磁波の中でも最も短い波長に相当し，おおよそ0.1nm以下の波長のもの。

アース（earth）148,155,188,191
　　電気装置を大地につないで電位を等しくすることで，装置の保護，感電防止を行う。電子回路中では電位が0Vの場所。接地（グラウンド）も同じ意味で使われる。

アクティブ・フィルタ（active filter）189
　　特定の周波数帯の電力は通過させ他の周波数の電力は阻止する周波数選択性回路。

アコースティック・エミッション（acoustic emission）83

アセチレン（acetylene）92

アセチレン還元活性（acetylene reduction activity）92
　　ニトロゲナーゼは，アセチレンを基質にしてエチレンを生成（還元）することができるので，これを利用して窒素固定酵素の活性を測定する。このように測定した窒素固定酵素の活性をいう。

圧縮応力（compressive stress）68

圧電効果（piezo electric effect）153

圧膜装置（pressure membrance apparatus）98,175
　　土壌水に正圧を与えて半透膜から過剰水を排出し平衡した時に，土壌水のポテンシャルを測定する装置。

圧密試験（consolidation test）113
　　圧密量や圧密速度を推定するための試験。

圧密試験装置（consolidometer; consolidation test apparatus）113,180
　　土の試料について，間隙水の排出による圧縮量を測定する試験装置で，試料が鉛直方向にだけ圧縮され，横方向の変形が圧密リングで拘束される。圧密リングは，内径60mm，高さ20mmで，この中に粘土の様に水を通しにくい試料を収める。荷重は数段階に分け，各段階で24時間の間荷重を一定に保持する。

圧力（pressure）96,97,100,129,145,155,162,163,174,177
　　2つの物体が互いに接触している時の接触面，または1つの物体の内部に仮定した面を境にして，両側の部分が面に垂直に互いに押し合う単位面積あたりの力［Pa］。

圧力センサ（pressure sensor）97,162

圧力チャンバ法（pressure chamber method）30,31

あ

アナログ(analog) 37,149,160,188,192,193,194,195
　時間的,空間的に連続して変化する量をアナログ量といい,データがこのような量で表されていることをアナログという。物理的な量はほとんどアナログ量である。

アブソリュート型(absolute type) 150

アミノ酸分析装置(amino acid analyzer) 168
　ペプチドやタンパクなどアミノ酸を含有する試料中の,天然存在の19種の必須アミノ酸を自動的に分離,定量する装置。

暗呼吸速度(dark respiration rate) 24
　単位時間・単位面積(重量)当たりの二酸化炭素放出速度または酸素吸収速度。呼吸速度と同義であるが,光があるときにのみ二酸化炭素を放出する光呼吸と区別するために用いられる。

安定同位体(stable isotope) 36,37

アンモニア蒸留法(ammonia distillation process) 120
　硫酸酸性条件下で分解した有機態窒素を強アルカリ条件下でアンモニアにガス化して捕集する方法。

アンモニア態窒素(ammonium nitrogen) 120
　アンモニウム塩として含まれている窒素のこと。還元土壌に成育するイネやレンコンなどはアンモニア態窒素を吸収,利用して成育する。

い

イオン強度(ionic strength) 129,165
　電解質溶液に含まれるi種のイオンのモル濃度をC_i,電荷数をZ_iとしたとき,$(1/2)\Sigma C_i Z_i^2$をイオン強度という。

イオン電極(ion electrode) 165

イオン濃度(ion concentration) 164,165
　イオン化する溶液の濃度。イオン検出に応用される。

育種(breeding) 38
　交雑,突然変異,あるいは遺伝子導入などの人為的手法を用いて家畜や作物の改良種を作り育てること。

位相(phase) 99,150,189
　周期運動で位置を表す変数。3角関数の角度に相当。

位相補償(phase compensate) 189
　演算増幅器は高利得でしかも広帯域のため発振しやすい。これを防止したり,望ましい利得と帯域幅を持たせるために行なう。

一面せん断試験(box shear test) 66,67,112,113

一面せん断試験機(direct shear test machine) 112,180
　上下に分かれたせん断箱に試料を入れ,一定の垂直応力のもとで,上箱または下箱にせん断力を加える。そのとき試料に生ずるせん断抵抗を測定する検力計装置。

遺伝的背景(genetic background) 183
　生物もろもろの形質が生殖細胞を通して,子孫に伝わること。

移動式センサ(mobile sensor) 173,174

イメージスキャナ(image scanner) 12,146
　写真,地図,図面,線などの画像情報をデジタルデータにして入力する装置のこと。

色(color) 13,16,17,20,44,46,47,56,60,61,110,138,139,140,141,147,154
　眼に入射した約380〜780nmの光(可視光)は,視細胞によって波長に対応した刺激に変換され,大脳において感覚として認知される。その感覚として認知されたものが色で,RGBやL*a*b*の表色系を用いて量的に表現できる。

インキュベート(incubate) 92
　培養,栽培のために特定の光条件や温度条件のもとに置くこと。

インクリメンタル型(incremental type) 150

インパクト方式流量センサ(impact type flow rate sensor) 71

インピーダンス(impedance) 157,188,189
　交流回路における抵抗成分。L,C,Rが該当する。電気を流れにくくするのは直流回路では抵抗のみだが,交流回路ではコンデンサやコイルなども影響するので,複素量で表す。[Ω]

インピーダンスマッチング(impedance matching) 188,191
　出力側と入力側,及び,伝送線のインピーダンスを等しくすること。

ウドンコ病（powdery mildew）184
　生きている植物にのみ寄生する特徴をもつ小麦粉をまぶしたような病徴を呈する病気。
栄養成長（vegetative growth）38
　葉，茎，根などの非生殖器官の成長のこと。
液相（liquid phase）88,89,94,95,107,167,176,177
　物質の液体状態のこと。それを物質のとりうるひとつの相としてとらえたときの呼び方。
液体クロマトグラフ（liquid chromatograph）128,168
エチレン（ethylene）92,130
　C_2H_4。無色でかすかに甘いにおいのある可燃性気体。植物ホルモンの一種で，果実を成熟させたり，落葉を促進したりする働きがある。
エッジ検出（edge detection）201
エリアシング誤差（areasing error）193,195
エンコーダ（encoder）55,149,150
遠心力（centrifugal force）73
円筒法（tube method）79
円筒モノリス法（cylinder monolith method）77,80
応答周波数（response frequency）194,195
　デジタル計測の際，その機器が記録可能な周波数の範囲。例えば可聴音の記録には20kHz有ればよいが，超音波の場合それ以上の応答周波数が必要となる。
応力（stress）43,54,55,66,67,68,69,112,113,161,204
　物体が外力を受けたとき，それに応じて内部に現れる抵抗力［Pa］。面に垂直に力が作用する垂直応力と，平行に作用するせん断応力がある。
応力緩和（stress relaxation）54,55
　定ひずみ下において内部応力が時間的に減少する現象。
応力-ひずみ曲線（stress-strain diagram）69
オートクレイブ処理（autoclaving）184
　高圧滅菌処理のこと。高圧滅菌釜（オートクレーブ）を用いて行う。
オーバサンプリング（over sampling）193
　A/D変換する際，必要以上にデータを取り込んでしまうこと。データが多いほど元の波形の再現性は高くなるが，その分記憶容量が多く必要になり，計算量も増えるので，適度なサンプリング間隔を設定する。
押し倒し抵抗値（pushing resistance value）93,161
オシロスコープ（oscilloscope）181,194
　時々刻々と変化する電気信号をブラウン管面に静止波形として表示する計器。
オフセット（offset）189
　増幅回路で入力が0Vのときに出力側に表れる電圧のこと。
温湿度計（thermometer and hygrometer）122,158
　温度と湿度を同時に計る測器。
加圧板法（pressure plate method）97,171
ガードリング（guard ring）188
　演算増幅器の非反転増幅回路において，入力にノイズが飛び込まないように0V電位の導線で入力端子を円状に囲むこと。
回折格子（diffraction grating）142,143
　光を回折させてスペクトルを得る装置。平面あるいは凹面上に等間隔に多数の平行な溝を刻んだもの。
カウンタ（counter）37,48,55,73,150
　数や回数を数える測定器。
拡散透過（diffuse transmission）142
　一定透過は対象物をまっすぐ通り，拡散透過は対象物を散るように通り抜ける。
拡散反射（diffused reflection）142,154
　拡散反射とは，光が物体表面の微細構造の中に入り込み，ランダムな反射を繰り返したあと再び表面から外に向かっていく光の様子をモデル化したものである。

か

撹乱土（disturbed soil）176
可視(光線)（visible rays）140,142,143,154,198
　人間の目に光として感じる波長範囲の電磁波。下限360～400nm，上限760～830nm程度である。
可視光域(領域)（visible light region）25,46,56
　波長がおよそ380～760nmの範囲にある光。
過熟（over ripe）59,60,61
ガス拡散係数（gas diffusivity）103
ガスクロマトグラフ（gas chromatograph）28,58,92,120,130,167
　ガスクロマトグラフィによる測定装置。
ガスクロマトグラフィ（gas chromatography）92
　適当な充填材をつめた細管に気体試料を不活性な気体とともに通過させると，各成分ガスの通過速度に差が出る。これにより試料の成分ガスを分離し，定性と定量とを行う方法。
ガスセンサ（gas sensor）103,170
　大気中に含まれるガスの濃度を抵抗変化によって検出する装置。
画像解析（image analysis）26,27,74,75,82,85,141
画像計測（image measuring）10,197
画像処理（image processing）12,16,23,111,178,199,200,201
　映像信号をデジタル化して，データ変換，認識，計測，特徴抽出などを行なう操作。
画像処理装置（image processor）12,23,109,146
　文字から画像映像までの様々な画像情報の処理装置。
画像の取り込み（image acquisition）10,12,15,23,75,85,197
片支持ばり（cantilever beam）42,43
活性アルミナカラム（activated alumina column）130
　通常の前処理・精製（クリーンアップ）操作を行っても，試料によっては高分解能GC/MS分析における妨害ピークが充分除去できないため，正確な定量値が得られない場合がある。このような場合には，活性アルミナカラムによるクリーンアップを行う。
活量（activity）165
　イオンの化学反応の多くは，イオンの実在する濃度ではなく，有効なイオン濃度，すなわちイオンの活動量によって制限される。この有効なイオン濃度を活量，または活動度という。
活量係数（activity coefficient）165
　きわめてうすいイオン濃度で，イオンが100％自由に行動できる値を1として，80％しか行動できない時は，0.8とする。この指数値を活量係数または活動度係数という。
可変抵抗器（variable resistor）149
　すべり接触子を動かすとかノッチをまわすことによって抵抗値が変わるようにした抵抗器のこと。
カラーフィルタ（color filter）198
カラム（column）92,96,111,128,129,130,167,168
　イオン交換体やクロマトグラフィの固定相として用いる物質を柱状に詰めたもの。土壌では，金属製あるいはプラスチック製の円筒（角筒）に詰めたものをいう。
カラム断層（profile in column）111
　カラムに充填されている土壌などの内部構造。
ガルバニ電池（galvanic current）166
　L. Galvaniの発見に基づいてA. Voltaが電池をつくり，初めて化学作用により定常電流を得たもの。
乾球温度（dry-bulb temperature）122,123,187
間隙構造（pore structure）107,178
　粒状や層状に集合した材料などの中にあるスキ間の構造。土壌内部では，団粒内間隙，団粒間間隙，粗間隙（粗孔隙），亀裂，管状孔隙，微細間隙などがあり，それらの成因，寸法形状，機能などを総合して「間隙構造」が判定される。
間隙比（void ratio）94,95
間隙率（porosity）94,95,176
観察管（observation tube）82,147
　土壌中や生体内など見通しの悪い場所を観察するために，カメラやファイバスコープなどを導入する管のこと。

乾湿球温度計（wet and dry bulb thermometer）122,158
　一般的には乾湿計と呼ばれる。ガーゼを巻きつけた温度計に水をすわせ，その蒸発したあとの温度と通常温度計の温度から湿度を表せられる装値。
緩衝増幅器（buffer amplifier）189
　前段の影響が後に続く回路に影響を及ぼさないようにする回路。出力インピーダンスを低くして伝送する場所に用いる。
干渉フィルタ（interference filter）198
　必要に応じて，特定波長帯のみを透過させるフィルタ。
含水比（gravimetric water content）94,95,108,172,176
関数発生器（function generator）189
　時間または入力電圧に対して与えられた関数関係を満足する電圧を発生するもの。
完全無作為法（complete randomized design）185,186
感染率（Infection (colonization) rate）91
　菌根の形成程度を評価するための指標で，根内部に菌糸構造物が認められる菌根部位と非菌根部位の長さの合計（全根長）に対する菌根部位の長さの割合を示したもの。
乾燥密度（dry bulk density）94,95,176
寒天懸濁液（agar suspension）118
寒天薄膜（agar thin film）118
　寒天懸濁液が薄い膜状に固化したもの。
感度設定（sensitivity setting）160
　計測器が測定量の変化に感じる度合い（感度係数，振入係数，感度限界等）の設定。
貫入抵抗（penetration resistance）61,112
官能試験（sensory test）61,62,63
　人間の味覚，嗅覚，視覚，触覚，聴覚の五感をセンサとした計測方法。食品の品質測定に用いられる他，香水の香り，衣類の着心地，車の運転し易さ，オーディオ製品の音質など，工業製品の品質測定にも利用される。
乾物重（dry weight）38,39,74,75,86,88
　水分が無くなるまで乾燥させた植物体あるいはその一部の重さ。正味の成長量を比較するときに用いる。
寒冷紗（cheese cloth）183
　織り目の粗い遮光用の布。
気孔（stoma）22,23,24,30,31,32,141
　植物の葉または茎の表皮にある穴。ガスの吸収，拡散，水分の発散を行なう。
気孔拡散抵抗（stomatal diffusive resistance）23
　スーパポロメータで気孔開度を計測するときの指針 [$s \cdot cm^{-1}$]。
基質（substrate）29,92
　酵素の作用を受けて化学反応を起こす物質。
気相（gas phase）89,94,95,103,107,176,177,178
　空気，ガス，水蒸気などの気体部分。
吸引装置（evacuating unit）98,175
　土壌水に負圧を与えて素焼き板から過剰水を排出し平衡したときに，土壌水のポテンシャルを測定する装置。負圧は，水頭を与えるか機械的に減圧する。水柱高200〜300cmが限界である。
吸光度（absorbance）46,142,143
　入射光と透過光の比の対数を吸光度という。
吸収スペクトル（absorbed spectrum）37,62,99
　反射波スペクトルのピーク間隔の周期，干渉波の平均周波数間隔。
吸収ピーク波長（absorption peek wavelength）20
吸着剤（adsorbent）128
　他の気体または液体物質を吸着する能力が大きく，物質の分離，濃縮に用いられる物質。
共鳴周波数（resonance frequency）52,53

き

鏡面冷却式露点計（optical condensation dew point monitor）124,158
　金属鏡面を冷却して，その面に露がつく温度を露点とする方法。空中湿度の絶対測定で測定可能湿度範囲が非常に広い特徴がある。

局所管理（blocking）185,186

極性（polarity）129,168
　分子全体として，また，2原子間の結合において，正負の電荷の分布が不均等であること。

許容誤差（permitted error）93
　許容しうる誤差の平均値に対する相対的比率。

距離計測システム（distance measuring system）48

近赤外(線)（near infrared rays）21,64,142,143,154
　可視光線の長波長端の760～830nmを下限とし，上限は1mmくらいまでの波長範囲の電磁波を赤外線という。赤外線のうち，2.5mm以下を近赤外線という。

近赤外(線)領域（near-infrared region）46,47,56
　赤外線スペクトル中，比較的波長の短い領域。波長は0.8～2.5μm付近。

近赤外（NIR）分析計（NIR analyzer）62,64,170
　非破壊，迅速，試薬不要，前処理不要，多成分同時分析，定性及び定量分析，熟練不要，などを特徴とする750～2500nmの近赤外領域を用いる分光分析法。

近赤外分光法（near-infrared spectroscopy）62,64

近赤外分析法（near-infrared reflectance spectroscopy）46

金属イオン沈殿・集積分布（precipitation and accumulation of metal ion）178
　液相（溶液）の金属イオンが固相として析出および水とともに固相中に移動して集まったときの分布。

金属電極（metal electrode）41

く

茎熱収支法（heat balance method）34,35

茎の強さ（strength of stem）42

屈折率（refractive index）56
　光が異なる物質の境界面で進行方向が変わる割合。

組合せセンサ（combination sensor）173

クリープ（creep）54
　一定の外力によって変形量が時間とともに増加していく現象。

繰り返し（replication）109,177,183,185

グロースポーチ法（growth pouch method）79

クロロフィル（chlorophyll）26,27,46
　葉緑素。光合成において中心的な役割を果たす緑色の集光性のポルフィリン系色素。

クロロフィルa（chlorophyll a）27
　酸素発生型の光合成を行う生物に常に存在するクロロフィル。

クロロフィルb（chlorophyll b）27
　高等植物，緑藻に認められるクロロフィル。

クロロフィル蛍光（chlorophyll fluorescence）26,27
　クロロフィルが紫外線を受けている間，可視光を放出する現象。

け

蛍光（fluorescence）37
　原子が励起状態から基底状態に戻ったときに発する光。

蛍光画像（fluorescence image）26,27

蛍光光度計（fluorophotometer）168
　光を吸収して励起した分子は，エネルギを熱または他分子との衝突により失い基底状態へと速やかに戻る。この過程は無放射遷移とよばれるが，この他に基底状態へと戻る際，吸収した光エネルギを再び光として放射する過程を経ることがある。これを蛍光といい，この蛍光の強さを計測する装置。

蛍光波長（fluorescence wave length）26

蛍光比（fluorescence intensity ratio）27

計測温度帯域（thermo range）25
　計測対象となる温度の範囲。

携帯用顕微鏡（field microscope）90,146

茎内流速度（sap flow rate）34,35
茎流センサ（sap flow sensor）181
　　茎のある部位にヒータなどによって熱を与え，数センチ離れた部位で温度を測定し，茎流によって運ばれる熱を計測することにより，茎流を推定するセンサこと。具体的な方法としては，ヒートパルス法と茎熱収支法がある。
ゲイン（gain）157,189
　　利得。一般的には入力電圧と出力電圧の比。
ケルダール法（Kjeldahl method）118
　　有機物を濃硫酸中で分解して，その窒素をアンモニアの形に変え，これを蒸留して一定量の酸の溶液に吸収させ，逆滴定によって窒素を定量する元素分析の一方法。
ケルダール分解（Kjeldahl digestion）120
　　窒素化合物を含む各種食品，肥料，飼料，医薬品，土壌，排水等の分析に欠くことのできない重要な窒素分析方法の一つ。
ケルビンの式（Kelvi'sn equation）30
限界応力状態（critical state of stress）66,67
原画像（original image）13,200,201
検出器（detector）63,109,110,128,130,142,143,144,167,168,169
　　量を計器または伝送機に伝える信号に変換する器具。
現場土壌水分計（soil moisture tester）172
検量線（working curve）37,62,130,165
　　ある成分の特定の性質に着目して定量分析を行う際に，その成分の存在量または濃度とその性質に基づいた測定値との関係をあらかじめ求めておくことがある。この関係を示す曲線を検量線という。
コアサンプリング法（core sampling method）77
コイル（coil）10,144,153,190
　　導線を円状に成型したもの。フェライト製のコアを持つ有心コイルとコアを持たない空心コイルがある。電気を流せば電磁石に，磁石を中に通せば起電力を利用して変位等を検出できる。
高域フィルタ（high pass filter）192
　　設定周波数よりも高い周波数成分を通過させるフィルタ。ハイパスフィルタと表記されることもある。
光学顕微鏡（light microscope）22,23,91,141,144,145,146
　　生物の内部形態を観察するときに用いる顕微鏡。透過光（可視光）により，切片の細部を対物レンズと接眼レンズで数十倍から数百倍程度に拡大して見る。
光学フィルタ（optical filter）47,169,198,199
　　ある特定の波長の光だけを透過または遮断するためのガラス板。
光合成速度（photosynthetic rate）12,24,28,29,33,130,169
　　光合成は水と二酸化炭素を消費するので，単位時間・単位面積当たりの二酸化炭素交換速度で表す。
光合成有効光量子束密度（photosynthetic photon flux density）126
光合成有効波長（photosynthetically active wave length）26
　　葉緑素の光吸収スペクトルに対応する光の波長。
光合成有効放射（photosynthetically active radiation）139
　　植物の光合成活動に重要な0.38～0.71mm域の太陽放射。
格子法（line intersecition method）74,80
高周波チョーク（RF choke）188
　　高周波信号に対して抵抗成分をもつコイル。
口針（stylet）121
　　吸収口の虫が持つ針状の口。植物の茎や葉，根などの表皮にさしこんで植物の汁液を吸う。
校正（calibration）10,34,35,56,64,71,98,111,143,166,172
　　目盛りを定めること。測定に先立って，適当な基準量を用いて測定器につけられている目盛の補正を決定すること。キャリブレーション，検定ともいう。
校正係数（calibration coefficient）34,139
　　真値と計測量との相関関係を検量した後に得られた相関関係式の係数。
校正信号の設定（signal setting for calibration）160
　　校正するときの既知基準の信号を設定すること。

こ

高速液体クロマトグラフ（high performance liquid chromatograph）128,168
　　ほぼ均一な極めて微細な均一の粒子を固定相に用いた液体クロマトグラフィ。HPLCと略称。

高速遠心器（high-speed centrifuge）98,175
　　土柱の毛管ポテンシャルを遠心ポテンシャルと平衡させて測定する装置。恒温装置が付属した土壌用の高速遠心装置が使われるが，遠心力による土壌の圧縮が発生するので測定上の留意が必要である。

光電スイッチ（photoelectric switch）73,146
　　投光部と受光部の間の光量の変化を電気量に変換。スイッチを作動させ，物体の有無，位置，状態などを検出するスイッチ。

光電センサ（photoelectricity sensor）154

交点法（line intersection method）118

後分光　142,143

光量子センサ（photon sensor）127,139

呼吸活性（respiratory activity）28,29,88,89
　　呼吸代謝の速度のこと。農産物の生理状態や相対的代謝速度を反映する最良の指標とされている。呼吸活性が高いと農産物は老化が早い。

呼吸商（respiratory quotient）29
　　ある反応によって消費された酸素量に対する二酸化炭素の生成量の割合。

穀物の水分（grain moisture）64,70
　　湿量基準含水率のことで，穀物重量に対する含水量の百分率のこと。

誤差（error）
　　1,18,51,65,77,93,97,98,115,117,122,151,154,155,162,165,185,187,188,190,193,195,196

固相（solid phase）94,95,114,176,177
　　土壌鉱物，有機物，析出塩など土壌の固体化した部分。

固相率（solid ratio）111
　　固相の割合を容積（%）で示したもの。

個体群成長速度（crop growth rate）39

固体撮像素子（solid state image sensing device）140
　　光電変換，電荷蓄積機能をもつ画像群と各画素に蓄積された画像信号を順次読み出す走査回路部を同一基板上に集積したもの。

固定干渉フィルタ型分析計（filter type NIR analyzer）62,170
　　近赤外分光計のうち，固定干渉フィルタにより所定の波長を照射して分析するもの。

米の主成分（major components of rice）62

米の食味（overall flavor）62,63

コモンモードノイズ（common mode noise）191
　　信号を伝達する2本の線に同時に同位相で影響する雑音。

固有透過度（intrinsic permeability）102
　　ある多孔質体の構造が完全に安定であるなら，流体の種類によらず，SI単位表示の伝導度と流体の粘度の積は一定であり，この定数を固有透過度という。

個葉（single leaf）36

根系（root system）76,78,79,82,85,86,87,148
　　植物の地下部全体のこと。

根系分布（root distribution）80,82
　　植物地下部の水平・垂直方向の分布のこと。

根系モデル（root zone model, root system model）81

根重密度（root weight density）75,77

根長/根重比（specific root length）75

根長密度（root length density）75,77

コンデンサ（condenser）98,169,188,190
　　2つの導体を絶縁して向かい合わせ，電圧を加えて電気を蓄える装置。

コンバイン（combine）70,71

根粒菌（root nodule bacteria）79,92,184
　　マメ科植物の根に共生して根粒をつくり，分子状の窒素を固定する細菌。
根量（root mass）74,75,77,86,87
サーミスタ（thermister）124,125,157,158
　　温度によって抵抗値が変化する抵抗体でセラミックの一種。
サーミスタ湿度センサ（thermister humidity sensor）124,158
　　サーミスタを用いた湿度センサ。セラミックの検出素子に水分を吸収させると誘電率が変わることを応用している。
サーミスタセンサ（thermister sensor）124
　　温度測定用半導体。セラミックの検出素子に水分を吸収させると誘電率が変わることを応用して，特に温度変化に対する応答が大きくなるように作られている。
サーミスタ風速計（thermister anemometer）125,181
　　熱線風速計の熱線の代りに，温度係数の大きい半導体としてサーミスタを用いたもの。
サーモカメラ（thermo camera）24,25,155,156
催芽処理（forcing of germination）183,184
　　水分や温度の最適条件に種子を置き，早く揃えて発芽させるための前処理のこと。
サイクロメータ（psychrometer）31,97,98,157,171
サイクロメトリック法（psychrometric method）31
最大静摩擦力（maximum static frictional force）72
採土器（soil sampler）176
　　現場で土壌を採集する器具。
サクション（suction）96
差込センサ（bayonet sensor）173
挫折強度（buckling strength）42
　　倒伏における茎の抵抗力を示すもので，茎に曲げの力を加えて挫折するに必要な力の大きさで表される。挫折強度，破壊強さも同義で用いられる。
挫折抵抗（buckling resistance）42
　　挫折強度参照。
サチコン（saticon）140
　　ビジコンと同様に撮像管の一種。半導体の組成はSe・As・Te。
砂柱法（soil column method）96
撮像管（image pickup tube）140
　　光学像を電気信号に変換する光電管の総称。放送用，工業用のテレビカメラやX線診断用などに利用される。
撮像デバイス（image pickup device, photoconductor device）140
　　レンズを通してテレビカメラに入ってきた光を映像信号に変換する重要な役割を担う電子部品。カメラ内で光情報を受け，像を映すセンサ装置。
差動型（differential type）191
　　アース線の他に，2本の信号線で信号を伝送する方式。
差動増幅器（differential amplifier）189,191
　　オペアンプの反転増幅回路と非反転増幅回路に同時に入力する回路で二つの入力信号の電圧差が増幅されて出力される。
差動変圧器（linear variable differential transformer (LVDT)）10,152
　　コイルの中心に可動鉄心（コア）があり，この鉄心の移動距離（変位）に応じた信号が出力されるもの。差動トランス。
さび病（rust）184
　　白い小斑点がやがて盛り上がって褐色の小斑点になり，さび状の粉が飛び散る病気。
差分GPS（DGPS）（differential GPS）151
酸化還元滴定法（oxidation-reduction titration）116
　　酸化還元反応を利用する容量分析法。標準液に試料溶液を滴下していく。

さ

三角測量（triangulation）50
　地上に互いに見通しのできる三角形をつくり，その辺と三角形の内角を測定して他の二辺の長さを求める測量。

三角測量法（triangulation method）154
　1辺と2角あるいは，3角を測定して，既知の2点から，未知の1点の位置を求める測量法。

塹壕法（trench method）76

三軸圧縮試験（tri-axial compression test）113

三軸圧縮試験機（tri-axial compression test machine）113,180
　円筒形の供試体の各側面に垂直応力（主応力）を作用させて，地盤中で周囲の圧力により拘束されている土の状態を再現し，その状態における土の圧縮せん断強度と拘束圧との関係を求めるための試験機である。

三刺激値（tri-stimulus values）138

酸素（oxygen）28,29,61,78,88,92,103,130,166
　酸素族元素の一つ。元素記号O　原子番号8。原子量16.00。安定な単体としては，酸素（化学式　O_2）とオゾン（化学式　O_3）とがある。

三相（three phase）94,95,112,176,177
　土壌の固相，気相，液相。

三相分布（three phase ratio (three phase distribution)）95,114,177,178

酸素センサ（O_2 sensor）170
　酸素センサは試験管型の固体電解質の内外面に電極を設け，内面に酸素濃度既知の物質を導入し，外面を酸素濃度未知の物質にさらして濃淡電池を構成し，この固体電解質の内面と外面の酸素濃度差により発生する起電力により酸素濃度を測定する。

酸素電極（oxygen electrode）89,166
　溶液中の溶存酸素が電極上で還元されて水になるときの電子量を算出できる電極のこと。

散布図（scatter diagram）186
　二変量のデータをX軸とY軸の座標の点として表したグラフ。

サンプリング間隔（sampling interval）193

サンプリング周期（sampling period）71,193,195
　データを測定する時間間隔のこと。

サンプリング定理（sampling theorem）193

サンプル・ホールド回路（sample-and-hold circuit）189
　A/D変換する際，変換時間が十分短くないときは広帯域の信号変換は不可能であるため処理に必要な時間まで信号を引き伸ばす必要がある。そこで連続波形を不連続波形に変化（サンプリング）とそれをある程度の時間保持（ホールド）するような回路を組み込んだもの。

サンプルループ（sample loop）129
　注入前の試料を一時的に貯留するためのループ状の管。通常，管内の容積が正確に決められている。

し

シールド線（shielding wire）155,188,191
　外部を金属製の鋼で覆った電線。

紫外（線）（ultraviolet rays）26,27,47,106,142,198
　可視光線の短波長端360〜400nmを上限とし，下限は1nmくらいまでの波長範囲の電磁波。UVと略記する。

視覚パターン（sense of sight pattern, visual pattern）44
　寸法，形状，模様など，視覚で理解可能な特徴をもった一つの型，形態，あるいは様式。

色彩色差計（colorimeter）16,138,139
　加色混合した試験色に合う三原色光の量を決めその試験色の三刺激値を求める視覚装置。

指向性（directivity）49,153
　ある一定の方向を向く性質。一つの波源から発射される音波・電磁波の強さが方向によって異なる傾向性。

示差屈折計（differential refractometer）168
　液体クロマトグラフィ用の検出器として，無機物から有機物，低分子から高分子まであらゆる溶液の微少濃度差を，屈折率の差として鋭敏かつ選択的にとらえる汎用性の高い検出器。

糸状菌（fungi）90, 91, 118
　　糸状菌は日常最もよく見られる微生物で，糸状の細胞を持つ微生物の総称。
自然計数（natural count）37
　　^{14}C以外の放射線によるカウント数。
湿球温度（wet-bulb temperature）122, 123, 187
湿潤密度（wet density）94, 95, 176
実体顕微鏡（stereoscopic microscope）74, 91, 121, 141, 146
　　生物の外部形態を観察するときに用いる顕微鏡。表面反射光により，試料の細部を対物レンズと接眼レンズで数十倍程度に拡大して見る。
湿度センサ（humidity sensor）124, 155, 157
実容積試験（actual volume test）176
　　土壌の全容積中に占める固相と液相の和（実容積）を求める試験。
時定数（time constant）125
　　ステップ入力に対する応答が，ステップ幅の63%に達するまでの時間。小さいほど応答が良いことを示す。
シャント抵抗（shunt resistance）139
　　回路を流れる電流値を読むために，電流計と並列に入れる分流用抵抗のこと。
重回帰分析（MLB）（multiple regression analysis）57, 62, 142
　　説明変数が2つ以上ある場合の回帰分析のこと。
周波数特性（frequency characteristics）195
　　回路が機器の入力や出力における電圧，電流などの周波数に対する変化を表すもので普通周波数を横軸に電圧電流を縦軸にとって表す。
収量（yield）20, 38, 70, 71, 183, 186
収量センサ（yield sensor）70, 71, 181
　　収量センサは，収穫機に取りつけられている収穫物の量を計測するセンサで，牧草や籾粒や馬鈴薯などの作物種により様々なものがある。また，感知方式には，光学式や接触式や圧力・応力感知式のもの等がある。
重量法（gravimetric method）32, 184
樹枝状体（Arbuscule）91
　　VA菌根菌が宿主植物の根内部で特異的に形成する菌糸構造物。根の皮層細胞の細胞壁を貫入した菌糸が細かく枝分かれたもので（植物の細胞膜内には侵入しない），植物と菌との物質交換の場と考えられている。
出液（bleeding, exudation）86, 87
出液速度（bleeding sap rate, xylem sap rate）87
受動的吸水（passive water absorption）86, 87
　　蒸散によって引き起こされる水分吸収。
受動部品（passive device）190
　　アクティブデバイスと対をなすもの。L（コイル），C（コンデンサ），R（抵抗）のこと。
純同化率（net assimilation rate）39
衝撃力（impact force）71
　　物体に急激に加えられる力。
蒸散速度（transpiration rate）12, 24, 32, 33, 86
　　単位時間・単位面積当たりの蒸散量。
硝酸態窒素（nitrate nitrogen）120
　　硝酸塩として含まれている窒素のこと。畑作物は硝酸態窒素を吸収，利用して成育する。
照度（luminous intensity）139
　　光に照らされた面上の単位面積あたりの光束。
蒸発潜熱（heat of vaporization）24
　　定圧のもとで単位質量の液体が蒸気となる時に要する熱量。
鞘葉（coleoptile）184
　　イネの子葉に相当する部分と言われる部分であり，種子を置床したとき直後に地上部として伸長してくる円筒形の葉。

し

植物寄生性有害線虫（plant-parasitic poisonous nematode）121
植物に寄生し，宿主植物を加害する線虫。ネコブセンチュウ，ネグサレセンチュウなど。

食味試験（eating test）60,61,62,63
人間の持つ五感をセンサとして食べ物の品質を測定する手法。評価する項目として，食べ物の外観，香り，甘さ，塩辛さ，旨み，歯ざわり，硬さ，粘り，総合評価などがある。

シリカゲル（silica gel）129,183
乾燥剤。ケイ酸が部分的に脱水してゲル化したもの。

試料円筒（sampler）100,101,102,176,177,178

試料セル（sample cell）130,169
測定セルとも言う。測定する物質を入れる容器。

シリンジ（syringe）29,128,129
液体を測りとるための注射器型の器具。ガスクロマトグラフなどに試料を注入するのにも用いられる。

シリンダインテークレート測定装置（cylinder intake rate, cylinder infiltrometer）180
無底の円筒を土層に鉛直に打ち込み，円筒内に湛水して定水位に保ち，水の浸入強度を時間の経過とともに測定する装置。

シングルエンド型（single end）191
信号の0Vラインとアース線を同じにして2線で信号を伝送する方式。

シンチレータ（scintillator）37

真の光合成速度（true photosynthetic rate）29
呼吸を含まない単位時間・単位面積当たりの二酸化炭素交換速度。

す

水銀マノメータ（mercury manometer）92,163,174

水耕式リゾメータ（rhizometer by hydroponic culture method）148

水蒸気圧（vapor pressure）31,32,122,123,155,187
液体または固体と共存する気体の圧力。飽和水蒸気圧をいうことが多い。

水晶共振センサ（crystal resonator sensor）124,158
水晶振動子の表面に吸湿剤を塗布し，吸着した水蒸気量と共振周波数との対応によって周囲の湿度を測定するセンサ。

水素炎イオン化検出器（FID）（flame ionization detector）130,167
可燃性の有機化合物を水素炎中で燃焼させたときに生成されるイオンと電子により，流れる電流を検出し，コレクタによりイオンを捕集する検出器。

水頭（hydraulic head）100,102
圧力を水柱高さ［cmH_2O］を単位にして表したもの。

スーパポロメータ（super porometer）22,181
小さな環境室内の湿度変化から気孔開度を測定する装置。

ステップパルス（step pulse）99
一瞬だけ流れる電流をパルスという。ある時間同じ電圧を維持して，元に戻る状態がステップパルス。

ステレオ画像法（stereo vision）50,51
異なる二地点で入力した画像を基に三角測量の原理で距離を算出する方法。

ステレオ法（stereography）107
立体視するための方法。土壌内部ではステレオ撮影した軟X線透過映像を立体視することができる。

スペクトル（spectrum）27,37,46,47,52,53,62,64,99,106,143
光などの電磁波や音などを分解して，波長や周波数の順に規則的に並べたもの。

スペクトルイメージ（spectrum image）20
光波長を複数に分けて，その光強度を空間情報として把握した画像。

スリップス（thrips）184
植物組織を口針で吸汁して加害するアザミウマ。

せ

成育診断（growth diagnosis）12
植物の場合は「生育」を使う場合もあるが，本書では全て「成育」で統一した。

成熟誘導（maturation induction）130
バナナなど未熟な状態で輸入してから熟成させている果実を，エチレンなどで処理し，熟成を助けること。

生体電位（bioelectric potential）40,41
成長解析（growth analysis）12,38,39
　　　植物の場合は「生長」を使う場合もあるが，本書では全て「成長」で統一した。
成長モデル法（growth model analysis）84
成長率（growth rate）38
生物降伏点（bio yield point）69
生物的防除（biological control, biological pest control）121
　　　昆虫・微生物・家畜・魚類などの生物の機能を利用することによって，病害虫の防除や雑草の繁茂を抑制する方法。
成分濃度（ingredient concentration）142,143
静摩擦係数（statical frictional coefficient）72,73
静摩擦力（static frictional force）72
精密農業（precision farming）151
　　　化学肥料・農薬の散布を局所的にきめ細かく管理する農法。
ゼーベック効果（seebeck effect）155
赤外線（infrared rays）25,198
　　　波長がおよそ760nm～10μmの電磁波（光）。
赤外線ガス分析装置（infrared gas analyzer）28,29,130,169
積分回路（integrating (or integration) circuit）125,189
　　　入力信号を時間について積分した出力を得る回路。
接触型（contact type）147,149,150
　　　測定対象に直接触れることで計測を行うセンサ。ポテンショメータの場合抵抗上をブラシが動く構造。
絶対誤差（absolute error）196
絶対湿度（absolute humidity）33,64,124
　　　1m^{3}中の水蒸気の質量［g・m^{-3}］。
絶対的形質（qualitative trait）183
接点（contact）114,155,156
　　　電気回路で，接触させて電流を通じさせる部分。
セラミックセンサ（ceramics sensor）124,158
　　　多孔質セラミック焼結体を用い，微細結晶表面への水分吸脱着による電気抵抗の変化量を計測し，相対湿度を求めるセンサ。
線芯径（wire gauge）156
　　　電線の直径表示を番号で表したもの。
せん断強さ（shear strength）112,113
　　　せん断を生ずるような力に抵抗して，物体内部に生じるせん断応力。せん断抵抗の最大値。
全天日射計（pyranometer, solarimeter）127
　　　水平面に入射する直達日射と天空散乱光の合計放射エネルギを計る放射計。日射計のこと。
鮮度（freshness）60,61
　　　農畜産物，水産物などの食品としての品質評価（価値評価）の総合的指標。
前分光　142,143
全粒透過型NIR分析計（whole-grain NIRT analyzer）63,170
造影剤（contrast agent）106,107,108,178,179
　　　X線の透視，撮影の際，明確な映像を得るために用いる薬品。
造影撮影（radiography with contrast agent）178
相互相関関数（cross correlation function）71
　　　ある時刻の信号値と，それから一定時間後の別の信号の信号値との間にどれだけの相関があるかを示す関数。
走査型電子顕微鏡（scanning electron microscope）22,144
走査型分光光度計（scanning type spectrometer）62,170
　　　所定の波長範囲を連続して測定する分光光度計。分光には回折格子が一般に用いられる。

た

相対誤差（relative error）196
相対湿度（relative humidity）22,30,31,123,124,157,171,172,187
相対成長率（relative growth rate）38,39
相対的位置（relative position）150
相対的形質（quantitative trait）183
増幅（amplification）37,40,67,156,189,191,192
 入力信号の電流または電圧を拡大して，出力側に取り出すこと。
増幅器（アンプ）（amplifier）37,40,124,144,160,162,167,169,189,192,195
 ある波形の振幅の変化を拡大する回路。
損失（loss）99
 エネルギが有効に利用されず，不要な熱や反射の形で失われること。
ダイアフラム（diaphragm）162ダイクロイックプリズム（dichroic prism）140
 特定の波長を通過させ他の波長を反射させる接合面をもったプリズムで，3板式カメラではRGBの3原色に分解するために用いられる。
体積圧縮係数（coefficient of volume compressibility）113
 土壌の圧縮性を表わす係数で，圧縮のひずみ ε と圧密圧力 p のそれぞれを用いて $m_v = \Delta \varepsilon / \Delta p$ で表される。
体積含水率（volumetric water content）94,95,96,98,102,111,172,173,176
堆積様式（sedimentary form）107,178
 土壌断面（土層の積み重なり）を構成している母材の堆積の状態や成因に関する特徴。水中（水成）や大気中（風成）などで形成され，積み重なりの様子，粒度分布，構成粒子の種類や性質などのことをいう。
ダイヤルゲージ（dial gauge）68,152
 変位量をスピンドルを介してラックオピニオンおよび歯車列により拡大し，目盛り版に指針により指示させる現場用の長さ測定器。
脱気装置（degasifier）129
 液体中に含まれている空気を除去し，あるいは，ヘリウムガスと置換する装置。液体を膜を介して減圧下におき，膜外に気体成分を通過させる装置がよく使われる。
縦弾性係数（modulus of longitudinal elasticity）68,69
縦ひずみ（longitudinal strain）68,69,159
単位光量子束密度（unit photon flux density）139
 光の量を粒子量で表し，その単位面積・単位時間当たりに通過する光の粒子量を密度で示した単位。
単純撮影（radiography）178
弾性（elasticity）54,55,68,69,162
 外力を加えると瞬時に変形し，外力を取り除くと再び元に戻る性質。
断層撮影（tomography）109,110,178
 被検体のある断面をX線で撮影する方法（断層撮影法）。これは放射線映像法に古くから考案されていた撮影法の一つである。最近のCT法は，1970年代にEMI社のHounsfieldらが，Radon(1917)の数学的理論を利用してコンピュータによるスキャナを開発したことで有名。X線だけでなくさまざまな透過方法が考案されている。
短波長放射（short wavelength radiation）126,127
単板式（single plate）140
団粒の平均直径（average diameter of aggregate）107,178
 土粒子が集合してできた団粒には耐水性のものも含めて様々な構造をもって土壌内部に形成されている。したがって，その中から団粒を分離して粒度分布を測ることが難しい。ここでは軟X線映像に写された団粒の影をデジタル画像処理によって測定される大きさのことをいっている。
団粒配列（aggregate arrangement）107,178
 大小径の団粒群の三次元的位置関係をいう。一般の土壌では粗密な不均一分布を構成し，土壌の諸性質に影響する。

ち

力-変形曲線（force-displacement diagram）68,69

置換性カリ（exchangeable potassium）120
　　K。肥料の三要素の一つ。作物の光合成作用を高め，炭水化物の合成や移動を促進し，それにより細胞壁を厚くし茎を丈夫にする。置換性とは植物が実際に利用できるイオン状態のこと。
置換性苦土（exchangeable magnesium）120
　　Mg。葉緑素の構成成分であり，植物体内でリンの移動に重要な役割をもつ。不足すると下葉から順に葉脈の間が黄化し，光合成が十分に行われなくなる。
置換性石灰（exchangeable calcium）120
　　Ca。作物の細胞壁の形成や細胞の増殖の構成成分として重要なカルシウムの指数。土壌中の石灰含量が少なくなると一般に土壌のpHは酸性を示す。
着色促進（accelerated coloring）130
　　ウンシュウミカンなどの果実の着色を促進するためにエチレンを処理をすることがある。
中性子ラジオグラフィ（nuetron radiography）82
　　内部構造を知りたい物体に中性子を透過させて，物質により異なる吸収率を利用して撮影した写真。
チューリン法（tyurin method）116
　　酸化還元滴定法のひとつ。炭素回収率が高く，容易に酸化される有機炭素を定量できる。
超音波（ultrasonic）48,49,153
　　20kHz以上の周波数で，人の耳に聞こえない音波。
超音波計測器（ultrasonic instrumentation）49
超音波センサ（ultrasonic sensor）48,49,71,153,154
重畳（convolution）107,178,188,191
　　幾重にも重なっていること。信号では，直流成分に交流成分が重なっていること。
長波長放射（long wavelength radiation）126,127
長波長放射計（long wavelength radiometer）127
　　波長が約4mmから100mmの赤外線放射フラックスを測定する放射計。
張力（tension）10,30
　　物体内の任意の断面に垂直に，面を互いに引っ張るように働く応力。
直接検鏡法（microscopic observation method）118
　　土壌中の全細菌，糸状細菌菌糸長を計測する顕微鏡による直接法。
直線度（linearity）149
沈降分析（sedimentation analysis）104,105
追熟（ripening）60,61
　　収穫後の果実が成熟を続けること。追熟はエチレンと密接な関係がある。
通気係数（air permeability）102
通気性（gas permeability）177
通気性試験（air permeability test）176
　　通気性を測定する試験。p102参照。
低域フィルタ（low pass filter）192,193
　　設定周波数よりも低い周波数成分だけを通過させるフィルタ。ローパスフィルタともいう。
定荷重直接一面せん断試験（constant load direct shear test）66
定荷重直接一面せん断試験装置（permanent load type direct shear tester）66,161
　　細かい規定があるが，要するに土を上下二つに分かれた箱に詰めて，上の箱を固定して下の箱だけ一定荷重をかけ，ずらすことによって，土の内部にせん断面（たがいにずれる境界面）を作り，その時の土の抵抗と変位（ずれた距離）の関係を求める方法をいう。
抵抗（resistance）22,23,122
　　流体やエネルギ，流体中の物体などが受ける運動方向と逆向きの力。
抵抗（resistance）42,43,61,72,93,112,113
　　外部から加わる力に対して逆らうこと。
抵抗（resistance）58,59,64,65,99,124,125,139,149,155,157,159,162,164,189,190,192
　　電気対抗の略。電流が流れるのを妨げる作用をもつもの。
抵抗素子（resistor）124,149
　　電気の流れにくさが抵抗であり，その機能を有する部品。

て

定在波（standing wave）188
　出力機器と入力機器があり，信号が出力側から入力側に伝送される時に，信号の進行波と反射波が干渉し，一定の間隔で波が生じる。これを定在波と呼ぶ。

定常法（steady state method）114

定水位法（constant head methods）100
　浸透試験での注水方法の一つで，試験施設内の水位を一定に保ちつつ注水する方法のこと。

定容積直接一面せん断試験（constant volume direct shear test）67

データロガ（data logger）34,35,127,139,156,194

適熟（full ripeness）59,60,61
　完熟とも言う。最も食べるのに適した熟度のこと。

テクスチャ（texture）44,45
　要素がある種の規則に従って，配列されてできる繰り返しパターン。

テクスチャ特徴量（texture feature）45
　画像上で濃度値の二次元的な広がりを反映させた特徴量。

デシケータ（desiccator）38,94,118,145,183
　資料を乾燥・貯蔵するのに用いる厚肉のガラス製容器。

デジタイザ（digitizer）141,194
　データをデジタル信号として入力する装置。画像入力用の光学スキャナ など。

デジタル（digital）12,20,21,37,56,74,98,111,149,150,160,188,192,193,194,195,197
　連続的な量（アナログ量）を段階的に区切って数字で表すこと。

デジタルオシロレコーダ（digital oscillo recorder）194

デジタル画像（digital image）12,13,16,201
　デジタルカメラ・ビデオキャプチャーボード・イメージスキャナなどでパソコンに取り込んだ画像デジタルデータ。

デジタルカメラ（digital camera）10,11,12,140,146,197
　入力映像をビットマップに分割し，それぞれの輝度をデジタル量として記録するカメラ。

デジタルゲージ（digital gage）42,43,161
　引張力，圧縮力および破壊強度の荷重測定を正確に行う測定装置。

デジタルマルチメータ（digital multi-meter）52,181
　デジタル式のテスタ。基本型は直流と交流の電圧，直流電流，抵抗値の測定に用いられ，測定値をA/D変換した結果を，1999又は3999を最大値として表示する。これを3.5桁表示と呼ぶ。

電位差測定法（potentiometry）164
　試験液の起電力に基づく電位を測定する方法。

電気抵抗式水分計（electrical resistance moisture meter）65,181
　吸湿体に吸収される水分の多少により生じた電極間の電気抵抗を測定することによって水分を求める計測器。

電気抵抗値（electric resistance value）157,164
　電気の通りにくさを表す指標。

電極（electrode）40,41,65,98,99,119,157,164,165,166,172,173,174

テンシオメータ（tensiometer）97,98,174,175

テンシオメータ法（tensiometry）97,98,102

電子線（electron rays）22,144,146
　真空中に高速度で放射された電子の流れ。TVのブラウン管や電子顕微鏡などで使われている。

電子伝達状態（state of electron transfer）27
　光合成活性の過程で生じる電子伝達系反応の様子。

電磁波（electromagnetic waves）56,98,99,126,174
　真空または物質中を電磁場の振動が伝播する現象。波長の長いものから電波・光・X線・γ線とよばれる。

電子捕獲型検出器（ECD）（electron capture detector）167
　ハロゲン化合物などの有機化合物が電子を捕獲することを利用した検出器。

透過型(電子顕微鏡)（TEM）（transmission electron microscope）144
　　試料を透過した電子を電子レンズを用いて誘導するタイプの電子顕微鏡。
透過型NIR分析計（NIRT analyzer）63,64,65,170
　　近赤外分光計のうち，試料を拡散透過した光により分析を行うもの。米，小麦，大豆などの全粒穀物測定に用いられる。
透過型生物顕微鏡（transmission biological microscope）118,146
　　生物被写体に対して光を反射させるのではなく，透過させて透過像を観察する顕微鏡。
透過光（transmitted light）16,20,21,142
　　媒質中を透過する光。
同化箱（growth chamber）28,29,32,33,169
　　単位葉面積，単位時間あたり二酸化炭素吸収量（光合成量）を二酸化炭素濃度の変化で測定する装置。
同化箱法（chamber method）32
透過率（transmissivity）47,109,127
　　物質層または界面を透過した波の強度の入射波強度に対する比率，百分率など。
同軸ケーブル（coaxial cable）99,173,191
　　シールド層によって外界からの電磁波の影響を抑えて信号を伝達することができるケーブル。導線のラインインピーダンスが50Ω又は75Ωに規定されているため，インピーダンスマッチングをとった伝送に用いられる。
同時生起行列（co-occurrence matrix）45
透水係数（hydraulic conductivity）95,100,101,102,113
　　土中の水の通り易さを示す係数で，Darcy則の比例定数kをいう。単位動水勾配のもとで流れに垂直な単位断面を単位時間に移動する移動する水量を表す。
透水試験（permeability test）176
　　土の透水性，すなわち土中における自由水の移動の容易さを測定する試験。
透水性（water permeability）97,100,177
　　浸透流の通りやすさ。透水性の大小は透水係数によって表される。土壌の間隙構造により発現する。水はけともいう。
搗精歩留（milling yield）63
　　精米機で精米（搗精）したときの，精米と原料玄米の重量比［%］をいう。
糖度（sugar content）44,46,56,57,60,61
糖度計（saccharimeter）56,170
　　光の屈折率と水溶液中の糖度がほぼ比例関係にあることを利用した糖度計測器。
動ひずみ計（(dynamic) strain amplifier）55,67,160,181
　　機械，装置，材料などに時間とともに変化しながら発生する動的な歪を測定する装置。
倒伏（lodging）42,93,161
　　植物を倒そうとする力とこれに抵抗する植物の強さとのバランスが崩れて倒れる現象。
倒伏試験器（apparatus for measuring pushing resistance）93,161
動摩擦係数（kinetic frictional coefficient）72,73
動摩擦力（kinetic frictional force）72
土壌構成成分分布（distribution of composition materials of soil）107,178
　　土壌は固相（一次鉱物，粘土よりなる二次鉱物，溶液の集積・沈着成分，有機物）および液相（水，溶液）が骨格となっている（ただしこの場合は動植物（とその残渣）や微生物は除外される）。これを土壌の構成成分という。これらの化学組成（原子番号），密度，大きさなどは軟X線の吸収に影響し，透過映像にこれらの分布が投影される。
土壌混和薬剤散布（chemical spraying for soil disinfection）184
　　土壌伝染性病原菌の消毒のために行う薬剤散布の方法。薬剤の土壌へのかん注など。
土壌三相計（actual volume meter）95,177
土壌水分（soil water）82,86,96,97,98,111,172,173,174,175
土壌水分張力（soil moisture tension）107,174,175
　　土壌水が示す負圧（単位体積あたりのマトリックポテンシャル）。吸引圧，サクションなどともいわれ，テンシオメータで測定できる。これを水柱高［cm］で表し，その常用対数で示したものがpFである。

と

土壌水分特性曲線（moisture characteristics curve）96
土壌水分ポテンシャル（soil water potential）96,97
土壌断面法（profile wall method）76
土壌バイオマス（soil biomass）118
　　　土壌中のある空間内をある時点で占める生物体の量。重量またはエネルギ量で表す。バイオマスには生物体を利用して有効物質やエネルギを得るという意味もある。
ドットプロット（dot-plot）186
　　　ルーラ上にデータを点状に表したグラフ。
トポロジ法（topological analysis）84
トラップ回路（trap circuit）188
　　　特定の周波数成分のみを除去する回路。急峻な遮断特性を持つバンドエリミネートフィルタである。
ドリフト（drift）189
　　　(1)電気的な要素が時間や温度などにより変動すること。(2)演算増幅器や積分器などにおいて特性値が緩やかに時間的に変化すること。一般的には，漂う，流されるという意味。
土粒子密度（soil particle density）94
土粒子密度測定（measurement of soil particle density）176
　　　単位体積の土粒子の質量を求める方法。通常はピクノメータ法で測定する。土粒子密度を水の密度で除した「真比重」（specific gravity）もよく用いられている。乾燥密度（dry bulk density）は単位体積あたりの土の質量。

な

内部摩擦角（internal friction angle）66,113
内部摩擦係数（coefficient of internal friction）66,67,72
軟X線（soft X-rays）106,107
軟X線撮影装置（soft X-ray apparatus）178,180

に

匂い（odor）58,59
　　　嗅細胞の細胞電位に対応して脳に送られる情報。ニオイ物質はすべて水に溶ける性質を持つ。「匂い」は芳香を連想させるので「におい」や「ニオイ」が用いられることがある。
ニオイセンサ（smell sensor）58,59,181
　　　匂いの化学的成分が吸着すると電気的な特性が変化する素子や膜を利用して匂い成分を定量化するセンサ。
二酸化炭素（carbon dioxide）28,29,33,36,37,61,88,116,130,145,167,169
二値化（binarization）15,201
ニトロゲナーゼ（nitrogenase）92
　　　分子状の窒素（N_2）をアンモニア（NH_3）に還元することができる酵素のこと。
ニンヒドリン発色法（ninhydrine reaction）118
　　　タンパク質の呈色反応の1つ。タンパク質の中性溶液少量に，ニンヒドリン水溶液を数滴加え，煮沸し冷却すると青紫色となる。

ね

熱赤外放射量（thermal radiation）24
熱線風速計（hot‐wire anemometer）125,181
　　　白金またはニッケルの細線を電流で加熱し，風によって冷やされた熱線の温度の変化を電気抵抗の変化として風速を求めるもの。
熱電対（thermocouple）24,31,34,35,122,155,156,157,171
熱伝導度型検出器（TCD）（thermal conductivity detector）120,130,167
　　　ブリッジ回路を用いてフィラメントに流れる電流値の変化を検出することにより，試料の検出を行うもの。
熱伝導率（thermal conductivity）35,114,115,124
根の重さ（root weight）74
根の数（root number）74,76,82
根の吸水（root water uptake）86
根の吸水速度（water uptake rate by roots）86
　　　根による単位時間あたりの水分吸収量。
根の呼吸活性（respiratory activity of root）88,89

根の支持力(bearing capacity of root) 93,161
　　根が植物体を支持する力。
根の伸長方向(direction of root growth) 80,81
根の成長(root growth) 82,83,84,148
根の直径(root diameter) 74,76,147
根の長さ(root length) 74,75
根の分枝(root branching) 75,84
　　通常1本の根の伸長につれてその基部付近から新しい根(これを側根または分枝根と呼ぶ)が発生し,根の分枝が生じる。側根にはさらに高次の分枝が生じる場合がある。
根の分布(root distribution) 147
　　土壌中に発達している根系の広がりの状態。
根の分布密度(root distribution density) 147
　　土壌の単位体積あたりに含まれる根の量のことで,根長密度などの長さ等で表す。
根箱(root box) 78,85
根箱法(root box method) 78
燃焼法(combustion process) 116
　　土壌の炭素定量法の一つ。土壌の強熱減量(灼熱減量；ignition loss)は,炉乾土をルツボに入れ,700～1,000℃に加熱することによって減量した質量を炉乾土質量で除した値[%]で,有機物を含む揮発成分が測定される。
粘性(viscosity) 54,55
　　外力を加えると,時間をかけて徐々に変形する性質。
粘性係数(coefficient of viscosity) 54,55,105
　　粘性材料では,せん断変形速度に比例してせん断応力が生じる。この比例定数のことを示す。
粘弾性(viscoelasticity) 54,55
　　弾性,粘性両方の性質を持ったもの。
ノイズ(noise) 15,25,154,188,191,199,200
　　必要とする信号に混じって,有効な通信を妨害する電気的乱れ。
ノイズ除去(noise reduction) 199,200
のう状体(Vesicle) 91
　　Glomus属などの菌が根内部で形成する袋状の菌糸構造物で,菌の栄養分貯蔵庫と考えられている。Gigaspora属の菌はのう状体を形成しない
能動素子(active device) 188
　　トランジスタ,ダイオード,ICのように,電流を流すと増幅,発振等の作用を担うもの。
能動的吸水(active water absorption) 86
　　根圧によって引き起こされる水分吸収。
濃度変換(gray-level transformation) 199,200
鋸歯管(serrated tube) 184
　　ワグナポットの底に置き,ポット内土壌の透水性を均一にするワグナポットに付属している部品。
ノンパラメトリックな方法(non-parametric method) 81
　　インパルス応答や周波数伝達関数のように多数あるいは無限個のパラメータによってモデルを構成する方法。
バイアス調整(bias adjustment) 63
　　分析計は経時変化により測定値が変動するので,定期的に成分既知の複数の基準試料で平均的なズレ(バイアス)を調整する必要がある。この作業をバイアス調整という。
バイアル(vial) 92
　　ガラス製の小さな瓶。アセチレン還元活性の測定にはガス漏れしない蓋がついたものが良い。
灰色カビ病(gray mold) 184
　　多くの植物で発生するが,特に湿度の高い場合に生ずる灰色のカビ状になる病気。
ハイグロメータ(hygrometer) 175
　　水蒸気の変動量を測定する装置。土壌や植物中の水と平衡する水蒸気の相対湿度を測定して水分ポテンシャルを求める装置。

は

ハイグロメトリック法（hygrometric method）31

破壊強さ（breaking strength）42
　　物体が外力により破壊するまでに現れる最大応力。

葉ざし法（leaf-cutting method）80

バスケット法（basket method）81

波長（wavelength）20,21,24,25,26,27,46,47,56,57,62,106,126,127,130,138,139,140,142,143,154,156,169,178,198
　　波動の山と山，また谷と谷の距離。位相の同じ2点間の距離。Cを光速，fを周波数として，波長$λ$は$λ=C/f$で求められる。

発振器（oscillator; generator）189
　　出力信号の正帰還により持続振動を発生する回路。正帰還の量を負性抵抗により制御する。

羽根車方式収量センサ（paddle wheel type yield sensor）70

バネ定数（spring constant）54,55
　　ばねに加える力fと，それによって生じる伸縮量xとの比例定数。

パルス出力相（pulse output phase）150
　　エンコーダの回転軸の動きによってHIGH・LOWを出力する信号線のことである。この信号は，エンコーダに内蔵されている磁気センサやフォトセンサの出力をコンパレータにより方形波に整形した信号が流れる。

反射光（reflected light）20,71,138
　　二つの媒質の境界面で反射された光。

反射率（reflectivity）20,46,47,56,57,154
　　ある面に入射した光に対する反射された光の比率。

斑鉄形成（rusty mottle formation）107
　　水田土層中の鉄分が酸化鉄となり，土壌中に沈積するときに様々な形をもつ斑鉄が形成されること。

反転増幅器（inverting amplifier）189
　　2組の入力端子のうち正側端子を接地して負側端子に入力信号を加える回路。入力出力の極性は逆になっている。

半導体高分子膜（semi-conducting polymer）58,59
　　室温における電気伝導率が金属と絶縁体の中間を示す高分子の有機薄膜。

ひ

ヒートパルス法（heat pulse method）34,35

ヒートプローブ（heat probe）114,115,158
　　水分計測に用いられるヒータと熱電対を内装したステンレス鋼製のセンサ。

ヒートプローブ法（heat probe method）114,115

ピートモス（peat-moss）184
　　湿地に堆積してできたミズゴケ，その他の植物の分解途中の残りかすで，その主成分はリグニン。配合土の材料。

比較器（comparator）150,189
　　2つのデータ項目を比べそれらが一致したかどうかを示す信号を出力する回路。

比較セル（reference cell）169
　　測定の基準となる物質を封入または測定のつど入れる容器。

光化学系I（photosystem I）26,27
　　光合成活性の過程で生じる電子伝達系の一種。

光化学系II（photosystem II）26,27
　　光合成活性の過程で生じる電子伝達系の一種。

ビジコン（vidicon）140
　　光導電ターゲットで像を光電変換・蓄積し，これに対応した電荷パターンを電子ビーム走査で読み出すもの。撮像管の一種。半導体の組成はSb_2S_3。

被写界深度（depth of field）23,141,144
　　顕微鏡やカメラの視野の中でピントが合う範囲のこと。深いほど範囲が広いことを表す。

比色計（colorimeter）120
　　比色分析に用いられる機器。試験溶液の着色の程度を標準溶液のそれと比べて濃度を定量する。

比色測定法（colorimetry）164
　　溶液の色の濃さを標準液のそれと比較して物質を定量する方法。
ヒストグラム（histogram）17,126,186,199
　　度数分布表を分かりやすくしたグラフ。
ひずみ（strain）55,67,68,69,159,160
ひずみゲージ（strain gauge）71,159,160,162
非接触型（contactless type）147,149,150
　　測定対象に直接触れることなく計測の可能なセンサ。ポテンショメータの場合，磁界の強さにより抵抗値が変化する磁気抵抗素子を抵抗体として用いたもの。
非線形（non-linear）189
　　入力と出力の関係が直線関係では表せないこと。あるいは，関係式が1次関数でないもの。
ビット（bit）150,197
　　デジタル値の1桁。8桁で1byte（バイト）になりメモリなどの容量を表したりするのに使われる。
ビット数（bit rate）160
　　アナログ信号をデジタル化するときに，データの振幅を何ビットで表現するかを示す。大きいほど元の信号の再現性が高いがその分データ量が増加してしまう。音楽用CDは16bitである。
非定常法（unsteady state method）114
ビデオキャプチャ（video capture）141
　　ディスプレイ画面のある時点の状態を捕捉して記録すること。
ビデオキャプチャボード（video capture board）11,12,146,197
　　TVカメラからの画像をパソコンに取り込むためのインタフェース。PCIスロットなどに挿入して使う。
比熱（specific heat）24,115
　　単位質量の物体の温度を単位時間温度変化させるために必要な熱量。
肥培管理（fertilizing management）21,38
　　作物の成育に必要な肥料と栽培の管理作業。
非反転増幅器（non-inverting amplifier）189
　　反転増幅回路の逆で負側端子を接地して正側端子に入力信号を加える回路。
微分回路（differentiation circuit）189
　　入力信号を時間について微分した出力を得る回路。
比誘電率（specific inductive capacity）98,99
　　平行板コンデンサー内に物質があるときの電気容量と，物質のない真空のときの電気容量との比。
標準液（standard solution）164,165
　　定められた濃度の溶液を一定の割合で混合して得られるいろいろなほかのpHを持つ緩衝溶液。
標準緩衝液（standard buffer solution）164
　　酸や塩基を添加したときpH変化が少ない標準溶液。
標準偏差（standard deviation）17,186,196
　　母集団の分散の平方根。標本集団（通常のデータ処理ならばこちらを使う）の場合は不偏分散平方根と呼ぶ。
表色系（color system）16,138
　　人の視神経によって感受される色をいう。間隔を物理的な量として，測定し表示する方法。
標本化（sampling）193
　　入力信号の周波数に応じてサンプルする時間間隔を決め，サンプリングの瞬間のアナログ値を数値化すること。
標本平均（sample mean）196
　　標本集団の平均値。通常は単に平均という。
微量拡散法（microdiffusion method）120
　　コーンウェイの拡散ユニットを利用して溶液中のアンモニアおよび硝酸（デバルタ合金でアンモニアに還元する）を酸に捕集する方法。
品質評価（quality evaluation）44,58
　　品質の達成目標に対して，その達成状況を評価すること。

ふ

ファイバスコープ（fiberscope）82, 146, 147
　一端に対物レンズを他端に接眼レンズをつけた多数の平行なグラスファイバでできた画像撮影装置。

フィードバック（feed back）187
　出力の信号を入力側に戻すこと。得られた情報に基づいて元の情報等を考えるときにも用いられる。

フィールド調査（field investigation）183

風速（wind velocity）33, 122, 124, 125
　単位時間に空気の移動した距離。普通，地上10mにおけるある時刻の前10分間の平均風速をその時間の風速という。

フェライトコア（ferrite core）188
　フェライト（圧粉鉄心）を中空円柱状に成型したもの。穴に配線を通し，高周波チョークの代りとしてノイズの防止に用いる。

フェレ長比（Feret's diameter ratio）14
　画像を水平に走査して得られる画像の最大の幅と垂直に走査して得られる画像の最大の長さの比。

フォトダイオード（photodiode）71, 139, 140, 142, 143
　ダイオードの一種。半導体の接合部に光があたると電流が発生する性質を利用したもの。光の検出などに用いる。

符号化（encode）150
　ここで符号とは，ある情報を伝達するために体系的に使われる記号・信号で，これに変換すること。

付着強度（cohesion）66
　粒状集合体の付着性に関係した値であるが，粒子間の付着力のない非付着性粒子の集合体であっても，粒子充填構造等の影響によって，破壊包絡線に見かけ上付着強度が現れることがある。

浮ひょう（hydrometer）104, 105, 180
　粒度分析に用いる器具。

不飽和透水係数（unsaturated hydraulic conductivity）101, 102
　土壌の透水性の良否を表す数値のことで，土壌孔隙中の空気が土壌の上の大気と通じているときの透水性のこと。畑状態の土壌を評価する際に用いる数値。

フラクタル次元（fractal dimension）85
　フラクタル幾何学において図形がもつ形状の複雑さを定量的に示す指数。非整数値をとることができる。ハウスドルフ次元や容量次元，相関次元などによって定義される。

フラクタル法（fractal analysis）84, 85

プラストクロン・インデックス（plastochron index）18, 19

プリズム（prism）140, 142
　ガラスなどでできた多面体で，光を分散・屈折・全反射・複屈折させる光学部品。

ふるい（sieve）77, 104, 105, 184
　粒状体を網目を通してふるい分ける道具。あらかじめ決められた網目の大きさの通過・残留量を測定して粒度組成を分析する。

フレーム光度型検出器（FPD）（flame photometric detector）167
　水素の炎の中で発光する元素特有の光を検出する。ジェットの上部で水素炎が燃えている点はFIDとよく似ているが，この炎は還元炎といい，水素量の多い炎で，FIDとくらべてその温度が低い。

分圧（partial pressure）88, 92, 166
　混合気体中でそれぞれの成分気体だけが単独に示すと考えられる圧力。

分圧（(voltage) divider）189
　抵抗を直列に接続して一定の電圧を掛けると，各抵抗の両端に生じる電圧は，抵抗値の比で分割した値になる。これを分圧という。

分圧比（dividing ratio）189
　抵抗による分圧回路の抵抗比のこと。

分解度（resolution）149

分解能（resolution）25, 26, 107, 109, 110, 125, 144, 150, 153, 156, 160
　測定器が物理量を識別できる能力。分光器（干渉計）の場合，ほとんど等しい波長の二つのスペクトル線を分離できる能力の尺度。A/D変換の場合はどれくらい細かく目盛りを切るかを表し，8bitで256階調などと表現する。

分光感度特性（spectral-response characteristic）140

分光器（spectroscope）142, 143, 144
　　光のスペクトルを得るための装置。
分光光度計（spectrophotometer）46, 142, 143, 168
　　分光器で得られるスペクトルの強度分布を光電管，光センサなどを用いて電気的に測定する装置。
分光反射特性（spectral reflectance）46, 56, 57, 154
　　反射率を波長ごとにとらえた特性（反射スペクトル）。
分枝係数（coefficient of branching）75
分枝指数（branching index）75
分離カラム（separation column）167
　　多成分からなる揮発性の試料を試料気化室で気化させ，カラムに送り込む。各成分はキャリアガスにとともにカラムを移動するが，その際，固定相の液相との親和性の違い（吸着性，溶解性，化学結合性），カラム温度によって移動速度に差がでてくる。適当な長さのカラムを使用すると各成分は単一の成分に分離する。この分離のための通過管。
平滑化（smoothing）200
ベルマン漏斗法（Baermann funnel method）121
ヘルムホルツ共鳴（Helmholtz resonance）52
変異（variation）82, 183
　　起源を同一にする個体間に見られる形質の相違。
変位センサ（displacement sensor）71, 149
偏位法（deflection method）187
ペンオシログラフ（pen recording oscillo recorder）192, 194
変水位法（falling head methods）100
　　浸透試験での注水方法の1つで，試験施設への注水停止後の水位の低下を測定する方法のこと。
ポアソン比（Poisson's ratio）68, 69
方形モノリス法（box monolith method）76, 77
飽差（saturation deficit）24, 123, 187
　　飽和水蒸気圧と湿り空気の水蒸気圧との差。
放射エネルギ（radiant energy）126, 127, 156
　　物体が電磁波や粒子線の形で放出するエネルギのこと。
放射温度計（radiation thermometer）24, 25, 156, 158
　　物体の温度を光放射エネルギとの間の関係を利用し温度を計測する計器。
放射収支計（net radiometer, net pyranometer）127
　　長波長放射の上向きの放射量と下向きの放射量の差としての正味の放射量を測定する装置。正味放射計や純放射計とも呼ばれる。
放射性同位体（radioactive isotope）36
放射率（emissivity）24, 126, 156
　　物体表面から放射する放射エネルギと同温度において黒体から放射するエネルギの比。
飽和度（degree of saturation）94, 95
飽和透水係数（saturated hydraulic conductivity）100, 101, 102
飽和土壌（saturated soil）113
ホーグランド溶液（Hoagland's solution）79, 184
　　養液栽培用の培養液の一種。
ポーラスカップ（porous cup）101, 174, 175
　　長細い円筒形のパイプの先に集液カップがついたもの。他端にチューブがついており，これを集液フラスコに取り付けて，フラスコ内を減圧することにより，土壌溶液を採取する。
ポーラログラフ法（polarography）166
　　指示電極と分極の小さい電極とを対極に用いて，微小量の電気分解を行い，その時の電圧と電流の関係を解析して，被検液中の物質の状態や化学反応に関する情報を得る方法。
補償導線（compensation wire）155
　　熱電対の配線に普通の銅線を用いると，結合部で熱起電力が生じ測定誤差となる。これを防ぐために，熱電対と同じ材料で作られた導線を補償導線という。

ほ

補償法（compensation method）187

保水性（water retentivity）177
　　水分の保持能力を表す土壌の性質。ヒステリシス保水性，水持ちなどどもいい，土壌の構成成分と構造により発現する。

保存品種（preservative variety）183
　　品種育成の過程が遺伝的に明確になっている品種のこと。

ポット法（pot culture）78

ポテンショメータ（potentiometer）71, 149

ポトメータ法（potometer method）86

母分散（population variance）185
　　確率分布から得られた母集団の分散。

母平均（population mean）185, 196
　　確率分布から得られた母集団の平均。

ホモジナイザ（homogenizer）118
　　試料を破砕，分散させて，均一にする器具。

ポラパックQカラム（porapak-Q column）130
　　二酸化炭素をガスクロマトグラフィで検出する場合に用いる分析用カラム（通過管）。

ボルテージ・フォロワ（voltage follower）189
　　ゲインが1倍の緩衝増幅器。入力インピーダンスが高く，出力インピーダンスが低い。電圧出力型センサの信号を伝送するために用いることが多い。

ポロメータ（porometer）22, 23, 181
　　気孔に空気流を通し，その速さや量から気孔抵抗値を測り，気孔開度を測定する装置。

ホワイトノイズ（white noise）52, 53
　　すべての周波数成分を均分に持った信号。

ま

マイクロスコープ（microscope）90, 141

マイクロ波水分計（microwave moisture meter）65, 181
　　周波数が300MHzから30GHzまでの電磁波を利用した水分計。材料の誘電特性を利用して測定する。

マイクロボルトメータ（micro-volt meter）31, 181
　　μVを測定するための電圧計。

曲げ荷重（bending load）42
　　物体を曲げるように作用する荷重。せん断荷重とは異なるので注意すること。

曲げモーメント（bending moment）43
　　曲げによって生じる回転力。

摩擦力（frictional force）72, 73

マシンビジョン（machine vision）20
　　カメラからの画像をデジタル化して，コンピュータによる解析などを行う技術一般。

マスク処理（masking process）200, 201
　　予め決められた形と類似している部分を抜き出すときや一定の係数を掛ける場合の処理。

マトリックポテンシャル（matric potential）96, 101, 102, 171, 172
　　化学ポテンシャルから土中水に溶存するイオンの影響を除き，土が水を引きつける作用のみを取り出したのもの。

マノメータ（manometer）92, 101, 102, 163, 174
　　管や容器内の圧力を測定する器具。2点間の圧力差を計測する。

マノメータ法（manometer method）28, 29
　　少量の水を入れたU字型の細いガラス管の一端を大気に開放し，他の一端を呼吸室に繋ぎ，水の移動によって呼吸室の微細な体積変化を測定する手法。原理はO_2アップテスタによる測定（88ページ参照）と同じ。

み

未撹乱土（undisturbed soil）176

みかけの光合成速度（apparent photosynthetic rate）29
　　呼吸を含む単位時間・単位面積当たりの二酸化炭素交換速度。

みかけの弾性係数（apparent elastic modulus）69

未熟（unripe）46,47,59,60,61,130
水の化学ポテンシャル（chemical potential）96
水ポテンシャル（water potential）30,31,86,96,97,98,100,157,171
 単位体積当たりの水のもつエネルギ。単位はPaを用いる。通常は純水の水ポテンシャルを基準(0Pa)とする。水の移動を考えるときに，移動する前の位置の方が水ポテンシャルが大きいと表す。例えば，植物の根は土壌より小さいので根は土壌から吸水し，葉は大気中より大きな水ポテンシャルを持つので，葉から蒸散が行われると考える。
密度分布（density distribution）107,178
 ある量の粗密を表し，単位体積中の質量の分布をさす。土壌内部では，一次鉱物粒子や二次鉱物粒子，沈殿物，有機物などがある密度をなして不均一分布している。
ミニリゾトロン（minirhizotron）82,147
未風乾土（fresh soil）118
 風乾を受けずに自然状態の水分を保っている土をいう。生土（なまつち）。風通しのよい日陰の室内で乾燥させた土は「風乾土」（air-dry soil）という。
無気呼吸（anaerobic respiration）61,130
 低酸素状態における呼吸。嫌気呼吸とも言う。低酸素で果実が呼吸するとエタノールが発生する。エタノールからさらにアルデヒド類やエステル類が生成される。その結果，異臭が発生する。
無機態窒素（inorganic nitrogen）120
 窒素化合物は無機態窒素と有機態窒素に分けられる。さらに無機態窒素はアンモニア態窒素と硝酸態窒素に分けられる。
無作為（randomization）185,186
メチレンブルー（methylene blue）85
 純青色の塩基性染料。生体組織の染色に使われる。
メニスカス（meniscus）105
 メスシリンダ等で液位を読むときの基準。液面は表面張力で凹面か凸面を示すため，凹面の場合は一番下を，凸面の場合は一番上を読む。
毛管（capillary）123,124
 細い管。毛細管。
毛管現象（作用）（capillarity）79,96
 液体中に細い管を立てると，液体の表面張力によって，管内の液面が管外よりも高くなるか低くなる現象。水なら上昇する。
モレキュラシーブカラム（molecular seive column）130
 非常に均一な孔を有するカラム（通過管）で，これを活用して混合気体の分離などに利用でき，ここでは，酸素のガスクロマトグラフに用いている。
山中式土壌硬度計（Yamanaka-type soil hardness meter）112,180
 土壌断面調査において，土壌硬度を迅速かつ的確に把握するために考案された土壌硬度計。携帯式で，先端部に円錐部が突き出ていて，バネの反力と縮んだ長さとの関係によって土壌断面の任意位置の測定ができる。
有機溶媒（organic solvents）129,168
 非水溶性の物体をよく溶かし，常温常圧下で揮発性に富むなどの性質を持つ有機化合物の総称。
有効数字（significant figures）196
有効態ケイ酸（available silicic acid）120
 作物が吸収・利用できるケイ酸であり，水稲では葉身に多く含まれ組織を強剛にする役割をもつ。
有効態窒素（available nitrogen）120
 土壌中の窒素の多くは有機態で存在するが，これらが分解されて無機態（有効態）になり作物に吸収・利用される。
有効態リン酸（available phosphoric acid）120
 土壌中のリン酸のうち，植物が吸収・利用できるリン酸を有効態（可給態）リン酸という。作物の初期成育に欠かせない肥料成分である。
誘電率（dielectric constant）65,98,99,157,172,173
 単位電界のもとで単位体積中に蓄えられる静電エネルギの大きさを示す量。通常は真空の誘電率を1として，比で表した比誘電率を用いる。

ゆ

誘電率式水分計（dielectric capacitance moisture meter）65,181
　水の誘電率が大きいことと，物質に含まれる水分の量と誘電率の関係を用いて水分を測定する装置。静電容量の変化は，インピーダンスブリッジの応用か，高周波の共振周波数の変化で捉えるものが実用化されている。

よ

葉間期（plastochron）18
容器法（container method）78
溶存酸素濃度（dissolved oxygen concentration）89,166
　水中に溶け込んでいる酸素の量。略称DO。河川・湖沼などの水質汚染を示す指標の一つとして利用され，この場合はppmで表す。
溶存酸素飽和濃度（saturated dissolved oxygen concentration）166
　溶液等に溶けている酸素がもうこれ以上溶けなく飽和している状態の濃度。
葉面積（leaf area）12,13,32,33,38,39,86,146,197
葉面積計（leaf area meter）12,146
葉面積比（leaf area ratio）39
葉緑素計（chlorophyll meter）20,21,170
葉齢（plant age in leaf number）18
横ひずみ（lateral strain）68,69,159

ら

乱塊法（randomized block design）186
ランベルト－ベールの法則（Lambert-Beer's law）142
　光の吸収において，入射光と透過光の強度の対数が吸収物質の厚さに比例することを表わす法則。

り

リグニン化（lignification）82
　植物の細胞が木質化すること。
リゾトロン（rhizotron）147
　両側面に透明のガラスやアクリルなどの窓を備えたもので，土中に地下道を設け，植物の根を観察する装置。
立体撮影（stereo radiography）178
　被検体のステレオ撮影を行う方法。
立体視（stereoscopic vision）50,107
　二つの異なった視点から物体を見て，その大きさや奥行きを見極める。
リニアエンコーダ（linear encorder）150
リニアポテンショメータ（linear potentiometer）149
リモートセンシング（remote sensing）20
　一般に，対象を遠く離れて観測すること。
粒径加積曲線（particle size distribution）105
粒子配列（particle arrangement）107,178
　大小径の粒子群の三次元的位置関係をいう。一般の土壌では粗密な不均一分布を構成し，工学的・物理的性質に影響する。
粒状性（graininess）107,178
　土壌内部では，粒子配列，団粒配列，密度分布が総合的に「粒状性」として評価される。軟X線映像に映るきめのこまかさ・荒さが土壌組織の程度として表現される。
粒度（gradation）104,105
粒度分析（particle size analysis）104,176
　土壌を一次粒子に分散させたときの粒径分布を測定すること。有効径，平均粒径，均等係数，曲率係数などを求める。代表的な粒度区分には，日本農学会法，JIS法，国際土壌学会法などがある。
粒度分布（particle size distribution）104,105
流量センサ（flow sensor）70,181
　気体又は液体の流量を測定するセンサ。羽根車による機械式センサや超音波ドップラ式が用いられる。
量子化（quantization）193
　アナログデータをデジタル化する時に，サンプリングして得られた信号を，一定のビット数のデータに置き換える操作。
両端支持ばり（beam with simply supported ends）42,43

ルートスキャナ（root scanner）74, 152
零位法（zero method）187
励起（excitation）26
　　電子が運動エネルギを得たときにエネルギ的に，安定な基底状態から高いエネルギ状態に上げられること。
冷光照明（cold light illumination）141
　　熱線カットフィルタなどを用いて，対象物にできるだけ熱を与えないようにした照明。
零点設定（setting to zero）160
　　ホィーストンブリッジ回路のバランスを取ったり，アンプを調節して，応力がゼロの時の電圧出力値をゼロに設定すること。
レーザ距離計（laser range finder）154
　　パルスとして発射されたレーザ光が，目標にあたって反射してくる方向と往復時間から，目標の方向と距離を測る。
レーザ変位計（laser displacement meter）152
　　レーザ光を投射し，物体からの反射を検出して変位を測定するセンサ。（laserはLight Amplification by Stimulated Emission of Radiationの略。）
レーダ法（radar method）154
　　radarはRAdio Detection And Rangingの略。
レベルセンサ（level sensor）70, 161
　　タンク内の液面を測定するセンサ。フロート式のものと超音波やレーザや静電容量による変位計を応用したものに分けられる。
老化促進（accelerated aging）130
　　エチレンを処理すると植物の老化は促進される。
ロータリエンコーダ（rotary encorder）150
炉乾燥（oven dry）94, 95, 104, 105, 176
　　土壌を恒温乾燥炉で一定質量になるまで乾燥させること。通常110℃。
ワグナポット（Wagner pot）184
　　ワグナによって考案された円筒型の作物の実験用のポット。

ファイテク How to みる・きく・はかる	©ファイトテクノロジー研究会 2002
2002年10月10日	第1版第1刷発行
2022年4月4日	第1版第4刷発行

著 作 者　ファイトテクノロジー研究会

発 行 者　及川雅司

発 行 所　株式会社 養賢堂　〒113-0033
東京都文京区本郷5丁目30番15号
電話 03-3814-0911／FAX 03-3812-2615
https://www.yokendo.com/

印刷・製本：新日本印刷株式会社

PRINTED IN JAPAN　　ISBN 978-4-8425-0335-6　C3061

JCOPY ＜出版者著作権管理機構 委託出版物＞
本書の無断複製は著作権法上での例外を除き禁じられています。複製される場合は、そのつど事前に、出版者著作権管理機構の許諾を得てください。
（電話 03-5244-5088、FAX 03-5244-5089／e-mail: info@jcopy.or.jp）